Mitteilungen über Forschungsarbeiten.

Die bisher erschienenen Hefte enthalten:

Heft 1: **Bach:** Untersuchungen über den Unterschied der Elastizität von Hartguss (abgeschrecktem Gusseisen) und von Gusseisen gewöhnlicher Härte.
Zur Frage der Proportionalität zwischen Dehnungen und Spannungen bei Sandstein.
Versuche über die Abhängigkeit der Festigkeit und Dehnung der Bronze von der Temperatur.
Versuche über das Arbeitsvermögen und die Elastizität von Gusseisen mit hoher Zugfestigkeit.
Versuche über die Druckfestigkeit hochwertigen Gusseisens und über die Abhängigkeit der Zugfestigkeit desselben von der Temperatur.
Untersuchung über die Temperaturverhältnisse im Innern eines Lokomobilkessels während der Anheizperiode.

Heft 2: **Stribeck:** Kugellager für beliebige Belastungen.
Göpel: Die Bestimmung des Ungleichförmigkeitsgrades rotirender Maschinen durch das Stimmgabelverfahren.
Holborn und **Dittenberger:** Wärmedurchgang durch Heizflächen.
Lüdicke: Versuche mit einem Lufthammer.

Heft 3: **Meyer:** Untersuchungen am Gasmotor.
Martens: Zugversuche mit eingekerbten Probekörpern.
Werkzeugstahl-Ausschufs Schnelldrehstahl.

Heft 4: **Bach:** Versuche über die Abhängigkeit der Zugfestigkeit und ¦Bruchdehnung der Bronze von der Temperatur.
Lindner: Dampfhammer-Diagramme.
Bach: Eine Stelle an manchen Maschinenteilen, deren Beanspruchung aufgrund der üblichen Berechnung stark unterschätzt wird.
Körting: Untersuchungen über die Wärme der Gasmotorenzylinder.
Claafsen: Die Wärmeübertragung bei der Verdampfung von Wasser und von wässrigen Lösungen.

Heft 5: **Bach:** Die Elastizität der an verschiedenen Stellen einer Haut entnommenen Treibriemen.
Staus: Beitrag zur Wärmebilanz des Gasmotors.
Pfarr: Bremsversuche an einer New American-Turbine.
Bach: Zur Frage des Wärmewertes des überhitzten Wasserdampfes.

Heft 6: **Schröder:** Versuche zur Ermittlung der Bewegungen und Widerstandsunterschiede grofser gesteuerter und selbsttätiger federbelasteter Pumpen-Ringventile.
Westberg: Schneckengetriebe mit hohem Wirkungsgrade.
Frahm: Neue Untersuchungen über die dynamischen Vorgänge in den Wellenleitungen von Schiffsmaschinen mit besonderer Berücksichtigung der Resonanzschwingungen.

Heft 7: **Stribeck:** Die wesentlichen Eigenschaften der Gleit- und Rollenlager.
Schröter: Untersuchung einer Tandem-Verbundmaschine von 1000 PS.
Austin: Ueber den Wärmedurchgang durch Heizflächen.

Heft 8: **Langen:** Untersuchungen über die Drücke, welche bei Explosionen von Wasserstoff und Kohlenoxyd in geschlossenen Gefäfsen auftreten.
Meyer: Untersuchungen am Gasmotor.

Heft 9: **Lasche:** Die Reibungsverhältnisse in Lagern mit hoher Umfangsgeschwindigkeit.
Dittenberger: Ueber die Ausdehnung von Eisen, Kupfer, Aluminium, Messing und Bronze in hoher Temperatur.
Bach: Die Elastizitäts- und Festigkeitseigenschaften der Eisensorten, für welche nach dem vorhergehenden Aufsatz die Ausdehnung durch die Wärme ermittelt worden ist.
Bach: Zwei Versuche zur Klarstellung der Verschwächung zylindrischer Gefäfse durch den Mannlochausschnitt.

Mitteilungen

über

Forschungsarbeiten

auf dem Gebiete des Ingenieurwesens

insbesondere aus den Laboratorien
der technischen Hochschulen

herausgegeben vom

Verein deutscher Ingenieure.

Heft 45 bis 47.

Springer-Science+Business Media, B.V. 1907

ISBN 978-3-662-40730-1   ISBN 978-3-662-41212-1 (eBook)
DOI 10.1007/978-3-662-41212-1

Inhaltsverzeichnis.

Erster Teil.

(In Heft 39 der Mitteilungen über Forschungsarbeiten.)

Anlagen.

Zweiter Teil.

(Vorliegender Teil des Berichtes.)

A) Balken mit rechteckigem Querschnitt.

Versuchsergebnisse.

B) Balken mit T-förmigem Querschnitt.

Versuchsergebnisse.

C) Zusammenfassung der Versuchsergebnisse des ersten und zweiten Teils.

Anlagen.

Versuche mit Eisenbetonbalken.

Zweiter Teil[1]).

A) Balken mit rechteckigem Querschnitt, Abschnitt XI bis XXXIX. Biegungsversuche: Balken mit geraden Einlagen, mit und ohne Haken an den Enden, mit und ohne Walzhaut; Balken mit Thacher-Eisen; Balken mit und ohne Bügel; Balken mit aufgebogenen Eisen, Balken an der Luft und unter Wasser aufbewahrt; Balken mit Einlagen durch Ausfräsen aus Blech hergestellt; Balken ohne Einlagen. **Zug- und Druckversuche.**

B) Balken mit T-förmigem Querschnitt, Abschnitt XL bis LII. Biegungsversuche: Balken mit geraden Einlagen, mit und ohne Bügel, mit aufgebogenen Eisen, mit und ohne Haken. **Zug- und Druckversuche.**

C) Zusammenfassung der Versuchsergebnisse, Abschnitt LIII bis LXI.

Von C. Bach.

Die Untersuchungen, über welche im Nachstehenden berichtet wird, gehören gleichfalls zu denjenigen, die gemäß dem vom Eisenbetonausschuß der Jubiläumsstiftung der deutschen Industrie aufgestellten Programm[2]) vorzunehmen waren und deren Ausführung der Ausschuß der Materialprüfungsanstalt der Kgl. Technischen Hochschule in Stuttgart übertragen hatte.

Ueber den ersten Teil der Versuche, welche sich auf 21 Balken erstrecken, ist in Heft 39 der Mitteilungen über Forschungsarbeiten berichtet worden. Das Nachstehende bezieht sich auf weitere 81 Balken und setzt den ersten Bericht der die Abschnitte I bis X enthält, als bekannt voraus.

Die Durchführung der Versuche lag unter meiner Leitung Hrn. Ingenieur Graf ob, der sich dieser Aufgabe, wie bereits im ersten Teil bemerkt, mit Hingebung gewidmet hat. Auch an der Erstattung des vorliegenden Berichts hat mich Hr. Graf ganz wesentlich unterstützt. Bei der Durchführung der Versuche, der Herstellung der Zeichnungen, sowie der Photographien u. s. f. waren noch beteiligt die Ingenieure Ulrich, Nusser und Daiber.

---

[1]) Ueber den Inhalt des ersten Teiles, welcher im Heft 39 veröffentlicht ist, gibt das Inhaltsverzeichnis Auskunft.

Zu möglichst rascher Erstattung des vorliegenden Berichtes nötigte der Seite 143, Fußbemerkung 1, angegebene Umstand.

[2]) Bei der Aufstellung des Programms und namentlich bei Bestimmung der Bauart und der Abmessungen der Eisenbetonbalken, die zur Prüfung gebracht werden sollten, war das Mitglied des Ausschusses, Hr. Professor Mörsch, in erster Linie beteiligt. Ueber die Zusammensetzung des Ausschusses, dem Hr. Mörsch erst 1906 beigetreten ist, siehe Heft 22 der Mitteilungen über Forschungsarbeiten, Seite 1.

A) Balken mit rechteckigem Querschnitt.

XI) Bauart der Versuchskörper, Fig. 66 bis 92.

Um einen Ueberblick über diese Untersuchungen zu gewähren, seien die Versuchskörper in folgende Gruppen eingeteilt:

Fig. 66 bis 68.

a) 3 Balken nach Fig. 66, 150 mm Balkenbreite, 3 Eisen v. 10 mm Dmr. m. Walzhaut
b) 3 » » » 67, **200** » » , 3 » » 10 » » » »
c) 3 » » » 68, **300** » . » , 3 » » **14** » » » »

Die Balken unter b) unterscheiden sich von denjenigen unter a) lediglich durch die Breite, die Balken c) dagegen noch durch die Stärke der einbetonierten Eisen.

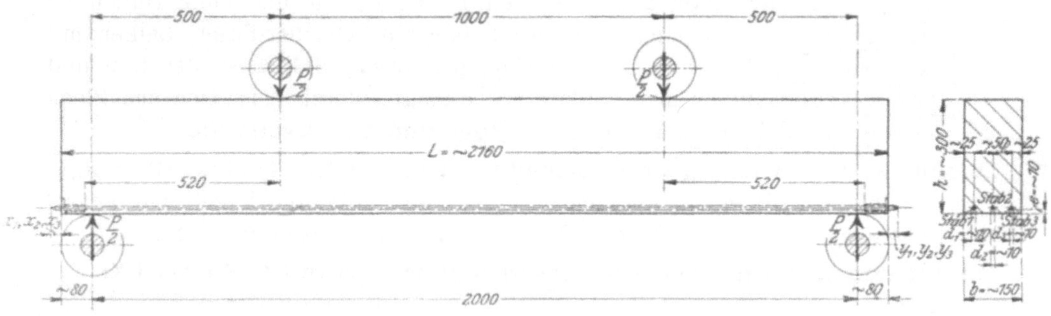

Fig. 66.

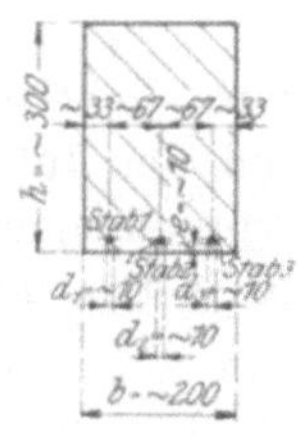

Fig. 67.   Fig. 68.

Im ersten Teil dieses Berichtes waren die Ergebnisse der Balken mit nur einer geraden Einlage besprochen worden. Die Balken nach Fig. 66 bis 68 sollen dazu dienen, festzustellen, welchen Einfluß es auf die Widerstandsfähigkeit der Balken hat, wenn sich die Zugkraft auf 3 Eiseneinlagen verteilt.

Die Größe der Dehnung des Betons, unmittelbar vor der Rißbildung, war außerdem Gegenstand der Untersuchung.

Um das Gleiten der einzelnen Eisen verfolgen zu können, war die in Fig. 8 (Heft 39 der Mitteilungen über Forschungsarbeiten) dargestellte und daselbst besprochene Einrichtung getroffen worden[1].

Fig. 69 bis 71.

a) 3 Balken n. Fig. 69, 300 mm Balkenbreite, 1 Eisen v. 25 mm Dmr., mit Haken, bearbeitet,
b) 3 » » » 70, 300 » » 1 » » 25 » » » » , mit Walzhaut,
c) 3 » » » 71, **200** » » 1 » » **18** » » » » , » »

Die Balken enthalten je ein Rundeisen, dessen Enden erstmals mit Haken versehen sind. Die Abmessungen der Einlagen mit Haken wurden nach Fig. 85 und 86 gewählt. Das Anbiegen der Haken erfolgte in warmem Zustand.

---

[1] Es ist das genau die gleiche Methode, die Verfasser zur Ermittlung der Formänderungen von Wandungen verwendet hat (vergl. Zeitschrift des Vereines deutscher Ingenieure 1893 S. 491; 1897 S. 1158 und 1222; 1899 S. 322, 323, 347 bis 352; 1899 S. 1585 und 1616; 1902 S. 334 usw.), und die er 1904 gelegentlich der Feststellung des Gleitwiderstandes von Eisen gegen Beton durch Zug in Anwendung brachte (vergl. Mitteilungen über Forschungsarbeiten Heft 22 Seite 7).

Ueber die Bemühungen v. Empergers, die Bewegung des Eisens im Beton am Widerlager zu verfolgen, vergl. Forschungsarbeiten auf dem Gebiete des Eisenbetons, Heft III, 1905, S. 10 u. f, Heft V, 1906, S. 5.

Die Einlagen der Balken nach Fig. 69 sind je ein gezogenes, rund 25 mm starkes Rundeisen. Die Oberfläche der Einlage wurde vor dem Einbetonieren sorgfältig geschlichtet und abgeschmirgelt.

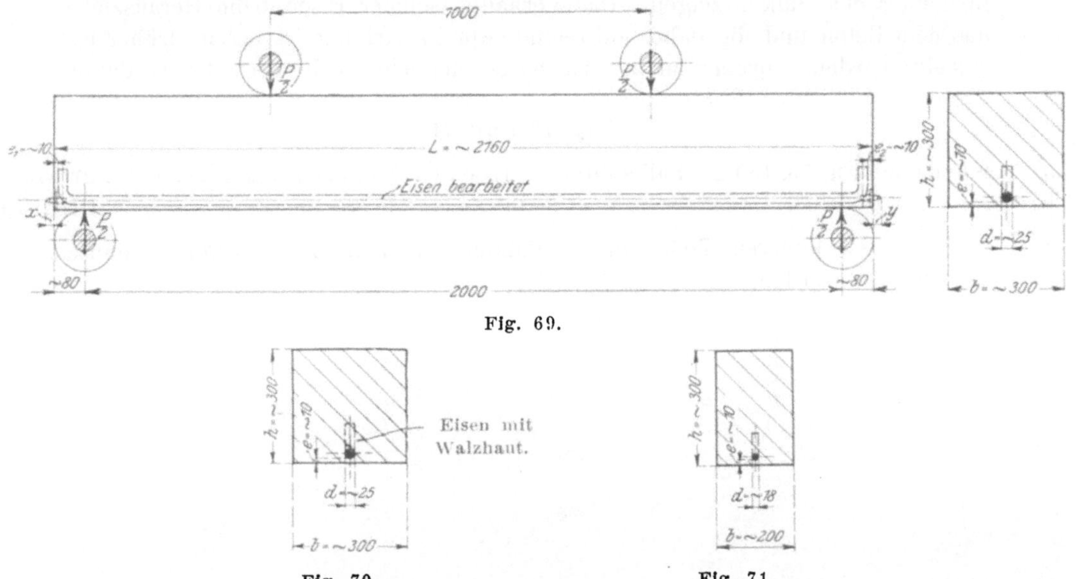

Fig. 69.

Eisen mit Walzhaut.

Fig. 70.   Fig. 71.

Die Einlagen der Balken nach Fig. 70 haben dieselben Abmessungen, jedoch trägt die Oberfläche noch die Walzhaut.

Die Balken nach Fig. 71 enthalten ebenfalls ein Rundeisen mit Walzhaut, das jedoch einen geringeren Durchmesser besitzt. Die Balkenbreite beträgt hier 200 mm gegenüber 300 mm bei Balken Fig. 70.

Durch die Untersuchung dieser Balken sollte ermittelt werden, welchen Einfluß die Haken äußern, insbesondere auf den Gleitwiderstand der Eisen und die Höchstbelastung der Balken.

Um ein Urteil darüber zu erhalten, welche Geltung hierbei die Oberflächenbeschaffenheit erlangt, wurde bei den Balken a) die Eiseneinlage glatt und bei den Balken b) mit Walzhaut verwendet.

Zur Beobachtung des Gleitens war für die Balken nach Fig. 69 und 70 die in Fig. 87 und 88 dargestellte Einrichtung getroffen worden.

Fig. 72.

3 Balken nach Fig. 72, 200 mm Balkenbreite, 1 gerades Thacher-Eisen.

Der schwächste Querschnitt des Thacher-Eisens, rund 2,3 qcm, entspricht annähernd den Querschnitten der Eisen in Fig. 67 und 71. Die Gestalt und die

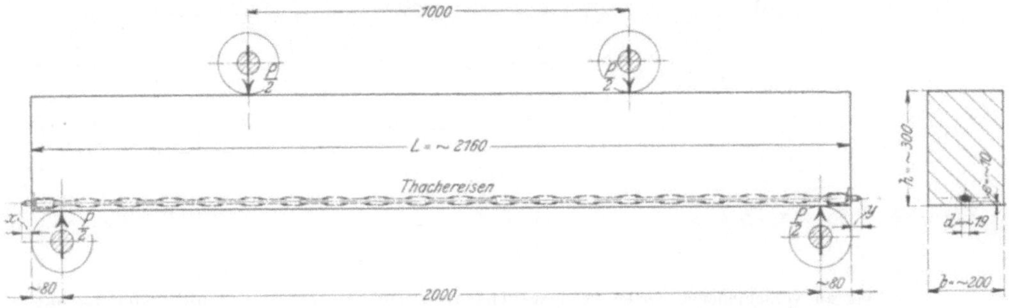

Fig. 72.

Abmessungen des Thacher-Eisens sind in Heft 39 der Mitteilungen über Forschungsarbeiten Seite 52 niedergelegt[1]).

Die Untersuchung dieser Balken sollte das Verhalten des Thacher-Eisens im gebogenen Balken zeigen. Das Verhalten solcher Eisen beim Herausziehen aus dem Beton und die dabei auftretende Sprengwirkung ist bereits früher festgestellt worden, worüber an der soeben bezeichneten Stelle berichtet worden ist.

Fig. 73 und 74.

a) 3 Balken nach Fig. 73, 150 mm Balkenbreite, 1 Eisen v. 22 mm Dmr., m. Walzhaut, gerade,
b) 3   »   »   »   74, 150 »   »   1 »   22 »   »   »   »   , mit Haken.

In den äußeren Teilen dieser Balken sind Bügel aus 7 mm Rundeisen einbetoniert worden.

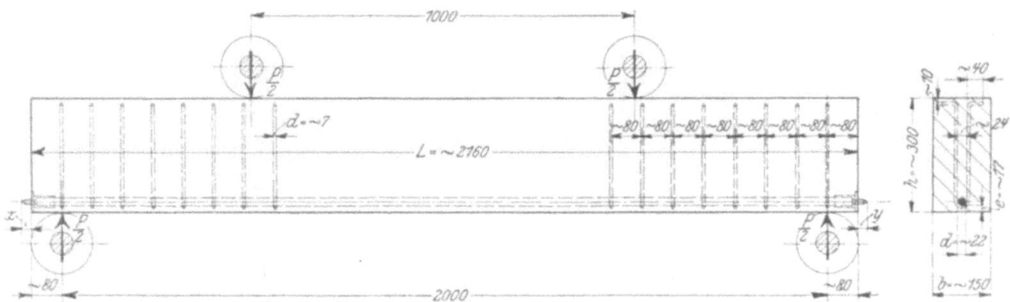

Fig. 73.

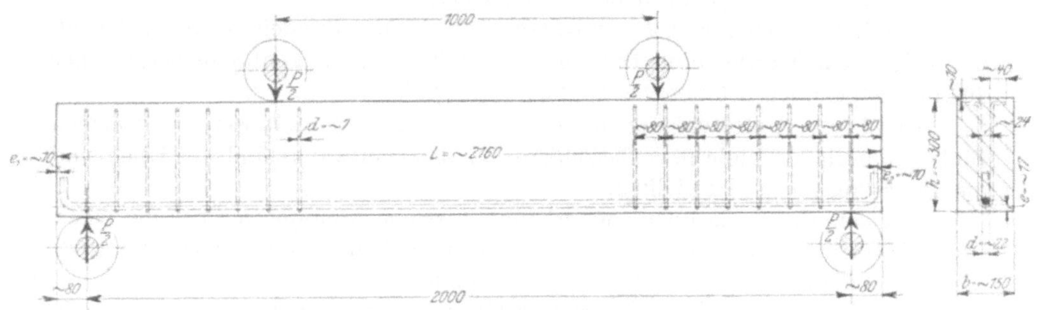

Fig. 74.

Die Versuche mit diesen Balken bezweckten die Ermittlung des Einflusses der Bügel auf die Widerstandsfähigkeit der Balken beim Fehlen der Haken an der Einlage und beim Vorhandensein solcher.

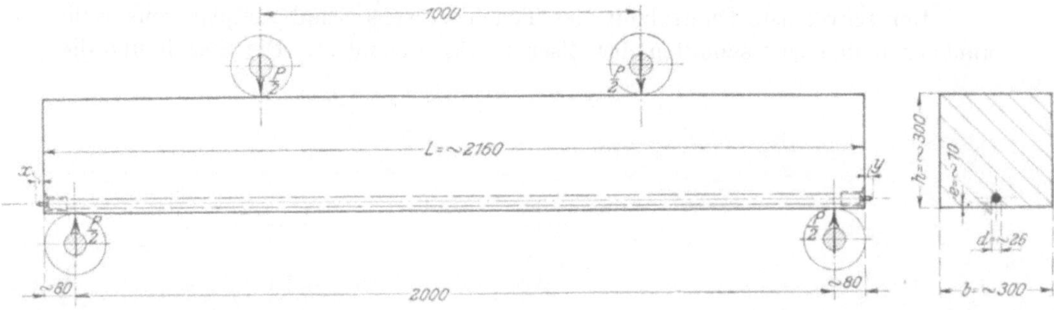

Fig. 75.

---

[1]) Das an verschiedenen Orten gewalzte Thacher-Eisen hat anscheinend nicht übereinstimmende Formen. Vergl. in dieser Hinsicht Heft 39 Seite 52 Fig. 1 mit Seite 141 im ersten Teil des Betonkalenders 1907.

Fig. 75.

4 Balken nach Fig. 75, 300 mm Balkenbreite, 1 Eisen von 26 mm Dmr. mit
Walzhaut, gerade.

Je zwei Balken lagerten bis zur Prüfung an der Luft und im Wasser.

Die Untersuchung sollte zeigen, welchen Einfluß die trockene und die nasse
Lagerung auf die Widerstandsfähigkeit der Balken hat und auf die Dehnung
des Betons, welche unmittelbar vor der Rißbildung vorhanden ist.

Fig. 76 und 77.

a) 3 Balken nach Fig. 76, 150 mm Balkenbreite; 3 Eisen: in der Mitte eine gerade Einlage von 10 mm Dmr.; seitlich liegen an den Enden aufgebogene
Eisen von 10 mm Dmr., das eine nach Fig. 89, das andere nach Fig. 90.

b) 3 Balken nach Fig. 77, 150 mm Balkenbreite; 3 Eisen: in der Mitte eine Einlage von 10 mm Dmr. mit Haken; seitlich aufgebogene Einlagen, eine nach
Fig. 89, die andere nach Fig. 90, beide von 10 mm Dmr.

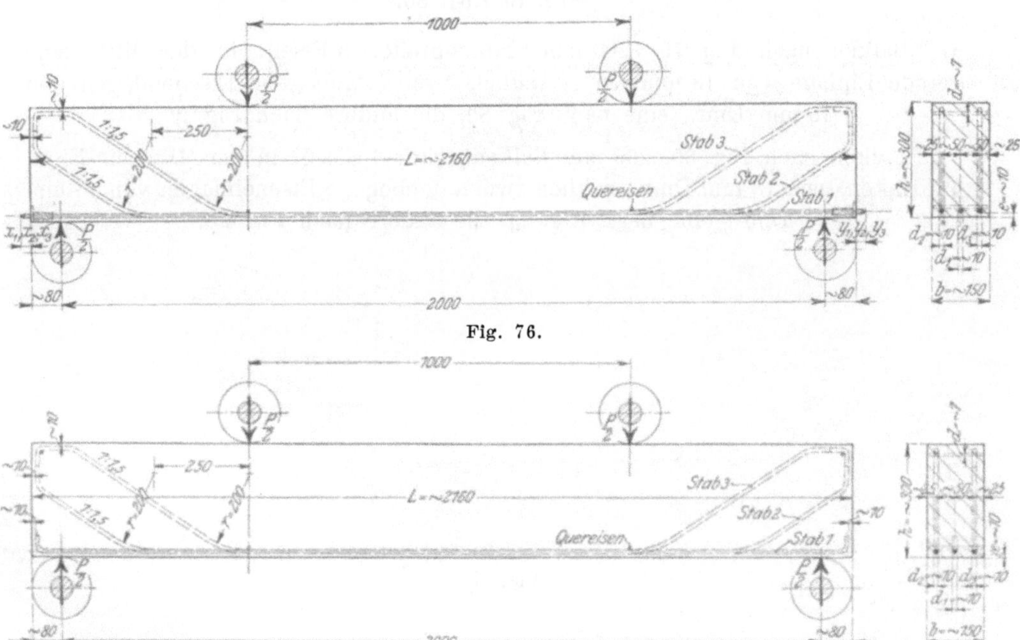

Fig. 76.

Fig. 77.

Die Balken unter b) unterscheiden sich von denjenigen unter a) durch die
Haken der mittleren Einlage.

Zu beachten ist die Unsymmetrie, welche in Bezug auf die schrägen Abbiegungen der beiden seitlichen Eiseneinlagen besteht (vergl. Fig. 89 und 90).

Fig. 78.

3 Balken nach Fig. 78, 150 mm Balkenbreite; 5 Eisen: in der Mitte eine gerade
Einlage von 10 mm Dmr., seitlich je zwei aufgebogene Einlagen von 7 mm
Dmr. (je 2 Stäbe nach Fig. 89 und 90).

Im Gegensatz zu den Balken nach Fig. 76 ist hier die Anordnung der Eiseneinlagen symmetrisch. Die Balken enthalten je zwei Stäbe nach Fig. 89
und 90.

Der Gesamtquerschnitt der Einlagen ist annähernd von derselben Größe wie in Fig. 76 und 77.

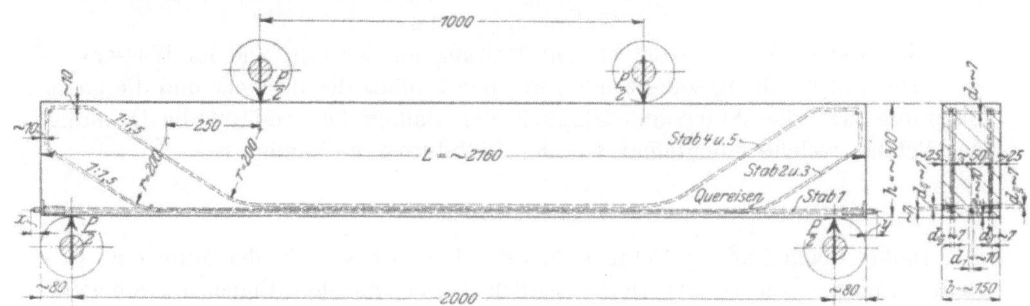

Fig. 78.

Fig. 79 und 80.

a) 3 Balken nach Fig. 79, 200 mm Balkenbreite; 3 Eisen: in der Mitte eine gerade Einlage von 18 mm Dmr.; seitlich zwei aufgebogene Eiseneinlagen von 18 mm Dmr., eine nach Fig. 89, die andere nach Fig. 90.

b) 3 Balken nach Fig. 80, 200 mm Balkenbreite; 3 Eisen: in der Mitte ein Eisen mit Haken, von 18 mm Dmr.; seitlich zwei aufgebogene Eiseneinlagen von 18 mm Dmr., eine nach Fig. 89, die andere nach Fig. 90.

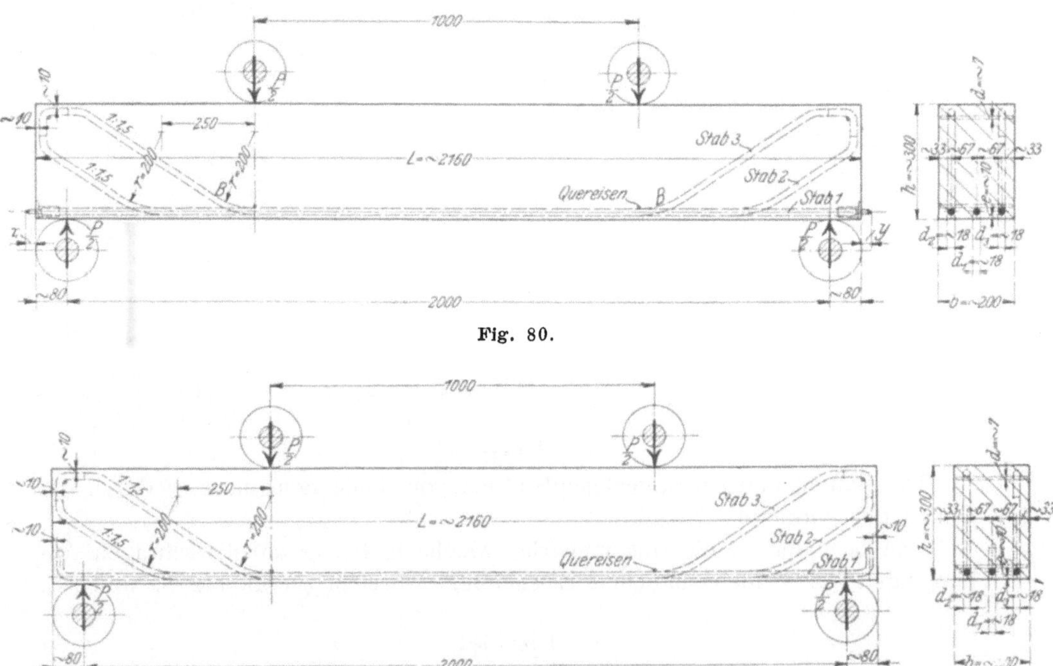

Fig. 80.

Fig. 79.

Die schiefen Abbiegungen sind hier in gleicher Weise unsymmetrisch wie bei den Balken nach Fig. 76 und 77.

Die Balken b) unterscheiden sich von denjenigen unter a) nur durch die Haken der mittleren Einlage.

Fig. 81 und 82.

a) 3 Balken nach Fig. 81, 200 mm Balkenbreite; 5 Eisen: in der Mitte eine gerade Einlage von 18 mm Dmr.; seitlich je eine aufgebogene Einlage von 13 mm Dmr. nach Fig. 89 und je eine von 12 mm Dmr. nach Fig. 90.

b) 3 Balken nach Fig. 82, 200 mm Balkenbreite; 5 Eisen: in der Mitte ein Eisen von 18 mm Dmr. mit Haken; seitlich je eine aufgebogene Einlage von 13 mm Dmr. nach Fig. 90 und je eine von 12 mm Dmr. nach Fig. 89.

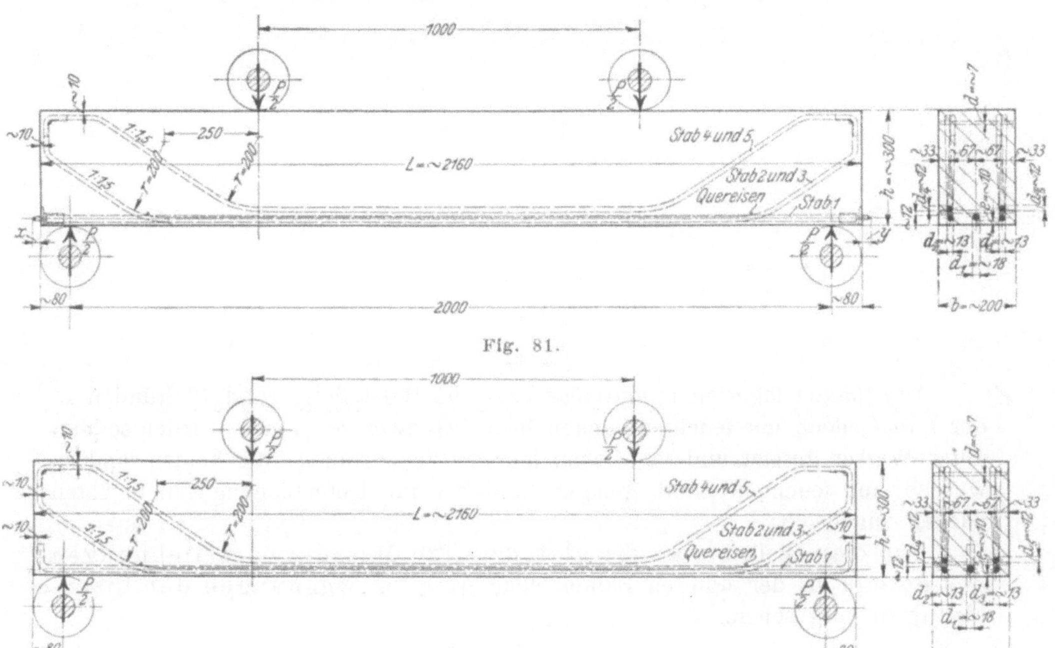

Fig. 82.

Die Anordnung der Eiseneinlagen ist im Gegensatz zu Fig. 79 und 80 symmetrisch. Der Gesamtquerschnitt der Eisen ist jedoch für Fig. 79 bis 82 annähernd gleich.

Der Unterschied der Balken unter b) gegenüber denen unter a) besteht lediglich in den Haken der mittleren Einlage.

Die Versuche mit den Balken nach Fig. 76 bis 82 sollten darüber Aufschluß geben, welchen Einfluß die verschiedenen Anordnungen der Einlagen (symmetrische und unsymmetrische Anordnung, mittleres Eisen mit und ohne Haken) auf die Widerstandsfähigkeit der Balken besitzen.

Fig. 83.

4 Balken nach Fig. 83, 150 mm Balkenbreite, 200 mm Balkenhöhe, Flacheisen von 7 mm Stärke als Einlage.

Statt Rundeisen einzulegen, wurde rund 7 mm starkes Eisenblech, das bei A A, B B ausgefräst worden war, verwendet. Die Eiseneinlage bestand somit aus 3 an den Enden verbundenen Flacheisen von 30 mm Breite in der Mitte und je 15 mm an den Seiten. Diese Form der Eiseneinlage wählte ich, um durch die Rückwirkung des Eisens auf den Beton, soweit eine solche überhaupt vorhanden ist, einen möglichst weitgehenden Einfluß des Eisens auf die Größe

der Dehnung des Betons auszuüben, welche an diesem gemessen wird, ehe Rißbildung eintritt. Nach außen besaß die Eiseneinlage 4 Vorsprünge C zu dem
Zweck, die Dehnung, welche das Eisen bei der Untersuchung erfährt, zu ermitteln.

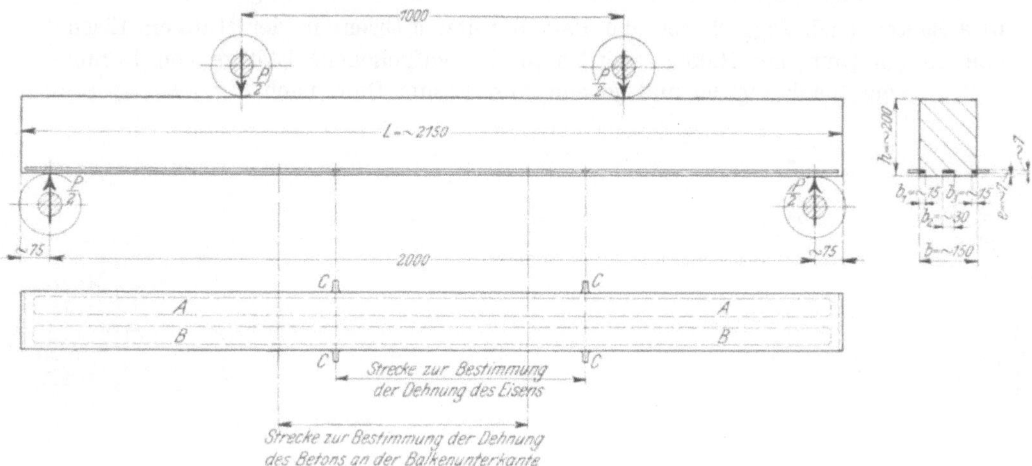

Fig. 83.

Die Balken lagerten unmittelbar nach der Herstellung rund 70 Stunden an
der Luft (jedoch mit feuchten Säcken bedeckt), zwei von ihnen wurden sodann
unter Wasser gesetzt und verblieben hier bis zur Prüfung; die beiden andern
wurden auf feuchtem Sand gelagert und bis zur Untersuchung mit feuchten
Säcken zugedeckt.

Für diese Balken war die gleichzeitige Messung der Dehnungen
des Betons an der unteren Balkenfläche und der Dehnungen der Eiseneinlagen vorgesehen.

Fig. 84.

3 Balken nach Fig. 84, 150 mm Balkenbreite ohne Einlagen.

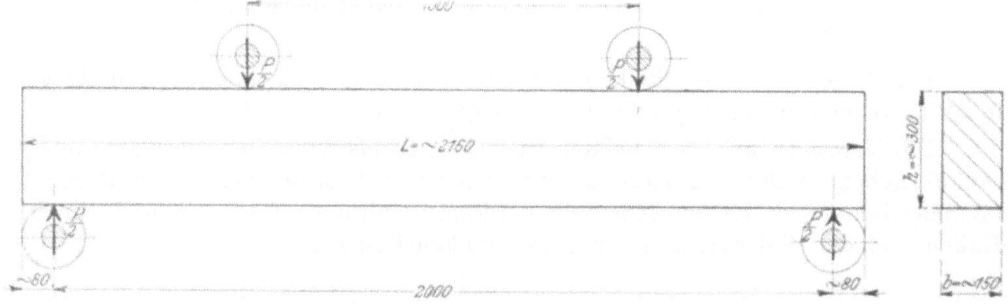

Fig. 84.

Die Versuche mit diesen Balken bezwecken die Ermittlung der Dehnung
des nichtarmierten Betons bei einer der Höchstbelastung möglichst nahekommenden Belastung und der Widerstandsfähigkeit von Balken aus nichtarmiertem Beton.

Weitere Versuchskörper.

Es wurden noch hergestellt und geprüft:

12 Würfel von 30 cm Seitenlänge zur Ermittlung der Druckfestigkeit des
Betons in Würfelform. Das Zerdrücken der Würfel erfolgte senkrecht zur

Stampfrichtung, entsprechend der bei den Balken auftretenden Beanspruchungsweise des Betons.

4 Prismen nach Fig. 91 zur Ermittlung der gesamten, bleibenden und
federnden Zusammendrückungen unter verschiedenen Belastungen, sowie zur
Bestimmung der Druckfestigkeit des Betons bei einer Länge der Prismen gleich
dem 5 fachen der Seite des Querschnitts.

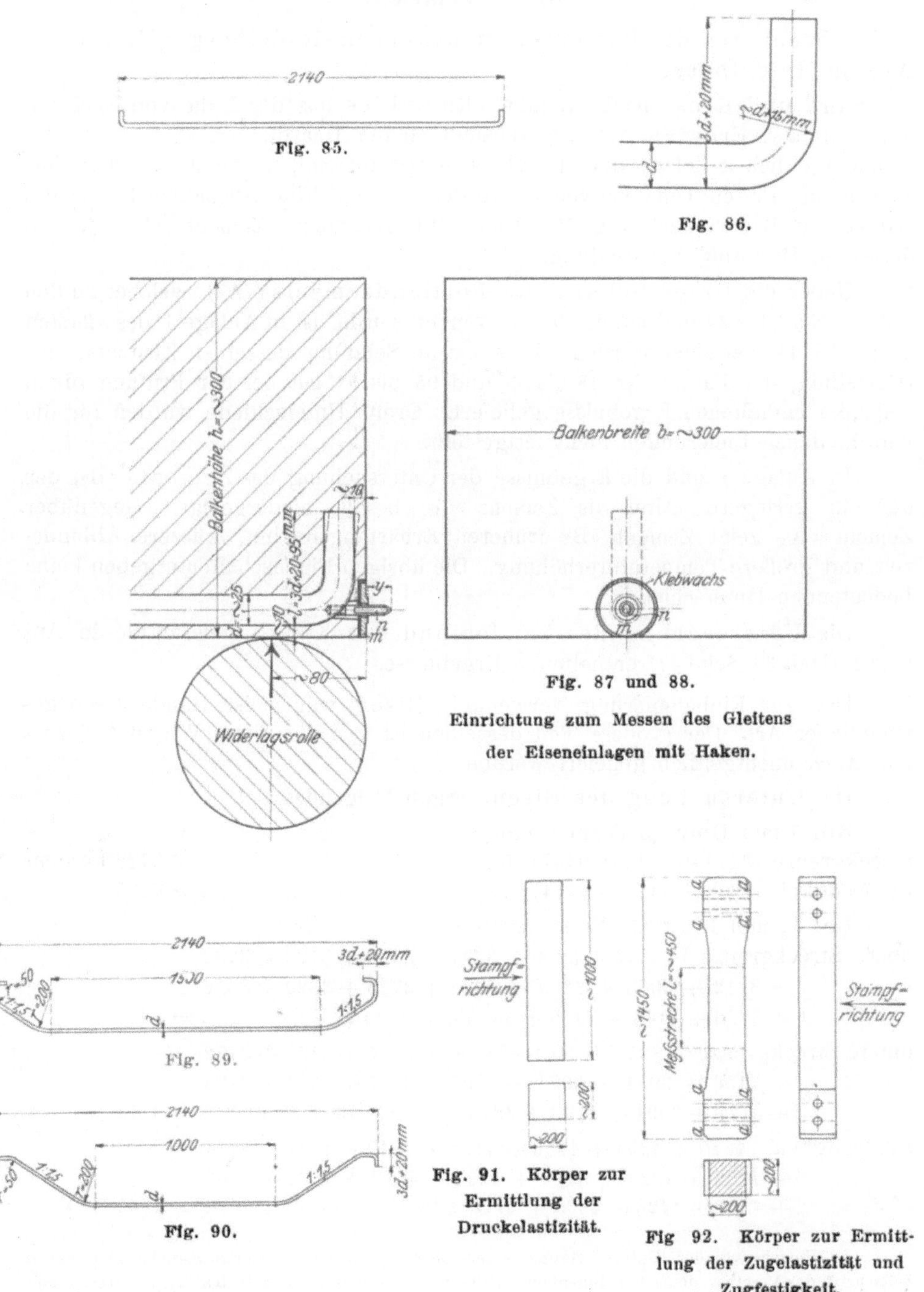

Fig. 87 und 88.
Einrichtung zum Messen des Gleitens
der Eiseneinlagen mit Haken.

Fig. 91. Körper zur
Ermittlung der
Druckelastizität.

Fig 92. Körper zur Ermittlung der Zugelastizität und
Zugfestigkeit.

5 Körper nach Fig. 92 zur Ermittlung der gesamten, bleibenden und federnden Verlängerungen unter verschiedenen Belastungen. Außerdem wurde an diesen Körpern die Zugfestigkeit des Betons bestimmt.

XII) Material und Zusammensetzung der Versuchskörper.

Die Materialien:

Zement, von den Portlandzementwerken Heidelberg & Mannheim A.-G. in Heidelberg,

Sand und Kies (nach Angabe »Rheinkies aus der Nähe von Speier«), von Wayß & Freytag A.-G. in Neustadt an der Haardt,
je unentgeltlich geliefert, sind die gleichen wie diejenigen, welche zu den Versuchen im »Ersten Teil« verwendet worden waren. Eine Ausnahme bilden die Balken mit Bauart nach Fig. 75. Hier fand ein anderer Zement (»B«), jedoch derselben Herkunft, Verwendung.

Ueber die Untersuchung des Portlandzements (»A«), welcher zu den Balken Nr. 1 bis 47 und 98 bis 101 verwendet wurde, ist in Anlage 1 des »Ersten Teils« (S. 44) berichtet worden. Eine zweite Sendung desselben Zements, zur Herstellung der Balken Nr. 48 bis 69 und 95 bis 97 hat bei der Prüfung die in Anlage 4 enthaltenen Ergebnisse geliefert. Große Unterschiede wurden für die verschiedenen Lieferungen nicht festgestellt.

In Anlage 5 sind die Ergebnisse der Untersuchung des Zements »B«, der der ein geringeres Alter als Zement »A« besaß, niedergelegt. Gegenüber Zement »A« zeigt Zement »B« früheren Erhärtungsbeginn, kürzere Abbindezeit und größere Temperaturerhöhung. Die übrigen Eigenschaften ergeben keine bedeutenden Unterschiede.

Die Untersuchung des Sandes und des Kieses lieferte die in Anlage 3 (Heft 39 Seite 47) enthaltenen Ergebnisse.

Das zur Einbetonierung verwendete Eisen war meist Handelseisen gewöhnlicher Art. Der größere Teil desselben ist von der Firma Wayß & Freytag A.-G. unentgeltlich geliefert worden.

Die Untersuchung des Eisens ergab Folgendes.

Bei 7 mm Dmr. (3 Versuchstäbe):
Streckgrenze $(3474 + 3316 + 3447) : 3$ . . . . $= 3412$ kg/qcm
Zugfestigkeit $(4658 + 4474 + 4474) : 3$ . . . . $= 4535$ »

Bei 10 mm Dmr. (18 Versuchstäbe):
obere Streckgrenze[1] $(3342 + 3200 + 3247 + 3152 + 3193 + 3230$
$+ 3212 + 3063 + 3129 + 2922 + 3215 + 3329 + 3316$
$+ 3228 + 3143 + 3316 + 3388 + 3612) : 18$ . . . . . $= 3235$ »
untere Streckgrenze[1] $(3253 + 3141 + 3130 + 3114 + 3145 + 3172$
$+ 3153 + 3051 + 3071 + 2909 + 3177 + 3304 + 3203$
$+ 3177 + 3091 + 3190 + 3275 + 3518) : 18$ . . . . . $= 3171$ »
Zugfestigkeit $(4380 + 4294 + 4156 + 4165 + 4349 + 4391 + 4294$
$+ 4253 + 4224 + 4195 + 4253 + 4329 + 4304 + 4266$
$+ 4221 + 4228 + 4300 + 4176) : 18$ . . . . $= 4265$ »

---

[1] Hinsichtlich der Unterscheidung einer oberen und einer unteren Streckgrenze vergl. Zeitschrift des Vereines deutscher Ingenieure 1904 Seite 1040 u. f.; oder C. Bach, Elastizität und Festigkeit, 5. Auflage Seite 8 und Seite 136 u. f.

Bei 12 mm Dmr. (3 Versuchstäbe):

obere Streckgrenze (2765 + 2697 + 2829) : 3 . . . . = 2764 kg/qcm

untere   »   (2757 + 2639 + 2821) : 3 . . . . = 2739   »

Zugfestigkeit   (4026 + 3773 + 4060) : 3 . . . . = 3953   »

Bei 13 mm Dmr. (3 Versuchstäbe):

obere Streckgrenze (2458 + 2481 + 2580) : 3 . . . . = 2506   »

untere   »   (2443 + 2457 + 2519) : 3 . . . . = 2473   »

Zugfestigkeit   (3595 + 3605 + 3450) : 3 . . . . = 3550   »

Bei 14 mm Dmr. (1 Versuchstab aus Stahl):

Streckgrenze . . . . 4969 kg/qcm

Zugfestigkeit 8540   »

Bei 18 mm Dmr. (8 Versuchstäbe):

obere Streckgrenze (2755 + 2788 + 2762 + 2646 + 2858 + 2984

+ 2840 + 2918) : 8 . . . . = 2819   »

untere Streckgrenze (2673 + 2731 + 2742 + 2608 + 2807 + 2921

+ 2809 + 2879) : 8 . . . . , ... = 2771   »

Zugfestigkeit (3949 + 4084 + 4077 + 3861 + 4201 + 4212 + 4132

+ 4136) : 8 . . . . = 4082   »

Bei 22 mm Dmr. (2 Versuchstäbe):

obere Streckgrenze (3016 + 3047) : 2 . . . . = 3031   »

untere   »   (2949 + 2974) : 2 . . . . = 2961   »

Zugfestigkeit   (4397 + 4337) : 2 . . . . = 4367   »

Bei 25 mm Dmr. (2 Versuchstäbe):

obere Streckgrenze (2383 + 2485) : 2 . . . . = 2434   »

untere   »   (2342 + 2413) : 2 . . . . = 2378   »

Zugfestigkeit   (3758 + 3741) : 2 . . . . = 3750   »

Bei Thacher-Eisen (2 Versuchstäbe), bezogen auf den schwächsten Querschnitt von rund 2,3 qcm:

obere Streckgrenze (3565 + 3396) : 2 . . . . = 3480 kg/qcm

untere   »   (3513 + 3313) : 2 . . . . = 3413   »

Zugfestigkeit   (4443 + 4252) : 2 . . . . = 4347   »

Die starken Abweichungen in der Streckgrenze des untersuchten Eisens finden ihre Begründung in der verschiedenen Stärke des Eisens und in der Verschiedenartigkeit des Zustandes (geglüht oder nicht geglüht u. s. f.)

Die Zusammensetzung der Körper nach Fig. 67 bis 74, 76 bis 82, 84, 91 und 92 betrug:

1 Raumteil Portlandzement »A«,

4 Raumteile Sand und Kies in dem Mischungsverhältnis von 3 Raumteilen Sand und 2 Raumteilen Kies, beides vollständig lufttrocken und

15 vH Wasser (15 Raumprozente = 7,89 Gewichtprozente, Näheres hierzu siehe Heft 39, Anlage 3, Abs. c Seite 49).

Die Balken nach Fig. 75 hatten dieselbe Zusammensetzung von Zement, Sand und Kies, jedoch mit dem Unterschied, daß hier Zement »B« (siehe oben) verwendet wurde, welcher für ungefähr dieselbe Feuchtigkeit des Betons nur 14 vH Wasser beanspruchte.

Für die Balken nach Fig. 83 (Nr. 98 bis 101) war folgende Mischung gemacht worden:

1 Raumteil Portlandzement,

1 Raumteil Sand,

2 Raumteile Kies,

8 vH (Gewichtprozente) Wasser.

XIII) Herstellung und Lagerung der Versuchskörper. Temperaturerhöhung der Balken während des Abbindens. Verlauf der Balkentemperatur während der ersten 30 Stunden.

Die Mehrzahl der Versuchskörper wurde in der Zeit vom 5. April bis 21. Juni 1906 in einem Kellerraum der Materialprüfungsanstalt an der Technischen Hochschule Stuttgart durch Arbeiter, welche unter steter Aufsicht standen, hergestellt. Die Balken Nr. 91 bis 97 (Bauart nach Fig. 68 und 75) kamen in der Zeit vom 29. November 1906 bis 11. Januar 1907 zur Herstellung. Die Balken nach Fig. 83 waren bereits im Januar 1906 hergestellt worden.

Die Verarbeitung der Materialien sowie die Behandlung der Eiseneinlagen war dieselbe, wie im »Ersten Teil« (Heft 39 S. 4) angegeben worden ist.

Zur Herstellung der Körper dienten in allen Fällen wagerecht liegende Formen aus Tannenholz (vergl. Fig. 12 bis 16 in Heft 39 S. 5). Nur zur Herstellung der Würfel wurden die üblichen gußeisernen Formen benutzt.

Das Stampfen geschah in gleicher Weise, wie in Heft 39 S. 4 und 5 beschrieben worden ist. Als Stampfer wurden auch hier, wenn irgend möglich, solche von 12 kg Gewicht verwendet.

Die Aufbewahrung der Versuchskörper erfolgte, mit Ausnahme der 4 Balken nach Fig. 75 sowie der 2 Balken Nr. 100 und 101 nach Fig. 83, auf feuchtem Sand und mit nassen Säcken bedeckt.

Von den 4 Balken nach Fig. 75 lagerten je zwei Stück an der Luft und im Wasser. Die Balken Nr. 100 und 101 nach Fig. 83 lagerten im Wasser.

An 7 Balken (Nr. 13, 16, 50, 53, 54, 57 und 58) wurden nach dem Stampfen des Betons die Temperaturerhöhungen (Thermometer reichte bis auf etwa 70 mm in das Balkeninnere und befand sich rund 150 mm vom Ende des Balkens) festgestellt. Sie betragen durchschnittlich

$$(3{,}6 + 4{,}8 + 4{,}0 + 3{,}0 + 4{,}0 + 4{,}5 + 3{,}8) : 5 = 3{,}9^0\ C.$$

Der Höchstwert wurde in der Regel ermittelt rund 15 Stunden nach vollendetem Stampfen. Die Figur 93 zeigt für den Balken Nr. 57 (Bauart Fig. 82) die Temperaturänderungen während 30 Stunden.

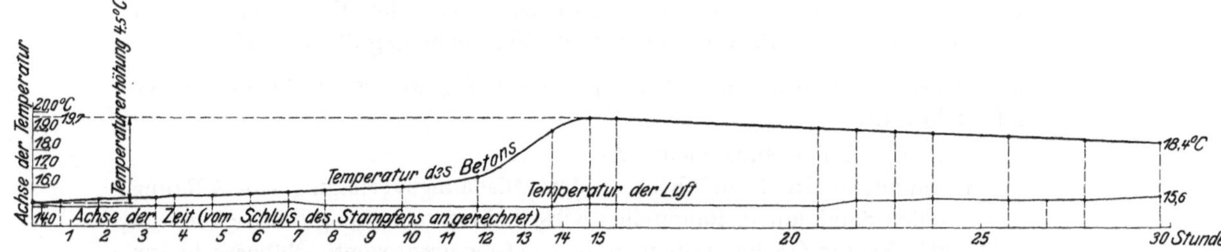

Fig. 93. Temperaturerhöhung des Betons (nach dem Stampfen). Balken Nr. 57 (Bauart nach Fig. 82.)

Von Interesse ist es, diesen Linienzug zu vergleichen mit demjenigen, welcher sich für den reinen Zement ergeben hatte, und der in Fig. a der Anlage 4 enthalten ist.

XIV) Durchführung der Versuche im allgemeinen.

Die Durchführung der Versuche mit den Balken ist im »Ersten Teil« (Heft 39 Seite 7 u. f.) eingehend beschrieben, so daß hier eine kurze Besprechung zulässig erscheint.

Beobachtet wurden:

1) die Belastung, unter welcher Wasserflecke und Risse (vergl. Heft 39 S. 12 u. f.) zuerst gesehen wurden; ferner das Fortschreiten der Risse mit steigender Belastung;

2) die Verschiebung der Eiseneinlagen gegenüber dem Beton an den Balkenenden, d. s. die Aenderungen der Strecken x und y (Fig. 66, 69, 72, 73, 75, 76, 78, 79, 81);

3) die gesamten, bleibenden und federnden Durchbiegungen der oberen Fläche des Balkens an 5 Punkten der Mittelebene (vergl. Fig. 19 in Heft 39);

4) die gesamten, bleibenden und federnden Verlängerungen des Betons an der unteren Fläche des Balkens auf die Erstreckung von rund 70 cm (vergl. Fig. 19 und 21 bis 25 in Heft 39);

5) die gesamten, bleibenden und federnden Zusammendrückungen des Betons an der oberen Fläche des Balkens auf dieselbe Erstreckung;

6) die gesamten, bleibenden und federnden Verlängerungen der Eiseneinlagen bei den Balken nach Fig. 83;

7) die Höchstbelastung.

Die unter 1), 3) bis 5) und 7) genannten Beobachtungen erfolgten bei fast allen Balken.

Ueber die Untersuchungen mit den weiteren Seite 8 aufgeführten Körpern wird unter XXXVIII) und XXXIX) berichtet werden.

Versuchsergebnisse.

XV) 3 Balken mit Bauart nach Fig. 66: Nr. 40, 43 und 45.

Die Ergebnisse der Prüfung sind in Zusammenstellung 9 enthalten. Als bemerkenswert ist hervorzuheben das Verhalten der Einlagen beim Gleiten. Um in dieser Hinsicht einen weitergehenden Einblick zu gewähren, seien für den Balken Nr. 40 folgende Einzelheiten hervorgehoben.

Balken Nr. 40.

Die letzte Belastung, unter welcher eine Aenderung der Strecken x_1, x_2, x_3 und y_1, y_2, y_3 (Fig. 66) noch nicht festzustellen war, betrug 7500 kg (vergl. Zusammenstellung 9, Spalte 15 bis 21).

Die erste Aenderung wurde gemessen unter $P = 8000$ kg, und zwar

	bei x_1	x_2	x_3	y_1	y_2	y_3	
nachdem die Belastung 10 Min. gewirkt hatte	0,010	0,040	0,040	0,010	0,015	0	mm,
nach 15 Minuten	0,010	0,055	0,060	0,010	0,020	0,005	» ,
20 »	0,010	0,055	0,060	0,010	0,020	0,005	» .

Hiernach ist das Eisen, für welches die Messung x_1 (Stab 1, Fig. 66) gilt, unter der Belastung von $P = 8000$ kg um 0,01 mm zurückgegangen und hat diese anfänglich beobachtete Größe auch bei längerer Dauer der Belastung beibehalten.

Das Eisen, für welches die Größe x_2 Geltung hat, ist während der ersten 10 Minuten um 0,04 mm zurückgetreten, nach weiteren 5 Minuten hat sich dieses Maß auf 0,055 mm vergrößert und ist dabei verblieben.

Bei x_3 ist der Vorgang ein ganz ähnlicher.

Vergleicht man diese 3 Zahlen, so erkennt man, daß die Verschiebung des Eisens bei x_1 weit weniger beträgt als diejenige von x_2 und x_3.

Am andern Balkenende ist, wie die Größen y_1, y_2 und y_3 erkennen lassen, die Bewegung der Eisen geringer, jedoch für die verschiedenen Stäbe ebenfalls ungleich.

Die Messungen zeigen außerdem, daß unter $P = 8000$ kg schon nach 15 Minuten Stillstand der Bewegung der Eisen gegenüber dem Beton eingetreten ist.

Die Belastung wurde nun auf $P = 0$ kg erniedrigt und nach 3 Minuten die Last $P = 8000$ kg wiederholt aufgebracht, wobei folgendes gefunden wurde:

	bei x_1	x_2	x_3	y_1	y_2	y_3	
nach 6 Minuten	0,040	0,130	0,140	0,025	0,045	0,005	mm,
» 10 »	0,070	0,175	0,180	0,025	0,050	0,005	»,
» 15 »	0,070	0,320	0,280	0,030	0,055	0,005	».

Nach 16 Minuten gleiten die Eisen auf der Seite der x, Fig. 66, so rasch, daß die Wage der Prüfungsmaschine nicht mehr zum Einspielen gebracht werden kann; der Gleitwiderstand war auf der Seite der x erschöpft und damit auch die Widerstandsfähigkeit des Balkens.

Dem Vorstehenden zufolge war die Gleitbewegung der Eisen sehr ungleich

Die Fig. 94 zeigt die untere Fläche, Fig. 95 eine Seitenfläche des Balkens Nr. 40. Auch von den beiden andern Balken gleicher Art, Fig. 66, sind in Fig. 94 und 95 die genannten Flächen abgebildet. Sämtliche beobachteten Risse sind auf den Balkenflächen eingetragen[1]. Die unter den einzelnen Belastungen gefundenen Rißstrecken sind durch gestrichelte Begrenzungslinien bezeichnet; die zugehörige Belastung ist zwischen diesen Begrenzungslinien eingetragen (vergl. Heft 39, S. 14 u. f.). So zeigt bei Balken Nr. 40 in Fig. 94 die Zahl 3750 an, daß sich unter der Belastung von $P = 3750$ kg auf der Unterfläche ein Riß eingestellt hat, der von der Kante bis zur ersten gestrichelten Linie reicht. Unter der Belastung von $P = 4500$ kg verlängerte sich dieser Riß bis zur zweiten gestrichelten Linie usw. Auf der Seitenfläche, Fig. 95, zeigt sich der erste Riß unter $P = 4000$ kg.

Beim ersten Auftreten waren die Risse äußerst fein, zuerst auf der Unterfläche sichtbar und oft recht schwierig zu erkennen. Die Rißbildung vollzieht sich dabei zunächst an den Kanten, vergl. Fig. 30, Heft 39, Seite 16. Mit fortschreitender Last verlängern sich die Risse rasch über die ganze Balkenbreite und steigen an den Seitenflächen empor.

Die Zahl der beobachteten Risse ist hier weit größer, als bei den Balken, welche im »Ersten Teil« besprochen worden sind.

Auf der untern Balkenfläche und an der Seitenfläche des Balkens Nr. 40 sind außerhalb der Belastungsrollen, Fig. 66, Längsrisse entstanden, siehe Fig. 94 und 95. Über das Entstehen solcher Risse vergl. Heft 39 S. 15.

Der Bruchriß verläuft namentlich auf der linken Seite des Balkens Nr. 40 schräg nach oben gegen die Belastungsrolle hin.

Wird nach den Gleichungen der »amtlichen Bestimmungen« (Heft 39 S. 18) gerechnet, so ergibt sich, ohne Berücksichtigung des Eigengewichts (vergl. Heft 39 S. 20), für die Höchstbelastung $P = 8000$ kg, da

---

[1] Um die Risse für die Photographie deutlicher erscheinen zu lassen, sind sie mit Tusche nachgezeichnet worden.

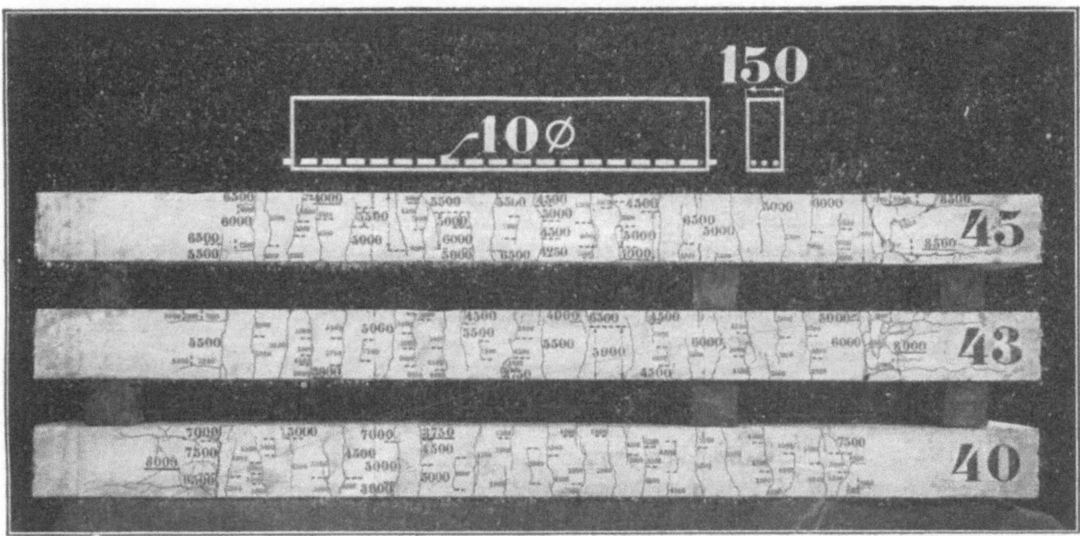

Fig. 94. Untere Flächen der Balken mit Bauart nach Fig. 66 [1]).

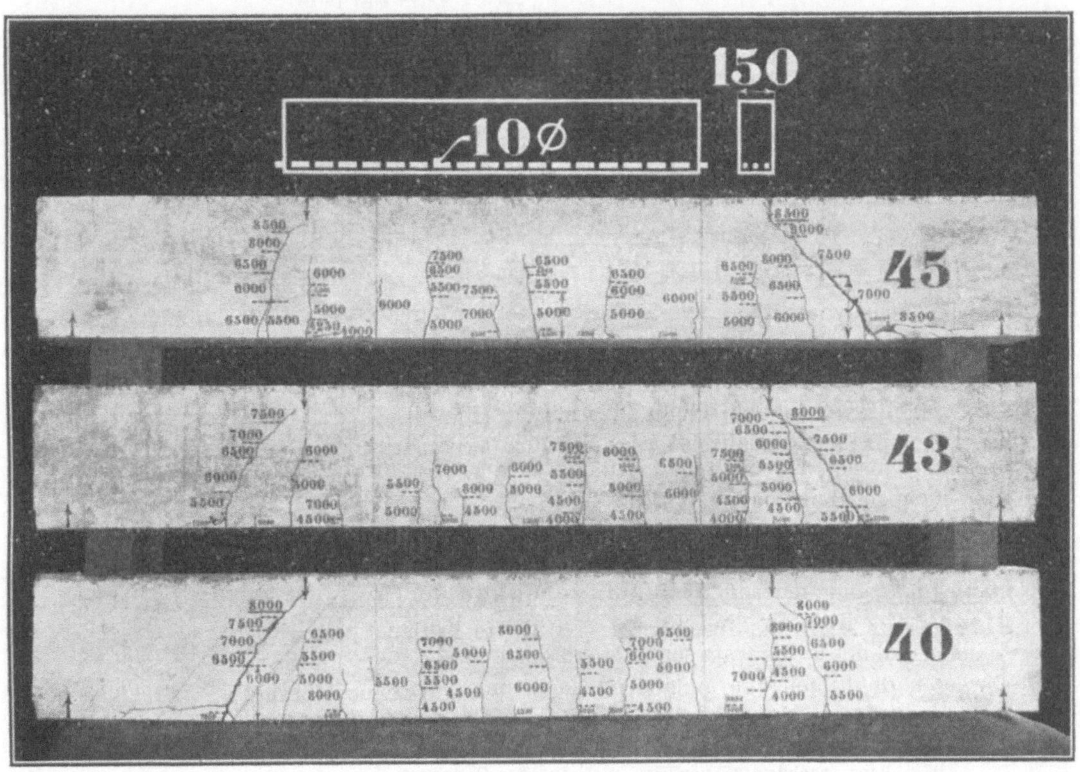

Fig. 95. Seitenflächen der Balken mit Bauart nach Fig. 66.

---

[1]) Die kleinen Zahlen in den Abbildungen der photographischen Aufnahmen sind bei dem verwendeten, zu einem Teil durch das Format veranlaßten, Maßstab nicht so deutlich geworden, wie vom Verfasser gewünscht. Bei der Kürze der Zeit (vergl. Fußbemerkung S. 143), die für die Herstellung der vorliegenden Veröffentlichung zur Verfügung stand, war, ganz abgesehen vom Kostenpunkt, der Ersatz der Autotypien durch Lichtdruckbilder, nicht möglich.

Um denjenigen Lesern, die sich eingehend mit den Versuchen beschäftigen wollen und denen die Abbildungen nicht genügen, die Möglichkeit zum Studium vollständiger Bilder zu bieten, erklärt sich Verfasser bereit, die entsprechenden Photographien gegen Erstattung der Selbstkosten zur Verfügung zu stellen.

$h = 30{,}77$ cm (Spalte 5 der Zusammenstellung 9),

$b = 15{,}02$ cm (» 4 » » 9),

$a = 0{,}5 + 0{,}9 = 1{,}4$ cm (Spalte 8 bis 10 und Spalte 40 der Zusammenstellung 9),

$f_e = 2{,}44$ qcm (Spalte 11 der Zusammenstellung 9),

$d_1 = 1{,}02$, $d_2 = 1{,}03$ und $d_3 = 1{,}00$ cm (Spalte 8 bis 10 der Zusammenstellung 9 und Fig. 66),

$M = {}^1/_2\, P \cdot 50$ kg $\cdot$ cm (Fig. 66),

$V = {}^1/_2\, P$ kg,

nach Gl. 1, unter Zugrundelegung des Wertes $n = 15$, der Abstand der Nulllinie von oben (vergl. Fig. 31)

$$ x = \frac{15 \cdot 2{,}44}{15{,}02} \left[\sqrt{1 + \frac{2 \cdot 15{,}02\,(30{,}77 - 1{,}4)}{15 \cdot 2{,}44}} - 1 \right] = 9{,}77 \text{ cm}, $$

nach Gl. 2 die größte Druckspannung des Betons

$$ \sigma_b = \frac{2 \cdot 4000 \cdot 50}{15{,}02 \cdot 9{,}77 \left(30{,}77 - 1{,}4 - \dfrac{9{,}77}{3} \right)} = 104{,}4 \text{ kg/qcm}, $$

nach Gl. 3 die Zugspannung des Eisens

$$ \sigma_e = \frac{4000 \cdot 50}{2{,}44 \left(30{,}77 - 1{,}4 - \dfrac{9{,}77}{3} \right)} = \mathbf{3146} \text{ kg/qcm}, $$

nach Gl. 4 die Schubspannung des Betons

$$ \tau_0 = \frac{4000}{15{,}02 \left(30{,}77 - 1{,}4 - \dfrac{9{,}77}{3} \right)} = 10{,}2 \text{ kg/qcm}, $$

nach Gl. 5 der Gleitwiderstand

$$ \tau_1 = \frac{4000}{\left(30{,}77 - 1{,}4 - \dfrac{9{,}77}{3} \right) \pi\,(1{,}02 + 1{,}03 + 1{,}00)} = \mathbf{16{,}0} \text{ kg/qcm}[1]. $$

Der Gleitwiderstand von 16 kg/qcm ist geringer als die früher gefundenen, im »Ersten Teil« veröffentlichten, Werte (Heft 39 S. 43 und Zusammenstellung 8).

Der Grund hierfür wird darin zu suchen sein, daß mit $\sigma_e = 3146$ kg/qcm die Streckgrenze in dem einen oder andern der drei Eisen erreicht worden sein kann (vergl. S. 10), während dies bei den Versuchen, über welche in Heft 39 berichtet worden ist, nicht der Fall gewesen ist; ferner darin, daß die Zugkräfte sich nicht so gleichmäßig auf die 3 Eisen verteilen werden, daß in ihnen die gleiche Spannung herrscht, wie die Rechnung voraussetzt.

In Fig. 96 sind zu den Belastungen als senkrechten Ordinaten die gesamten, bleibenden und federnden Verlängerungen des Betons an der untern Fläche des Balkens Nr. 40, also die Werte in den Spalten 23 bis 25 der Zusammenstellung 9, als wagrechte Abszissen eingetragen. Bis gegen $P = 1500$ kg verlaufen die Linienzüge annähernd nach einer Geraden. Oberhalb $P = 1500$ kg bis gegen $P = 4000$ kg ist die verhältnismäßige Zunahme der Dehnungen gegen-

---

[1] τ_1 kann, nachdem σ_e vorliegt, auch aus der Gleichung

$$ \tau_1 = \frac{f_e\, \sigma_e}{\pi\, d\, l} = \frac{2{,}44 \cdot 3146}{\pi\,(1{,}02 + 1{,}03 + 1{,}00)\, 50} = 16{,}0 \text{ kg/qcm} $$

berechnet werden, wobei für l der Abstand zwischen Belastungsrolle und Widerlager eingeführt wird. Diese Art der Berechnung von τ_1, welche unmittelbar aus der Anschauung abgeleitet werden kann, liefert dieselben Werte wie Gl. 5.

Wie S. 20 des ersten Teils (Forschungsheft 39) bemerkt ist, kommt in Wirklichkeit für l eine etwas größere Länge in Betracht.

über den Belastungen weit größer. Von der Belastung $P = 4000$ kg an nähern sich die Linien der gesamten und federnden Verlängerungen wieder einer Geraden.

Bemerkenswert ist hierbei, daß unter $P = 2000$ kg die ersten Wasserflecke und unter $P = 3750$ kg der erste Riß beobachtet wurde.

Hiernach fällt — wie schon früher festgestellt — die Entstehung der ersten Wasserflecke und der ersten Risse in das Gebiet, in welchem die Dehnungslinien die stärksten Krümmungen aufweisen (vergl. Heft 39 S. 21 u. f.).

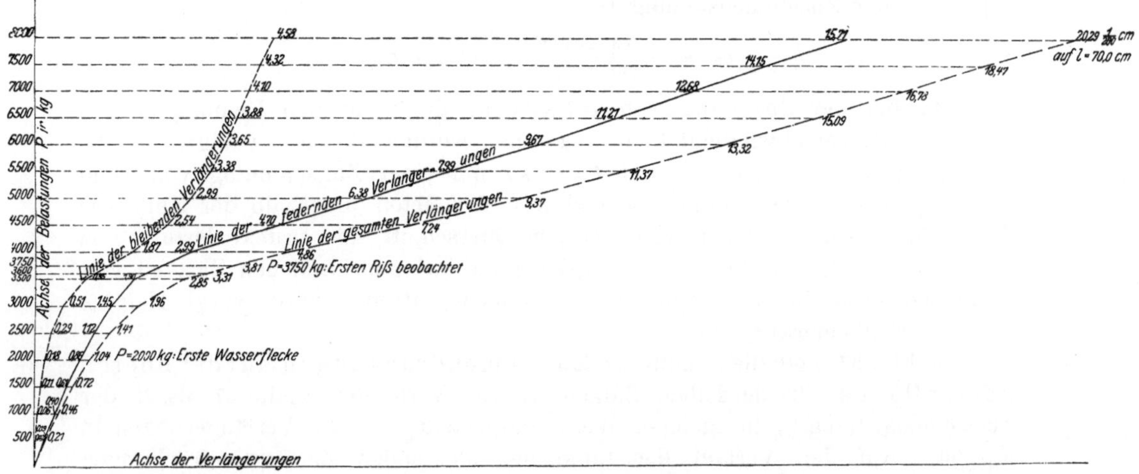

Fig. 96. Balken Nr. 40 (Bauart nach Fig. 66). Verlängerungen auf der unteren Balkenfläche.

Der Verlauf der Linienzüge in Fig. 96 deutet darauf hin, daß die erste Rißbildung wahrscheinlich schon vor $P = 3750$ kg eingetreten ist, ohne daß jedoch eine dahingehende Beobachtung gemacht wurde[1]. Es ist eben immer im Auge zu behalten, daß der Riß eine gewisse Abmessung erlangt haben muß, ehe er entdeckt wird.

Die Dehnung des Betons unter $P = 3600$ kg beträgt $3{,}_{31} \dfrac{1}{200}$ cm auf die Meßlänge $l = 70{,}_0$ cm (Zusammenstellung 9 Spalte 15, 22 und 23),

$$\text{d. i. } \frac{3{,}31}{200} \cdot \frac{1}{0{,}7} \cdot 10 = \mathbf{0{,}236} \text{ mm auf 1 m Länge.}$$

Unter der Voraussetzung, daß der erste Riß nicht vor $P = 3600$ kg eingetreten ist, würde diese Länge als die Dehnung des Betons unmittelbar vor Eintritt des ersten Risses anzusehen sein[1].

Unter der Belastung $P = 3500$ kg ergab sich die gesamte Dehnung an der Unterfläche des Balkens zu $2{,}_{85} \dfrac{1}{200}$ cm auf $70{,}_0$ cm (Spalte 23 der Zusammenstellung 9); beim Entlasten auf $P = 0$ kg waren bleibend $0{,}_{95} \dfrac{1}{200}$ cm. Wird untersucht, welche Zugspannungen in dem Eisen dadurch wachgerufen werden, daß der Beton einen verhältnismäßig großen Teil seiner gesamten Dehnung nach der Entlastung beibehält, während das bei dem Eisen, so lange seine Anstrengung unterhalb der Elastizitätsgrenze bleibt, nicht der Fall ist, so ergibt sich Folgendes. Die Zugspannungen im Eisen betragen unter Zugrundelegung eines Dehnungskoeffizienten für Flußeisen von $\dfrac{1}{2\,100\,000}$ und unter der — aller-

---

[1] Der Linienzug in Fig. 100, welcher das Steigen der Nullachse nach oben angibt, deutet gleichfalls darauf hin, daß die Rißbildung schon in der Nähe von $P = 3500$ kg eingetreten sein wird.

dings nur angenähert erfüllten — Voraussetzung, daß das Eisen die gleiche Dehnung wie der Beton an der untere Balkenkante erfährt,

1) entsprechend der gesamten Verlängerung von $2{,}85\,\dfrac{1}{200}$ cm auf 70,0 cm (Spalte 23 der Zusammenstellung 9)

$$\sigma_1 = \frac{2{,}85 \cdot 2\,100\,000}{200 \cdot 70} = 427 \text{ kg/qcm,}$$

2) entsprechend der bleibenden Verlängerung von $0{,}95\,\dfrac{1}{200}$ cm auf 70,0 cm (Spalte 24 der Zusammenstellung 9)

$$\sigma_2 = \frac{0{,}95 \cdot 2\,100\,000}{200 \cdot 70} = 142 \text{ kg/qcm.}$$

Da bei der Spannung von 427 kg/qcm die bleibenden Dehnungen von Flußeisen als verschwindend klein angesehen werden dürfen, so folgt, daß die Entlastung von $P = 3500$ kg auf $P = 0$ kg mit einer Zugspannung von rund 142 kg/qcm im Eisen endigt, so daß also der Beton unterhalb der Nullachse durch das gespannte Eisen von 2,44 qcm Querschnitt eine Druckbelastung von $2{,}44 \cdot 142 = 346$ kg erfährt, Spannungslosigkeit im ursprünglichen Zustand vorausgesetzt, was in der Regel allerdings nicht zutreffen wird (vergl. Heft 39, Seite 25, Fußbemerkung 1).

In Fig. 97 sind die ermittelten Zusammendrückungen auf der oberen Balkenfläche für denselben Balken Nr. 40 (Werte der Spalte 27 bis 29 der Zusammenstellung 9) in gleicher Weise dargestellt, wie die Verlängerungen in Fig. 96. Auf den Verlauf der Linie der bleibenden Zusammendrückungen nimmt die Zugspannung Einfluß, welche nach Maßgabe des oben Erörterten im Eisen zurückbleibt.

In Fig. 98 sind die gesamten Durchbiegungen des Balkens Nr. 40 an den 5 Stellen, welche in Fig. 19, Heft 39, eingezeichnet sind, für $P = 500$ kg bis

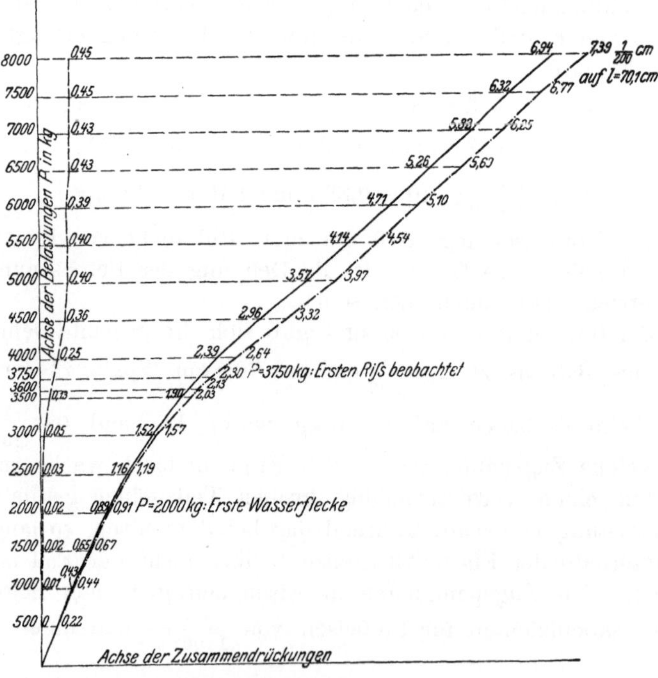

Fig. 97. Balken Nr. 40 (Bauart nach Fig. 66). Zusammendrückungen auf der oberen Balkenfläche.

$P = 8000\,\mathrm{kg}$ dargestellt[1]) (Werte der Spalten 30 bis 34 der Zusammenstellung 9).

Fig. 99 enthält die gesamten, bleibenden und federnden **Durchbiegungen** des Balkens Nr. 40 (Spalten 32 und 37 der Zusammenstellung 9), welche für die **Mitte der Balkenlänge** ermittelt worden sind. Der Verlauf dieser Linien ist ein ganz ähnlicher wie der Dehnungslinien in Fig. 96 und 97[2]).

Unter der Voraussetzung, daß die Querschnitte des Balkens während des Versuchs innerhalb der Meßstrecke (vergl. Fig. 19) eben bleiben, kann mit Hilfe der ermittelten gesamten Zusammendrückungen (oben) und Verlängerungen (unten) die Lage der **Nullinie** unter den verschiedenen Belastungen festgestellt werden (vergl. Heft 39, Seite 26 und Fig. 41 und 42, Seite 29). In Fig. 100 sind zu den Belastungen als wagerechten Abszissen die Entfernungen

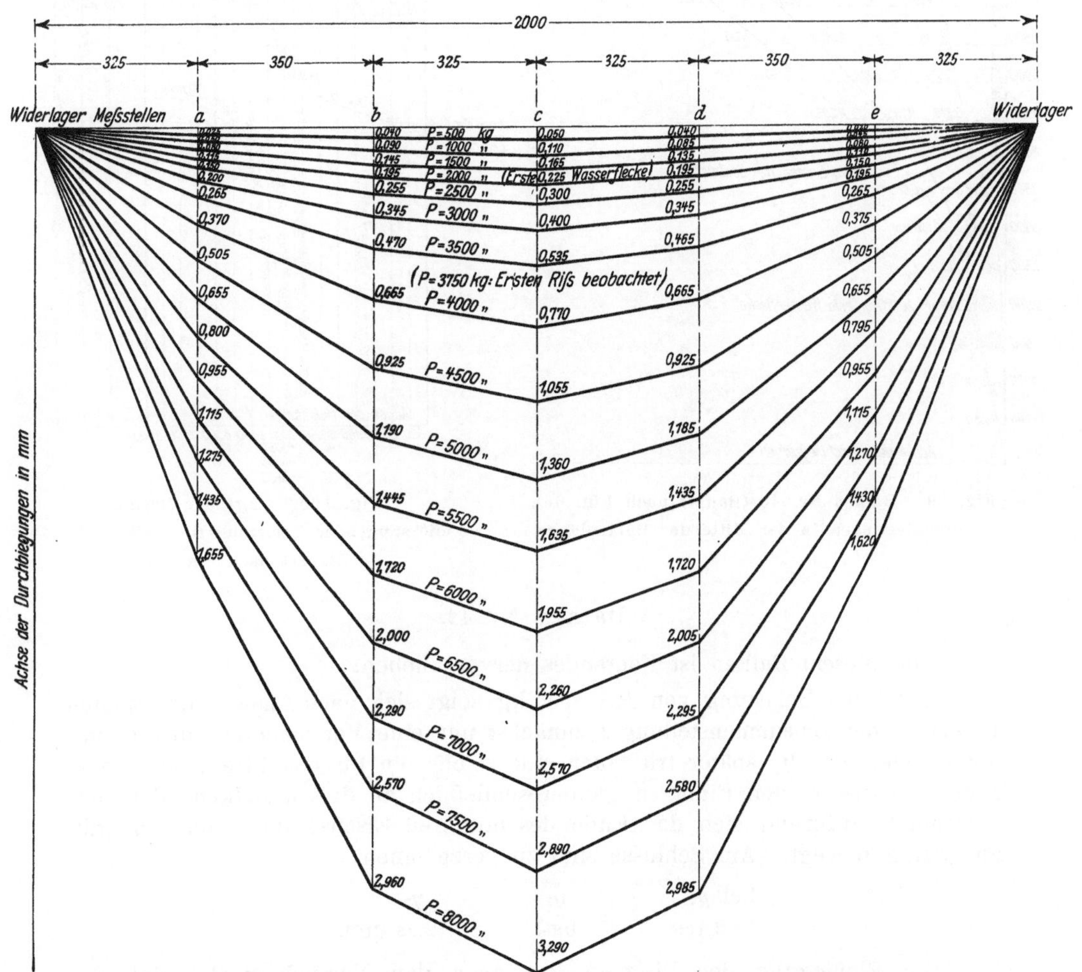

Fig. 98. Gesamte Durchbiegungen des Balkens Nr. 40 (Bauart nach Fig. 66).

[1]) Ueber die bleibenden Durchbiegungen geben die Spalten 35 bis 39 Auskunft. Ihre Eintragung in die Abbildung Fig. 98 mußte unterbleiben, um eine die Deutlichkeit störende Fülle von Linien zu vermeiden.

[2]) Werden für die Balken Nr. 43 und 45 die in den Fig. 96 bis 99 entsprechenden Linien aufgezeichnet, so ergibt sich ganz der gleiche Verlauf der Linienzüge.

Der Maßstab ist aus Rücksicht auf die Blattbreite bei Fig. 96 nur rund 0,7 von demjenigen der Fig. 97 und 99 gewählt worden. Das Gleiche gilt auch für spätere Darstellungen, z. B. Fig. 103 bis 105 u. s. f.

der Nullinie von der unteren Balkenfläche als senkrechte Ordinaten aufgetragen. Die Figur zeigt allmähliches Steigen der Nullinie bis $P = 3000$ kg. Mit Eintritt der Rißbildung verschiebt sich die Nullinie rasch nach oben, um dann etwa von $P = 5000$ kg an wieder langsamer zu steigen.

Die Lage der Nullinie für $n = 15$ (vergl. Heft 39 Seite 17) sowie die Linie, welche die halbe Balkenhöhe angibt, sind ebenfalls in Fig. 100 eingezeichnet.

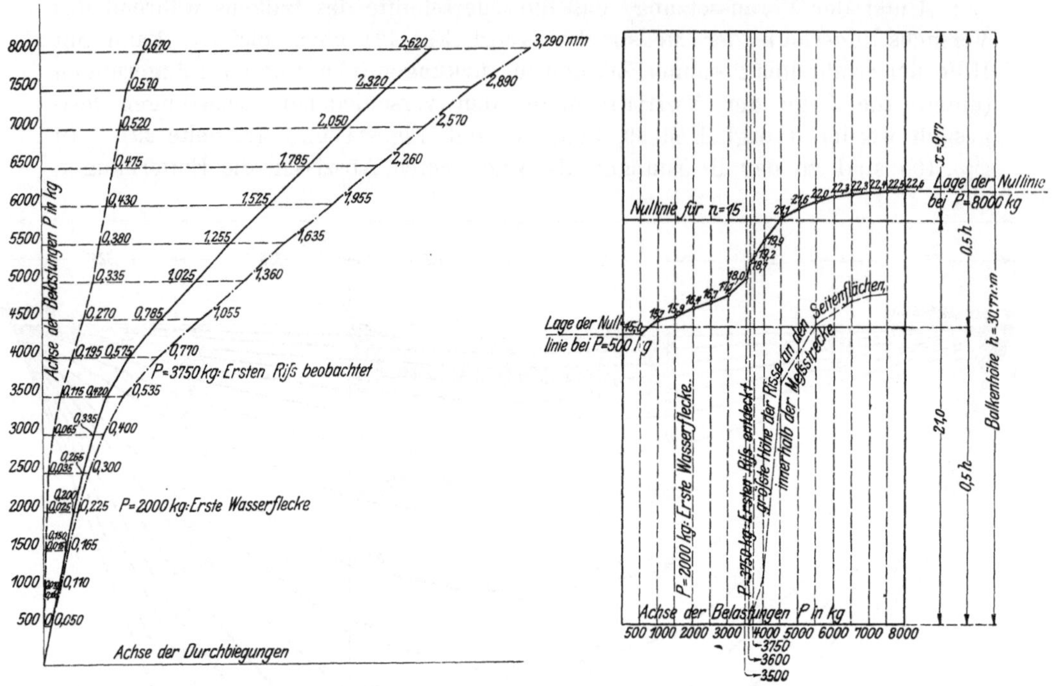

Fig. 99. Balken Nr. 40 (Bauart nach Fig. 66). Durchbiegungen in der Mitte der Balkenlänge.

Fig. 100. Lage der Nullinie mit steigender Belastung für Balken Nr. 40 (Bauart nach Fig. 66).

Balken Nr. 43.

Von diesem Balken ist Folgendes hervorzuheben:

Unter der Belastung von $P = 8000$ kg zeigt sich nach Ausweis der Spalten 16 bis 21 der Zusammenstellung 9 zunächst nur eine Verschiebung des Eisens, für welches y_3 gilt, später tritt auch eine solche ein für das Eisen, zu dem y_1 gehört. Diese beiden Einlagen gleiten schließlich an diesen Balkenenden sehr bedeutend, während sich das Ende des mittleren Eisens, für welches y_2 gilt, nur wenig bewegt. Am Schlusse sind zu verzeichnen:

bei y_1	y_2	y_3
2,195	0,04	2,23 mm.

Die Bloßlegung der Eiseneinlagen nach dem Versuch ergibt, daß das mittlere Eisen auf der y-Seite an der Oberfläche losen Zunder trägt, ein Beweis dafür, daß seine Spannung die Streckgrenze überschritten hat; die beiden anderen Eisen zeigten losen Zunder nicht. Hierdurch wird auch die große Abweichung der beiden Werte y_1 und y_3 von y_2 verständlich: während die Enden der beiden ersteren Eisen sich gegenüber der Stirnfläche um 2,195 mm bezw. 2,23 mm nach innen bewegt haben, hat das Ende des mittleren Eisens seine Lage nahezu beibehalten, dagegen sich weiter nach innen unter Ueberschreitung

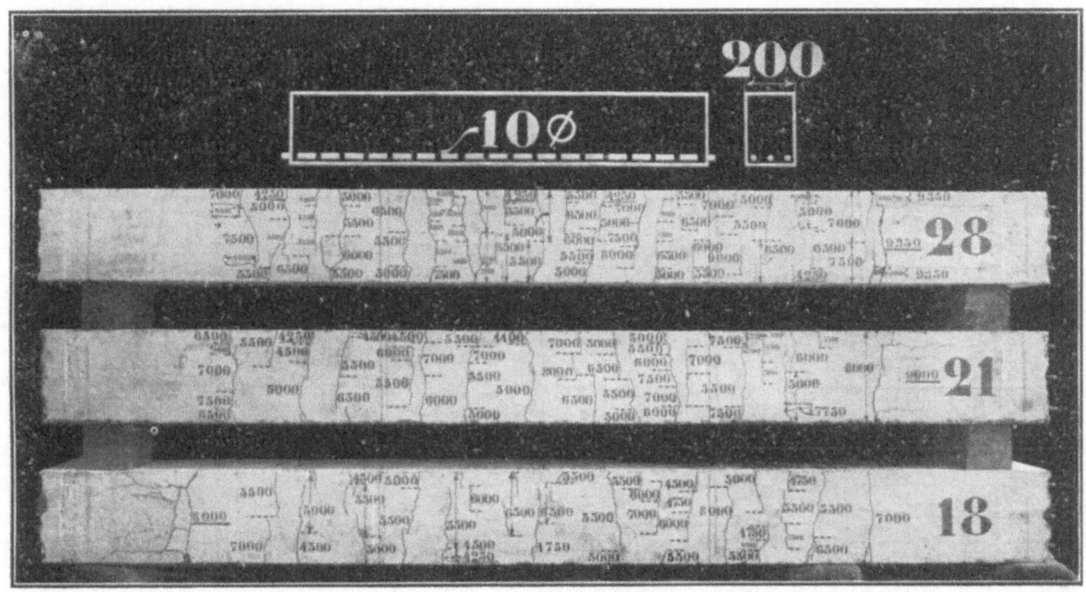

Fig. 101.   Untere Flächen der Balken mit Bauart nach Fig. 67.

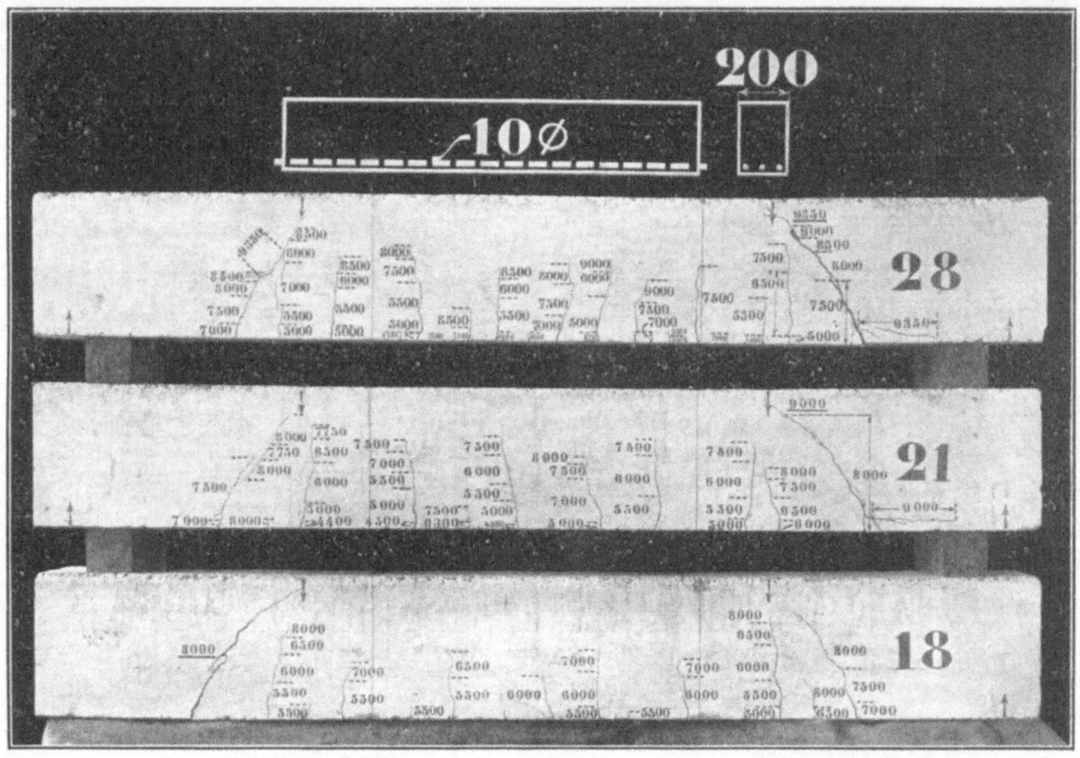

Fig 102.   Seitenflächen der Balken mit Bauart nach Fig. 67.

der Fließgrenze stark gestreckt. Die Rechnung liefert für die Spannung im Eisen unter $P = 8000$ kg $\sigma_e = 3169$ kg/qcm (Spalte 43 der Zusammenstellung 9).

Man wird hiernach aussprechen dürfen, daß die Widerstandsfähigkeit des Balkens Nr. 43 erschöpft war mit dem Eintreten des Gleitens der beiden äußern Eisen und dem Strecken des mittleren Eisens auf der y-Seite.

Balken Nr. 45 gibt zu besonderen Bemerkungen keine Veranlassung.

XVI) 3 Balken mit Bauart nach Fig. 67: Nr. 18, 21 und 28.

Diese Balken unterscheiden sich von den unter XV besprochenen nur dadurch, daß die Balkenbreite nicht 150 mm, sondern 200 mm beträgt.

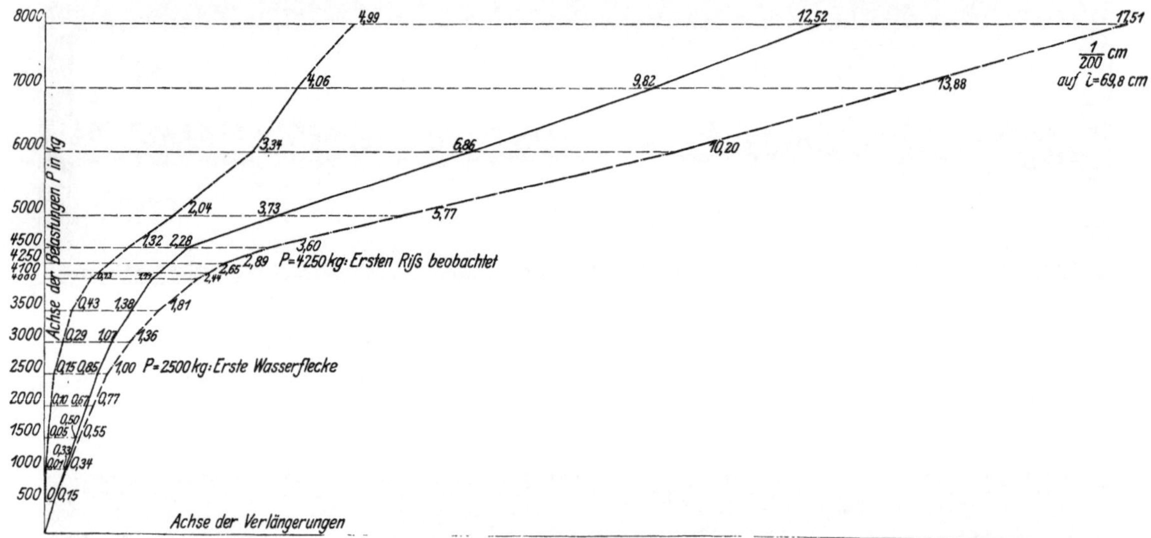

Fig. 103. Balken Nr 21 (Bauart nach Fig. 67). Verlängerungen auf der unteren Balkenfläche.

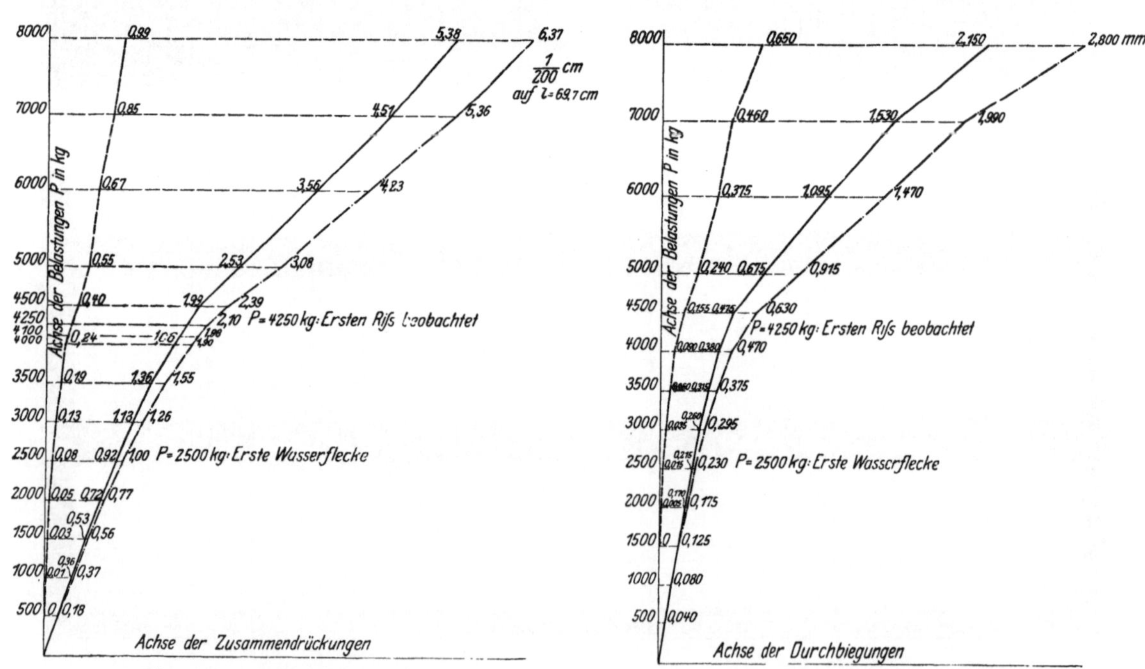

Fig. 104. Balken Nr. 21 (Bauart nach Fig. 67). Zusammendrückungen auf der oberen Balkenfläche.

Fig. 105. Balken Nr. 21 (Bauart nach Fig. 67). Durchbiegungen in der Mitte der Balkenlänge.

Die Ergebnisse der Prüfung sind in der Zusammenstellung 10 niedergelegt.

In Fig. 101 und 102 sind die unteren Flächen und je eine der Seitenflächen abgebildet. (Ueber die Zusammengehörigkeit der Striche und Zahlen vergl. das Seite 14 Gesagte).

Die Ergebnisse der Dehnungsmessungen (Spalten 22 bis 29 der Zusammenstellung 10), sowie die für die Mitte der Balkenlänge ermittelten Durchbiegungen

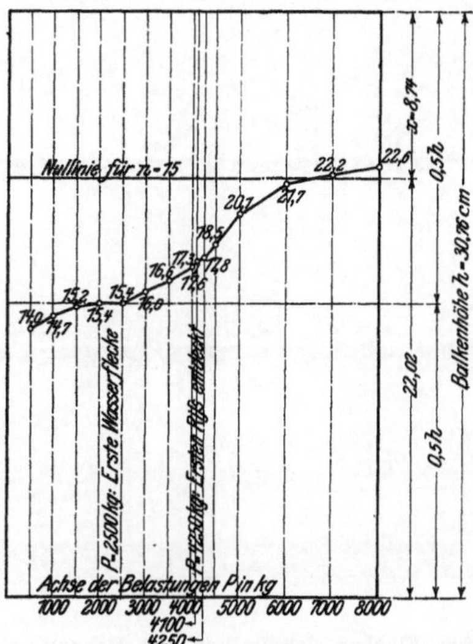

Fig. 106. Lage der Nullinie mit steigender Belastung für Balken Nr. 21
(Bauart nach Fig. 67).

(Spalten 32 und 37 der Zusammenstellung 10) sind in Fig. 103 bis 105 für den Balken Nr. 21 zeichnerisch dargestellt.

In Fig. 106 ist für denselben Balken die Lage der Nullinie unter den einzelnen Belastungsstufen angegeben. (Hinsichtlich der hierzu gemachten Voraussetzungen siehe Seite 26 in Heft 39 und Fig. 41 und 42 daselbst.)

XVII) 3 Balken mit Bauart nach Fig. 68: Nr. 95, 96 und 97.

Diese Balken unterscheiden sich von den unter XV und XVI besprochenen durch die Balkenbreite (300 mm gegenüber 150 bezw. 200 mm) und durch die stärkeren Eiseneinlagen (14 mm gegenüber 10 mm).

Die Ergebnisse der Untersuchung sind in Zusammenstellung 11 enthalten.

In Fig. 107 sind die unteren Flächen, in Fig. 108 je eine der Seitenflächen der Balken abgebildet.

Die Ergebnisse der Dehnungsmessungen (Spalten 23 bis 29 der Zusammenstellung 11) sowie die für die Mitte der Balkenlänge ermittelten Durchbiegungen (Spalten 32 und 37 der Zusammenstellung 11) sind in Fig. 109 bis 111 für den Balken Nr. 96 dargestellt.

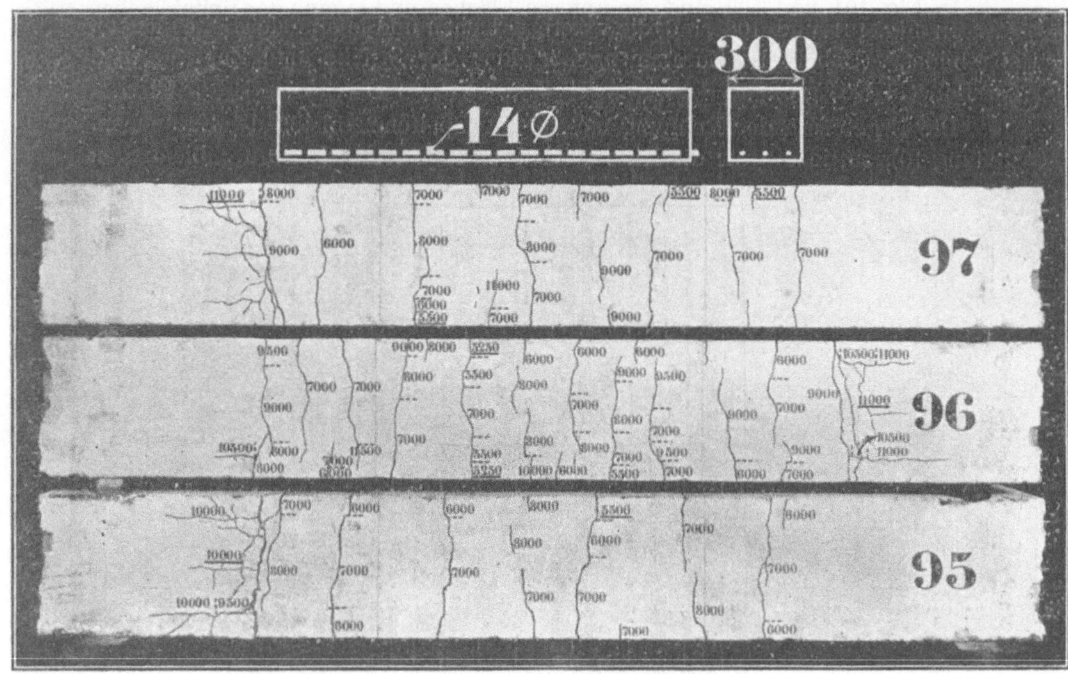

Fig. 107. Untere Flächen der Balken mit Bauart nach Fig. 68.

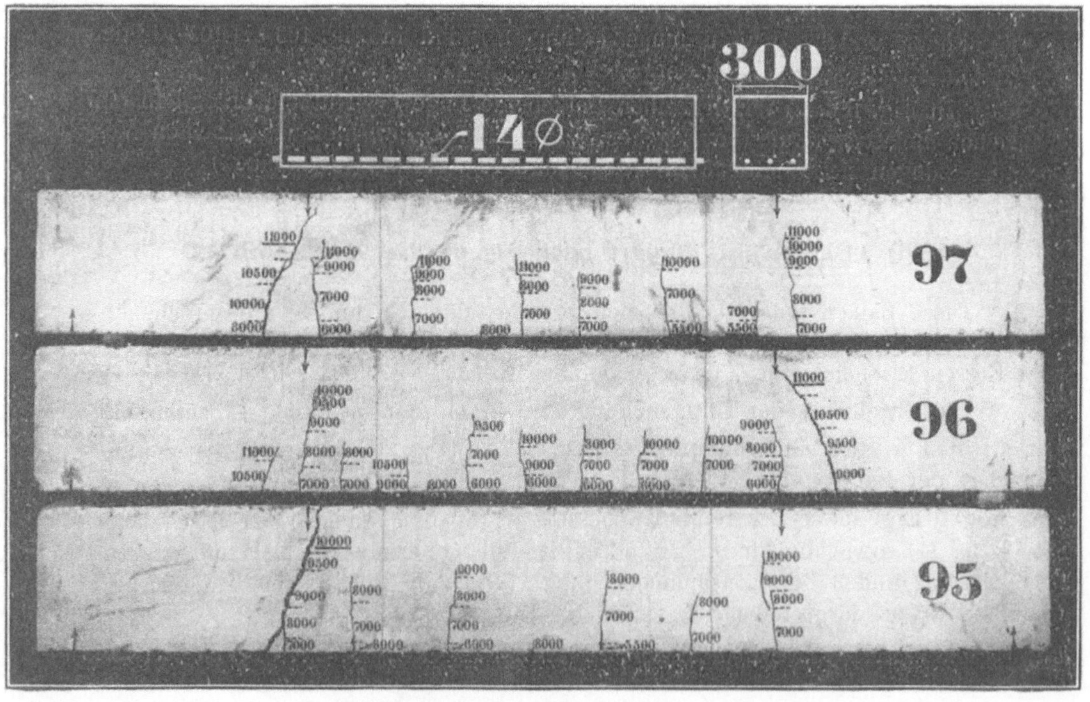

Fig. 108. Seitenflächen der Balken mit Bauart nach Fig. 68.

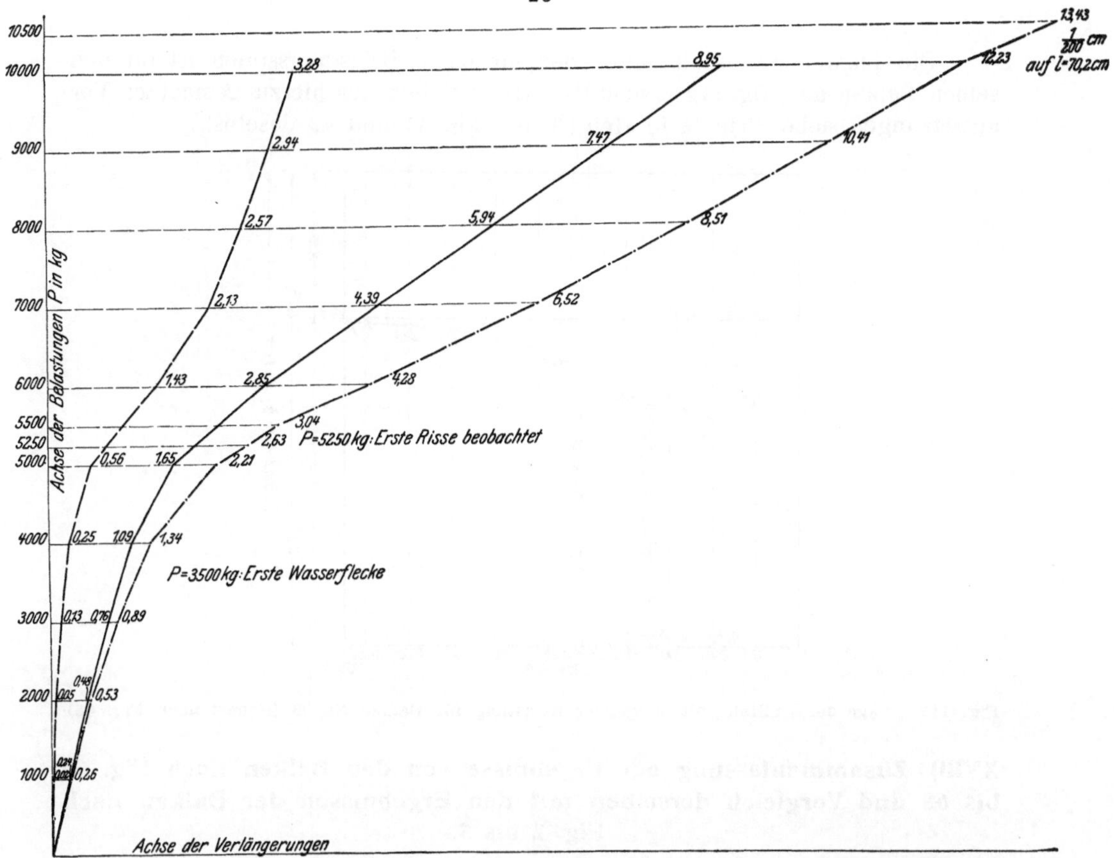

Fig. 109. Balken Nr. 96 (Bauart nach Fig. 68). Verlängerungen auf der unteren Balkenfläche.

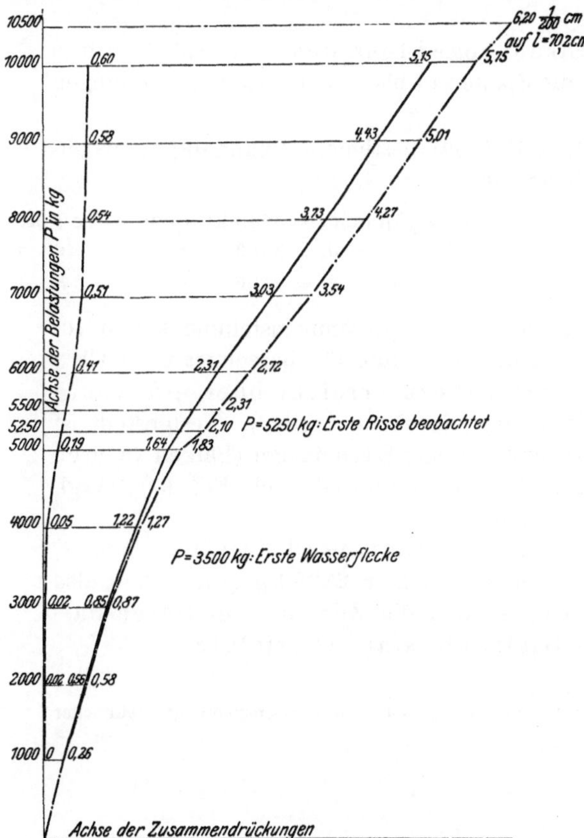

Fig. 110. Balken Nr. 96 (Bauart nach Fig. 68) Zusammendrückungen auf der oberen Balkenfläche.

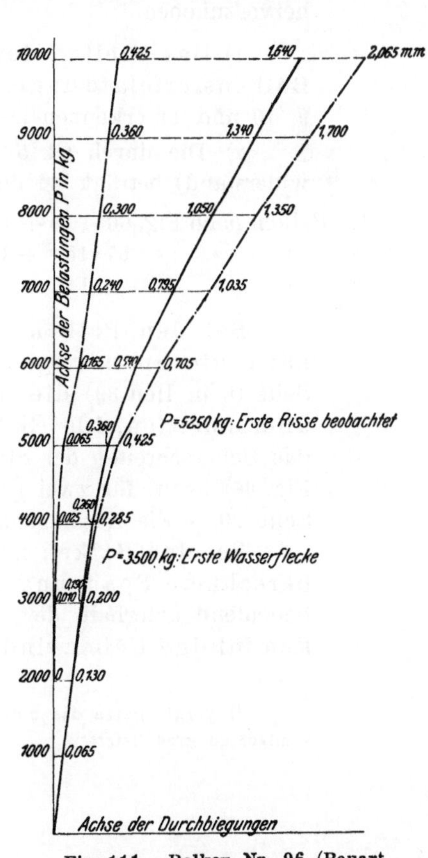

Fig. 111. Balken Nr. 96 (Bauart nach Fig. 68) Durchbiegungen in der Mitte der Balkenlänge.

Die Lage der Nullinie unter den einzelnen Belastungsstufen ist für denselben Balken aus Fig. 112 ersichtlich. (Hinsichtlich der hierzu gemachten Voraussetzungen siehe Seite 26 in Heft 39 und Fig. 41 und 42 daselbst.)

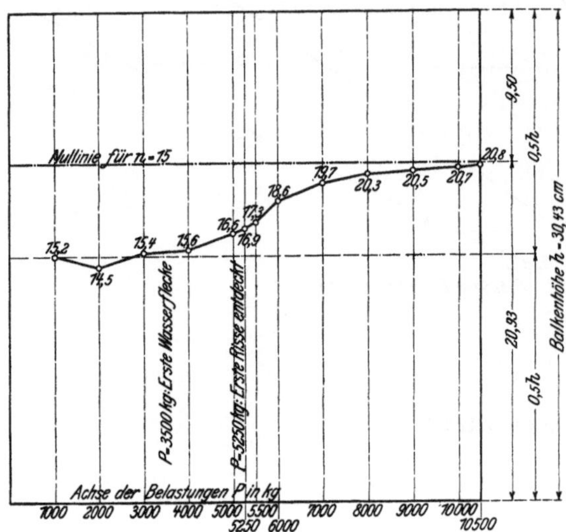

Fig. 112. Lage der Nullinie mit steigender Belastung für Balken Nr. 96 (Bauart nach Fig. 68)·

XVIII) Zusammenfassung der Ergebnisse von den Balken nach Fig. 66 bis 68 und Vergleich derselben mit den Ergebnissen der Balken nach Fig. 2 bis 5.

Unter Bezugnahme auf die Zusammenstellungen 9 bis 12 ist Folgendes hervorzuheben.

1) Das Gleiten der drei Eisen gegenüber den Stirnflächen des Balkens erfolgte ungleich, wie die Spalten 16 bis 21 der Zusammenstellungen 9, 10 und 11 erkennen lassen.

2) Die durch Gl. 5 (Seite 18 in Heft 39) bestimmte Spannung τ_1 (Gleitwiderstand) beträgt bei der Höchstbelastung

der Balken nach Fig. 66 $(16,0 + 16,1 + 16,9) : 3 = \mathbf{16,3}$ kg/qcm, $\sigma_e = 3243$ kg/qcm, Alter 7 Mon.,
»   »   »   » 67 $(15,8 + 17,6 + 18,1) : 3 = \mathbf{17,2}$ » , $\sigma_e = 3363$ »   » 6 » ,
»   »   »   » 68 $(14,7 + 16,0 + 16,0) : 3 = \mathbf{15,6}$ » , $\sigma_e = 2206$ »   » 3 » .

Bei den Balken nach Fig. 66 und 67 (Zusammenstellung 9 und 10) hätte die Spannung der Eiseneinlagen (Spalte 43, berechnet nach Gl. 3 Seite 18 in Heft 39) die Streckgrenze nahezu erreicht oder ein wenig überschritten, falls Gl. 3 diese Spannung zutreffend ergibt[1]). Festgestellt ist das Ueberschreiten der Streckgrenze nur für eine Eiseneinlage (Balken 43 nach Fig. 66) bezw. für zwei Eiseneinlagen (Balken 21 und 28 nach Fig. 67) (vergl. Seite 20, sowie Zusammenstellungen 9 und 10).

Bei den Balken nach Fig. 68 betrug die nach Gl. 3 (Heft 39 Seite 18) berechnete Spannung im Eisen im Mittel nur **2206** kg/qcm; blieb also bedeutend unterhalb der Streckgrenze, so daß die Zerstörung dieser Balken infolge Ueberwindung des Gleitwiderstandes erfolgte.

---

[1]) Vergl. hierzu das unter LX Gesagte, demzufolge Gl. 3 die Eisenspannung mehr oder weniger zu groß liefert.

Bei Beurteilung der Zahl 15,6 kg/qcm für τ_1 gegenüber den Zahlen 16,3 und 17,2 ist noch im Auge zu behalten, daß das Alter der Balken nach Fig. 68 3 Monate betrug gegenüber 6 bezw. 7 Monate bei den Balken nach Fig. 67 und 66.

Bei den früheren Versuchen (Erster Teil, Heft 39, Zusammenstellung 8) wurde bei 6 Monate alten Balken, welche nur eine Eiseneinlage hatten, gefunden:

$$\text{Balken nach Fig. 2: } \tau_1 = 22,0 \text{ kg/qcm } (\sigma_e = 1760 \text{ kg/qcm}),$$
$$\text{» » » 3: } \tau_1 = 21,1 \text{ » } (\sigma_e = 2348 \text{ » }),$$
$$\text{» » » 4: } \tau_1 = 19,1 \text{ » } (\sigma_e = 1753 \text{ » }),$$
$$\text{» » » 5: } \tau_1 = 19,8 \text{ » } (\sigma_e = 1239 \text{ » }).$$

Demnach ist der Gleitwiderstand bei Balken mit drei Einlagen (Zusammenstellung 12, Spalte 17) kleiner ermittelt worden, als bei den Balken mit einer Einlage (Zusammenstellung 8, Spalte 16), wie zu erwarten stand. Ein scharfer Vergleich ist allerdings infolge des Altersunterschieds der Körper nach Fig. 68 und der starken Spannung des Eisens in den Balken nach Fig. 66 und 67 nicht möglich.

3) Die Größe der Verlängerung des Betons unmittelbar vor der Beobachtung des ersten Risses wurde gefunden (Zusammenstellung 12, Spalte 8)

bei den Balken nach Fig. 66 zu **0,235** mm auf 1 m Länge,
» » » » » 67 » **0,196** » » 1 m » ,
» » » » » 68 » **0,164** » » 1 m » .

Diese Werte sind, mit Ausnahme des letzten, größer als diejenigen, welche im ersten Teil für Balken mit einer Eiseneinlage beobachtet wurden (vergl. Seite 42 Heft 39).

In den Figuren 113 bis 115 sind die Querschnitte der Balken dargestellt; sie zeigen die Lage der Eisen an den Stellen, an denen die ersten Risse entdeckt worden sind. Wie ersichtlich, steht bei den Balken Nr. 40, 43 und 45, Fig. 113, die Eisenoberfläche um 6 bis 9 mm von der Unterfläche und um 17 bis 23 mm von den Seitenflächen ab. Bei den Balken Nr. 18, 21 und 28, Fig. 114, betragen diese Zahlen 6 bis 9 bezw. 24 bis 30 mm, und bei den Balken Nr. 95, 96 und 97, Fig. 115, 5 bis 11 bezw. 40 bis 43 mm. Die Stärke der Betonschicht zwischen Eisen und Unterfläche der Balken ist somit nahezu die gleiche, während diejenige zwischen den außen gelegenen Eisen und den Seitenflächen der Balken für die Balken nach Fig. 67 größer ist als bei den Balken nach Fig. 66, und für die Balken nach Fig. 68 größer als für die Balken nach Fig. 67.

Der Vergleich der oben angegebenen Verlängerungen von 0,235, 0,196 und 0,164 mm auf den Meter Länge zeigt, daß der Beton, gerechnet von dem Zustand an, in dem er sich bei Beginn des Versuches befindet, sich um so mehr dehnt, ehe er reißt, je näher die Eiseneinlagen an den Seitenflächen der Balken liegen. (Vergl. Anlage 6, S. 156 u. f.: »Zur Dehnungsfähigkeit des Betons mit und ohne Eiseneinlagen.)

Diese Feststellung wird noch unterstützt durch folgende Beobachtungen:

a) Die Balken nach Fig. 66 erhielten eine größere Zahl Risse als die Balken nach Fig. 67, und die Balken nach Fig. 67 mehr Risse als diejenigen nach Fig. 68 (vergl. Fig. 94, 101 und 107). Innerhalb der Meßstrecke, Fig. 19, können

in Fig. 94 durchschnittlich 11,
» » 101 » 8,
» » 107 » 5 längere Risse gezählt werden.

b) Die Risse der Balken nach Fig. 66 und 67 erschienen bei ihrer Entdeckung bedeutend feiner als diejenigen der Balken nach Fig. 68.

4) Vergleicht man für die Balken nach Fig. 66 und 67, die sich nur durch die Balkenbreite unterscheiden (150 gegen 200 mm), die Dehnung, welche der Beton erfahren hat, bevor Risse eintraten, also beispielsweise unter $P = 2000$ kg, so findet sich

$$\text{für den Balken Nr. 40} \quad . \quad . \quad . \quad . \quad 1{,}04$$
$$\text{» » » » 43} \quad . \quad . \quad . \quad . \quad 1{,}11$$
$$\text{» » » » 45} \quad . \quad . \quad . \quad . \quad 1{,}00$$
$$\text{im Durchschnitt} \quad 1{,}05 \, \frac{1}{200} \ \text{cm}$$

auf die Meßlänge von rund 70 cm;

$$\text{für den Balken Nr. 18} \quad . \quad . \quad . \quad . \quad 0{,}78$$
$$\text{» » » » 21} \quad . \quad . \quad . \quad . \quad 0{,}77$$
$$\text{» » » » 28} \quad . \quad . \quad . \quad . \quad 0{,}77$$
$$\text{im Durchschnitt} \quad 0{,}77 \, \frac{1}{200} \ \text{cm}$$

auf rund 70 cm.

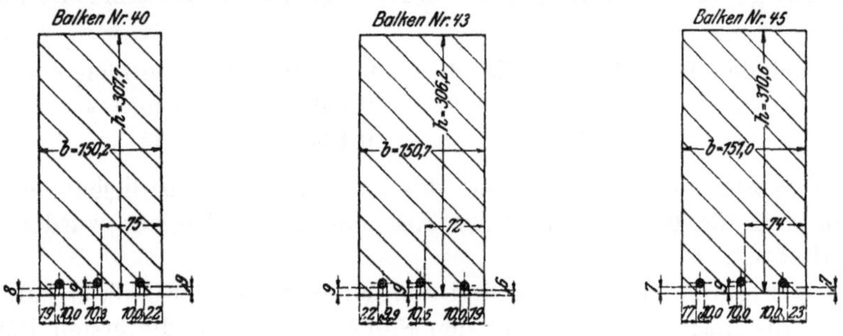

Fig. 113. Lage der Eiseneinlagen in den Querschnitten des ersten Risses (Balken mit Bauart nach Fig. 66). Maße in mm.

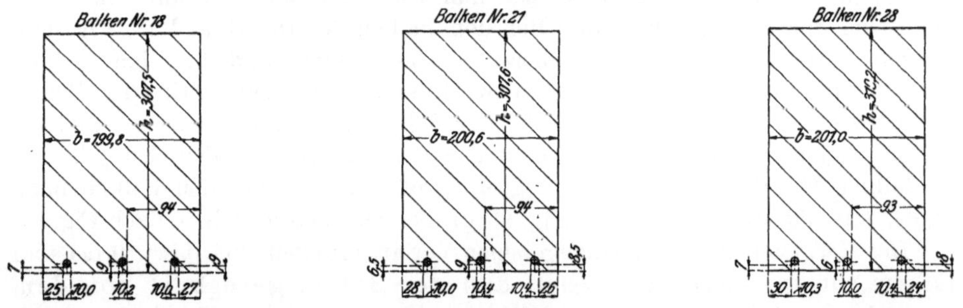

Fig. 114. Lage der Eiseneinlagen in den Querschnitten des ersten Risses (Balken mit Bauart nach Fig. 67). Maße in mm.

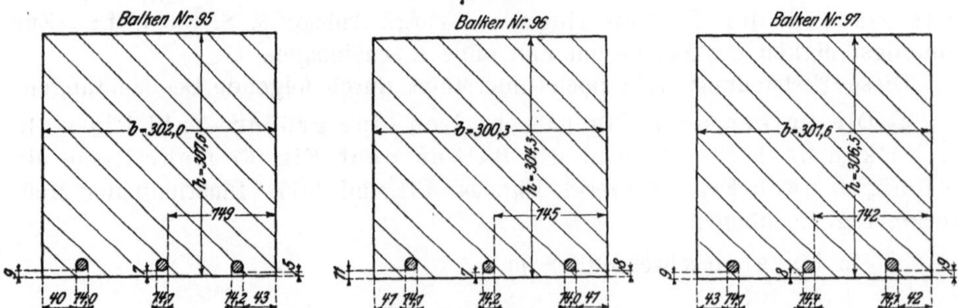

Fig. 115. Lage der Eiseneinlagen in den Querschnitten des ersten Risses (Balken mit Bauart nach Fig. 68). Maße in mm.

Die Verlängerungen verhalten sich wie $1{,}05 : 0{,}77 = 1 : 0{,}73$, die Balkenbreiten wie $1 : 0{,}75$.

Unter $P = 6000$ kg, also nach Eintritt der Rißbildung, ergibt sich

$$\text{für den Balken Nr. 40} \quad \ldots \ldots \quad 13{,}32$$
$$\text{»} \quad \text{»} \quad \text{»} \quad \text{» } 43 \quad \ldots \ldots \quad 13{,}30$$
$$\text{»} \quad \text{»} \quad \text{»} \quad \text{» } 45 \quad \ldots \ldots \quad \underline{13{,}00}$$
$$\text{im Durchschnitt} \quad 13{,}21\tfrac{1}{200} \text{ cm}$$

auf rund 70 cm,

$$\text{für den Balken Nr. 18} \quad \ldots \ldots \quad 10{,}63$$
$$\text{»} \quad \text{»} \quad \text{»} \quad \text{» } 21 \quad \ldots \ldots \quad 10{,}20$$
$$\text{»} \quad \text{»} \quad \text{»} \quad \text{» } 28 \quad \ldots \ldots \quad \underline{9{,}62}$$
$$\text{im Durchschnitt} \quad 10{,}15\tfrac{1}{200} \text{ cm}$$

auf rund 70 cm.

Die Verlängerungen verhalten sich wie $1 : 0{,}77$, die Balkenbreiten wie $1 : 0{,}75$.

XIX) 3 Balken mit Bauart nach Fig. 69: Nr. 25, 27, 33.

Das zur Einbetonierung verwendete Rundeisen war rund 25 mm stark, gezogen, sorgfältig geschlichtet und abgeschmirgelt, besaß somit eine glatte Oberfläche und überdies an den Enden Haken.

Um das Gleiten der Eiseneinlage verfolgen zu können, war die in Fig. 87 und 88 dargestellte Einrichtung getroffen worden.

Die Ergebnisse der Prüfung sind in Zusammenstellung 13 niedergelegt.

Balken Nr. 25.

Von den Ergebnissen der Untersuchung dieses Balkens ist Folgendes hervorzuheben.

Unter $P = 4250$ kg erscheinen auf der unteren Balkenfläche die ersten Wasserflecke. Mit steigender Belastung vermehren sich dieselben in gleicher

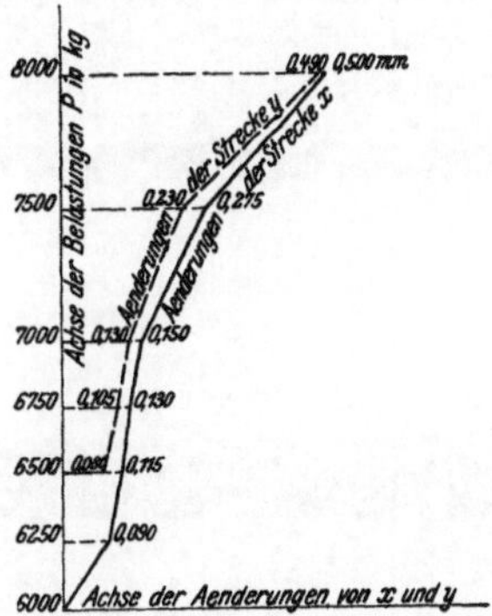

Fig. 116. Balken Nr. 25 (Bauart nach Fig. 69). Aenderungen der Strecken x und y mit steigender Belastung (Gleiten der Einlagen).

Weise, wie dies früher für Balken Nr. 16 mitgeteilt worden ist (Heft 39 S. 13 u. f.).

Unter $P = 5650$ kg wird unterhalb der rechten Belastungsrolle auf der unteren Balkenfläche der erste kurze Kantenriß sichtbar. Er reicht von der Balkenkante bis zur ersten gestrichelten Linie, vergl. Fig. 117[1]). Ein Gleiten

---

[1]) Die Risse sind jeweils soweit verlaufend eingetragen worden, als sie das Auge beobachten konnte. Nach Maßgabe des S. 17 Bemerkten ist nicht ausgeschlossen. daß die Risse sich weiter erstreckten.

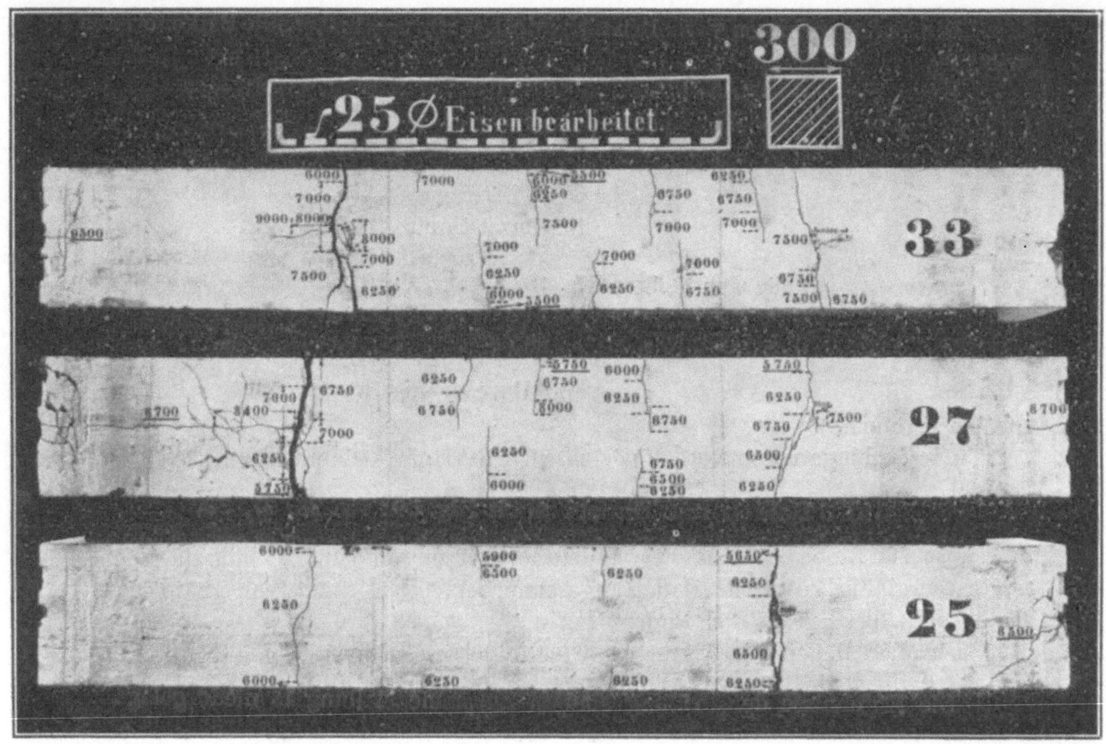

Fig. 117. Untere Flächen der Balken mit Bauart nach Fig. 69.

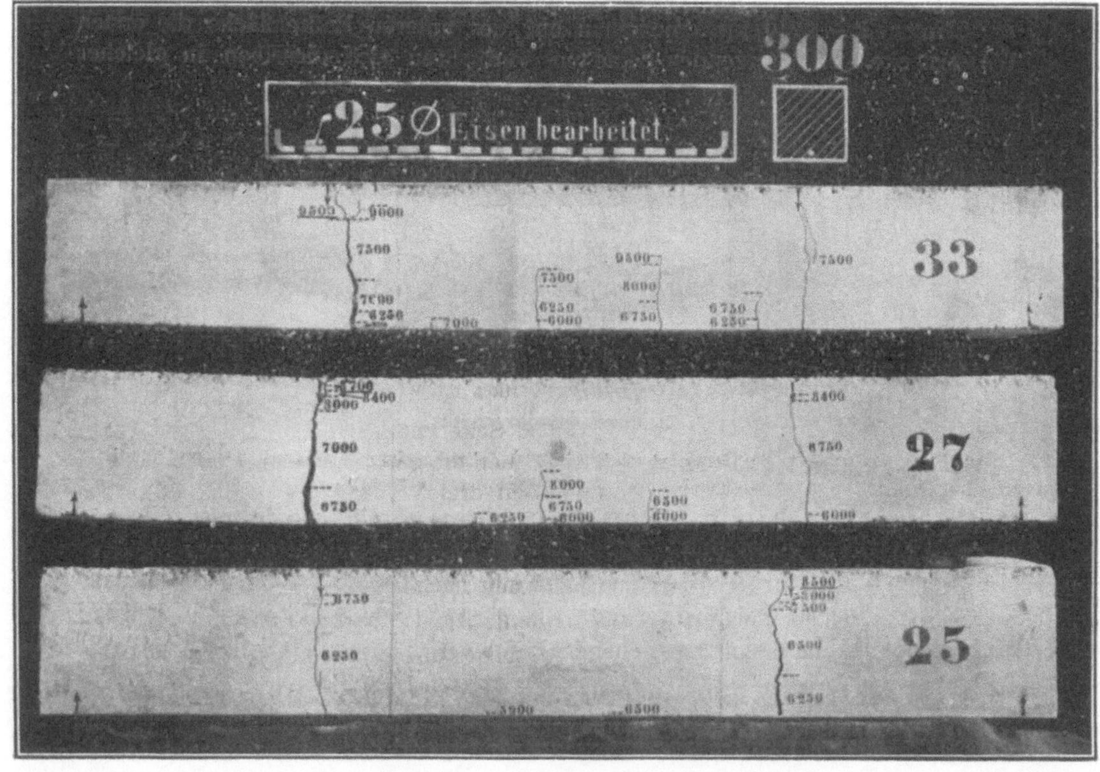

Fig. 118. Seitenflächen der Balken mit Bauart nach Fig. 69.

der Einlage gegenüber der Stirnfläche des Balkens konnte hierbei, also nach eingetretener Rißbildung, noch nicht festgestellt werden (Spalte 14 und 15 der Zusammenstellung 13).

Unter $P = 5900$ kg kommt ein zweiter Riß, und zwar innerhalb der Meßstrecke, zum Vorschein, Fig. 117 und 118. Bei dem unter $P = 5650$ kg beobachteten Riß kann eine Verlängerung des Risses nicht festgestellt werden.

Unter $P = 6000$ kg werden zwei weitere Risse unter der linken Belastungsrolle auf der unteren Balkenfläche, und zwar an beiden Kanten entdeckt, Fig. 117. Auch nach Feststellung dieser Risse konnte ein Gleiten des Eisens noch nicht beobachtet werden (Spalte 14 und 15 der Zusammenstellung 13).

Unter $P = 6250$ kg verlängert sich der bei $P - 5650$ kg auf der rechten Seite entstandene Riß auf ungefähr ein Drittel der Balkenbreite, siehe Fig. 117, und zeigt sich auch an der Seitenfläche, Fig. 118, etwa auf ein Viertel der Höhe reichend. Außerdem hat sich gegenüber ein Riß an der zweiten Kante der Unterfläche gebildet. Hierbei kann jedoch ein Gleiten der Einlage an diesem Balkenende noch nicht festgestellt werden.

Innerhalb der Meßstrecke werden 3 weitere Risse beobachtet.

Fig. 119 und 120. Stirnflächen der Balken mit Bauart nach Fig. 69.

Die unter $P = 6000$ kg auf der linken Seite entstandenen Risse haben sich vereinigt. Der vereinigte Riß reicht jetzt über die ganze Balkenbreite, Fig. 117. An den Seitenflächen geht der Riß bis auf drei Viertel der Balkenhöhe nach oben, Fig. 118. Dabei wird das erste Gleiten auf der linken Seite gemessen; Spalte 14 der Zusammenstellung 13 zeigt eine Bewegung der Einlage um 0,05 mm nach 4 Minuten, und um 0,09 mm nach 10 und 15 Minuten.

Wie hieraus erhellt, tritt Gleiten des Eisens bei der Bildung von Rissen, die sich auf die Kantenecken beschränken, noch nicht auf. Dagegen wird Gleiten beobachtet, sobald der Riß auf der Unterfläche sich über die ganze Breite des Balkens erstreckt und auf den Seitenflächen eine größere Strecke nach oben reicht.

Unter $P = 6500$ kg gleitet die Einlage auf der linken Seite weiter (Spalte 14 der Zusammenstellung 13).

Auf der Seite von y ist zunächst kein Gleiten festzustellen. Nach 5 Minuten bilden sich die beiden Kantenrisse unter der rechten Belastungsrolle plötzlich zu einem Riß aus und wandern an den Seitenflächen eine große Strecke aufwärts. Jetzt hat sich auch ein Gleiten eingestellt, denn die Messung ergibt $y = 0{,}05$ mm und nach weiteren 6 Minuten $0{,}08$ mm.

Das Gleiten ist demnach eingetreten

auf der Seite von x unter $P = 6250$ kg,
» » » » y » $P = 6500$ »,
der erste Riß wurde bemerkt » $P = 5650$ ».

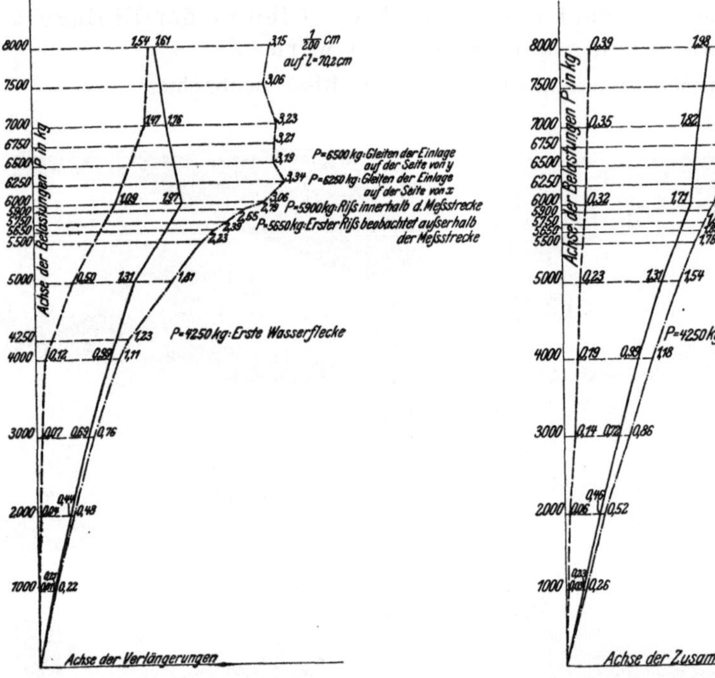

Fig. 121. Balken Nr. 25 (Bauart nach Fig. 69). Verlängerungen auf der unteren Balkenfläche.

Fig. 122. Balken Nr. 25 (Bauart nach Fig. 69). Zusammendrückungen auf der oberen Balkenfläche.

Bei Steigerung der Belastung über $P = 6500$ kg bis $P_{max} = 8500$ kg verbreitern sich die Risse unter den Belastungsrollen an der Unterfläche und reichen an den Seitenflächen schließlich nahe bis zur oberen Kante heran. Die vier Risse, welche sich zwischen den Belastungsrollen und innerhalb der Meßstrecke liegend gebildet hatten, verlängern sich dabei nicht.

Die Verfolgung der Eiseneinlage bei dieser Steigerung der Belastung zeigt fortgesetztes Gleiten, vergl. die Spalten 14 und 15 der Zusammenstellung 13 und die Darstellung dieser Werte in Fig. 116. Dabei werden die Haken an den Enden aufgebogen, wie in Fig. 87 gestrichelt angedeutet ist. Schließlich führt diese Formänderung des Hakens zu einem Absprengen von Beton an der Stirn fläche, wie Fig. 120 für Balken Nr. 25 angibt[1]). Mit diesem Absprengen sinkt die Belastung, auch bei Fortsetzung des Durchbiegens des Balkens[2]).

In Fig. 121 und 122 sind zu den Belastungen als senkrechte Ordinaten die gesamten, bleibenden und federnden Verlängerungen bezw. Zusammendrückungen als wagerechte Abszissen aufgetragen.

Diese Linienzüge zeigen einen eigenartigen Verlauf.

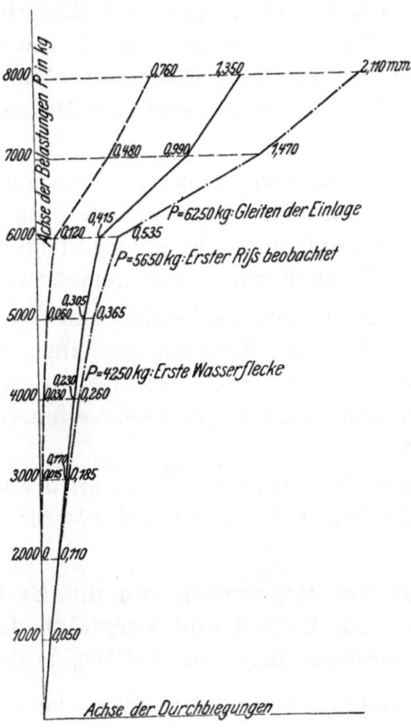

Fig. 123. Balken Nr. 25 (Bauart nach Fig. 69). Durchbiegungen in der Mitte der Balkenlänge.

---

[1]) Diesem Absprengen geht eine Rißbildung an der Stirnfläche des Balkens voraus, wie sie in Fig. 120 die Balken Nr 27 und 33 zeigen.

Die Höhe der Belastung, bei welcher das Absprengen erfolgt, hängt natürlich auch ab von der Widerstandsfähigkeit der Betonschicht, die abgesprengt werden muß, also von dem Abstand des Hakens von der Stirnfläche des Balkens und von der Festigkeit des Betons. (Vergl. Fußbemerkung 2.)

Die Verschwächung des Hakens durch die Anbohrung für den Meßstift, vergl. Fig. 87, ist nicht bedeutend.

[2]) Nach Seite 19 des »Ersten Teiles« würde bei $P = 8500$ kg die Zugkraft im Eisen betragen

$$Z = \frac{4250 \cdot 50}{31,37 - 2,15 - \dfrac{9,75}{3}} = 8183 \text{ kg}.$$

Unter der Annahme, daß zum Aufbiegen des Hakens bei Zugrundelegung der Gleichung

$$Z\,m = \frac{\pi}{32}\,2,5^3\,\sigma_b$$

eine Spannung $\sigma_b = 6000$ kg/qcm erforderlich wird, findet sich der Hebelarm m, an dem die Kraft Z wirken muß, um das Aufsprengen herbeizuführen, zu

$$m = 1,1 \text{ cm}.$$

Wenn nun auch der Genauigkeitsgrad dieser Rechnung zu wünschen übrig läßt, so zeigt letztere doch, daß die Sicherung durch den Haken, Fig. 87, keine so weitgehende ist, als man vielleicht zu vermuten geneigt sein könnte. In Wirklichkeit wird hierbei auch noch die große Pressung in Betracht kommen, mit welcher der Haken gegen den Beton gedrückt wird.

In Fig. 121 wachsen die Verlängerungen bis $P = 6000$ kg ähnlich wie bei den früheren Versuchen. Nach Ueberschreiten der Belastung von $P = 6250$ kg zeigen die gesamten Verlängerungen und noch deutlicher die federnden Verlängerungen das Bestreben, abzunehmen. Gleichzeitig mit dieser Aenderung im Verlauf der Linienzüge ist das Gleiten der Eiseneinlage (unter $P = 6250$ kg links, unter $P = 6500$ kg rechts) an den Balkenenden festgestellt worden. Es deutet dies darauf hin, daß das Eisen nach dem Eintritt des Gleitens, welches an den Stirnflächen der Balken gemessen wurde, von seinem Einfluß auf den Beton in der Meßstrecke verloren hat. Diese Feststellung wird durch die Beobachtung bestätigt, daß sich die Risse innerhalb der Meßstrecke nach $P = 6500$ kg nicht mehr verlängern.

Fig. 122 zeigt nach Ueberschreiten von $P = 6250$ kg nur noch geringe Zunahme der Zusammendrückungen, was andeutet, daß die Uebertragung der wachsenden Druckkräfte erfolgt ohne wesentliche Steigerung der Spannung der äußersten Schicht, deren Zusammendrückung gemessen wird.

Fig. 123 enthält die gesamten, bleibenden und federnden Durchbiegungen des Balkens (Spalte 26 und 31 der Zusammenstellung 13), welche für die Mitte der Balkenlänge gemessen worden sind. Nach dem Eintritt des Gleitens der Einlage (der Bildung durchgehender Querrisse) erfahren die Durchbiegungen eine bedeutende Zunahme.

Ueber das Verhalten der Balken Nr. 27 und 33 geben Auskunft: die Zusammenstellung 13, die Fig. 117 bis 120 und 124 bis 129.

XX) Zusammenfassung der Ergebnisse von den Balken Nr. 25, 27 und 33 (Fig. 69, Eisen bearbeitet mit Haken) und Vergleich derselben mit den Ergebnissen der Balken nach Fig. 1 (Eisen bearbeitet, gerade).

Aus den Zusammenstellungen 13 und 15 folgt, daß das Gleiten begonnen hat

bei dem Balken Nr. 25 unter $P = 6250$ kg, entsprechend $\tau_1 = 15{,}3$ kg/qcm,

» » » » 27 » $P = 6750$ » » $\tau_1 = 16{,}6$ » ,

» » » » 33 » $P = 7500$ » » $\tau_1 = 18{,}6$ » ,

im Durchschnitt $P = 6833$ » » $\tau_1 = 16{,}8$ » ,

und daß die Widerstandsfähigkeit infolge der Formänderung des Hakens erschöpft war

bei dem Balken Nr. 25 unter $P = 8500$ kg,

» » » » 27 » $P = 8700$ » ,

» » » » 33 » $P = 9500$ » ,

im Durchschnitt $P = 8900$ » .

Im »Ersten Teil« (Heft 39, S. 30) wurde über Versuche mit Balken berichtet, deren Einlagen dieselbe Stärke und Oberflächenbeschaffenheit (glatt, ohne Walzhaut) hatten wie diejenigen der hier besprochenen Balken nach Fig. 69. Jedoch waren jene Eisen vollständig gerade, also ohne Haken. Das Gleiten stellte sich bei diesen gleichfalls 6 Monate alten Versuchskörpern von ganz den gleichen Abmessungen ein unter

$P = 5290 \qquad 5500 \qquad 5750$ und 6500 kg [1],

entsprechend $\tau_1 = 13{,}8 \qquad 13{,}7 \qquad 14{,}3 \qquad 16{,}1$ kg/qcm,

d. i. im Durchschnitt $P = 5760$ kg,

$\tau_1 = 14{,}5$ kg/qcm.

---

[1] Gleiten unter der Höchstbelastung.

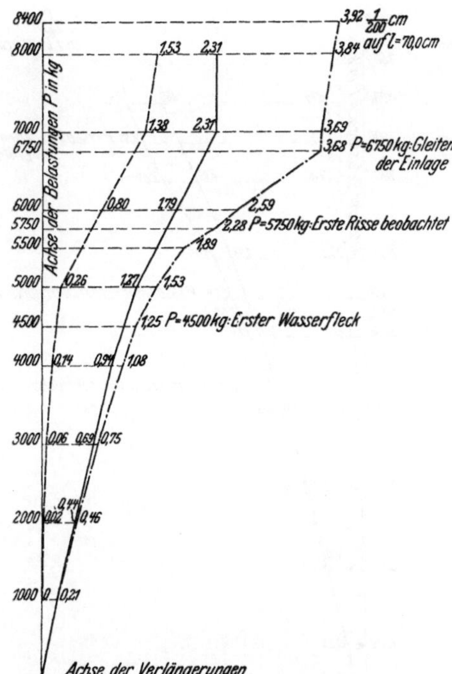

Fig. 124. Balken Nr. 27 (Bauart nach Fig. 69). Verlängerungen auf der unteren Balkenfläche

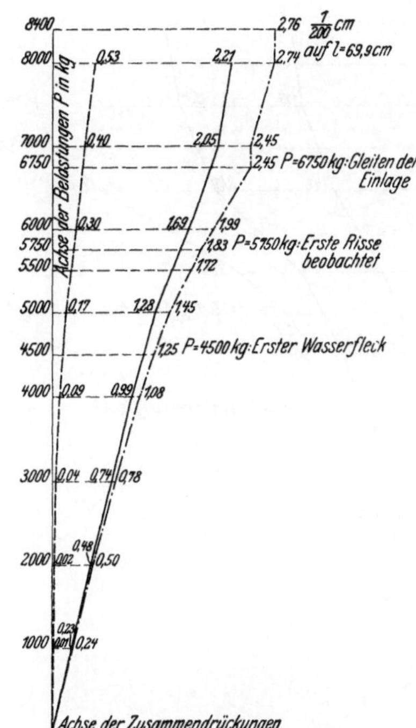

Fig. 125. Balken Nr. 27 (Bauart nach Fig. 69). Zusammendrückungen auf der oberen Balkenfläche.

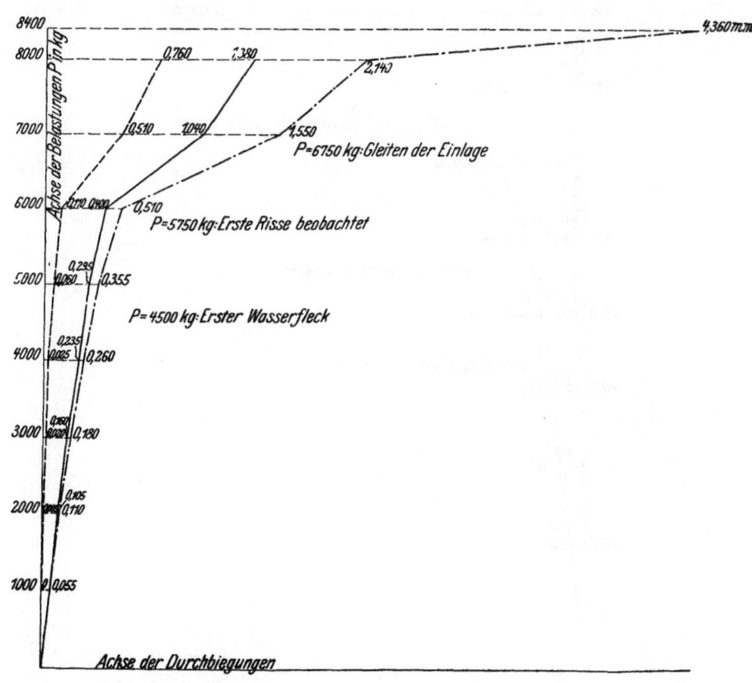

Fig. 126.

Balken Nr. 27 (Bauart nach Fig. 69). Durchbiegungen in der Mitte der Balkenlänge.

3*

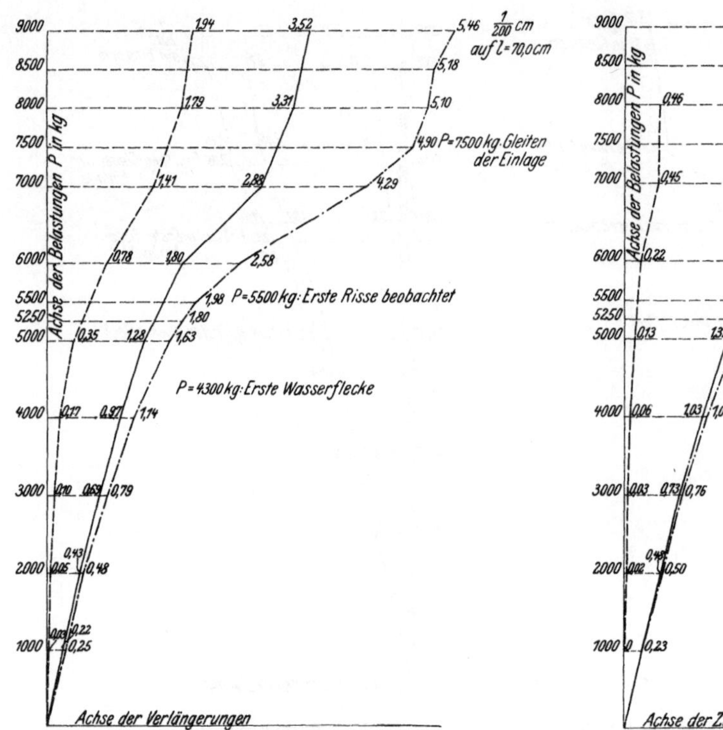

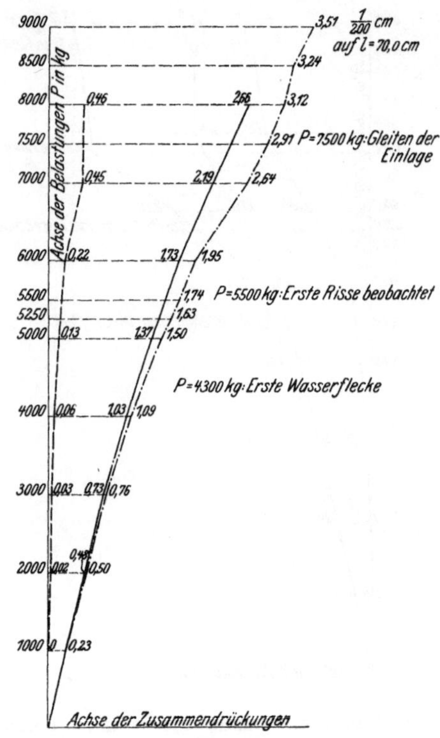

Fig. 127. Balken Nr. 33 (Bauart nach Fig. 69). Verlängerungen auf der unteren Balkenfläche.

Fig. 128. Balken, Nr. 33 (Bauart nach Fig. 69). Zusammendrückungen auf der oberen Balkenfläche.

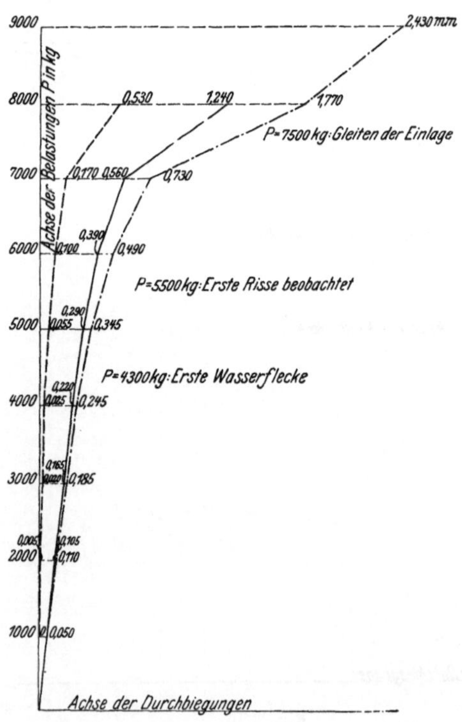

Fig. 129. Balken Nr. 33 (Bauart nach Fig. 69). Durchbiegungen in der Mitte der Balkenlänge.

Der Vergleich dieser Zahlen mit den oben gefundenen Werten, $P = 5760$ kg und $P = 6833$ kg, ergibt, daß das Vorhandensein des Hakens den Beginn des Gleitens etwas — aber nicht sehr bedeutend — hinausgeschoben hat.

Der Berechnung des Gleitwiderstandes nach Gl. 5 (Seite 18 im Heft 39), wie dies oben geschehen ist, liegt die einbetonierte Länge von Belastungsrolle bis Mitte Widerlager, d. i. 50 cm zu Grunde. In Wirklichkeit beträgt jedoch diese Länge

in Fig. 69, wenn die Länge des Hakens, gemäß der Länge seiner Mittellinie bis zur Stirnfläche, einbezogen wird, rund . . . . . . 62 cm,

in Fig. 1 dagegen . . . . 52 cm.

Wird der Gleitwiderstand τ_1 auf diese Länge bezogen, so ergibt sich im Durchschnitt für die

$$\text{Balken nach Fig. 69}\quad \tau_1 = 16{,}8 \cdot \frac{50}{62} = 13{,}6 \text{ kg/qcm,}$$

$$\text{»}\qquad\text{»}\qquad\text{»}\quad 1\quad \tau_1 = 14{,}5 \cdot \frac{50}{52} = 13{,}9 \quad \text{»} \quad .$$

Hieraus erhellt, daß der Gleitwiderstand, bezogen auf das qcm der einbetonierten Staboberfläche, gegebenenfalls diejenigen des Hakens eingerechnet, beim Vorhandensein von Haken fast dieselbe Größe besitzt wie bei Eisen ohne Haken. Nach Ueberwindung des Gleitwiderstandes (unter durchschnittlich $P = 6833$ kg) verhindern jedoch die Haken die völlige Aufhebung der Widerstandsfähigkeit des Balkens so lange, bis mit steigender Belastung die Haken sich aufbiegen und den diese Formänderung hindernden Beton absprengen (unter durchschnittlich $P = 8900$ kg). (Fig. 117, 119 und 120.)

Im Ganzen stehen zum Vergleich die Durchschnittzahlen

	für Eisen ohne Haken	für Eisen mit Haken
Beginn des Gleitens	$P = 5760$ kg,	6833 kg,
Höchstbelastung	$P = 5760$ kg,	8900 kg.

XXI) 3 Balken mit Bauart nach Fig. 70: Nr. 31, 35 und 36.

Diese Balken unterscheiden sich von den unter XIX besprochenen dadurch, daß hier die Eiseneinlage die Walzhaut, also rauhe Oberfläche besaß.

Die Ergebnisse der Prüfung sind in Zusammenstellung 14 enthalten.

In den Fig. 130 bis 133 sind die unteren Flächen, je eine Seitenfläche und die Stirnflächen der drei Balken Nr. 31, 35 und 36 abgebildet.

Balken Nr. 31.

Unter $P = 6250$ kg werden die ersten Risse auf der untern Balkenfläche beobachtet, vergl. Fig. 130. Wie die Fig. 130 und 131 zeigen, verlängern sich die Risse allmählich unter steigender Belastung über die ganze Balkenbreite und wandern an den Seitenflächen empor. Der Riß unter der rechten Belastungsrolle erstreckt sich unter $P = 7500$ kg über die ganze Balkenbreite, unter der der linken Belastungsrolle ist dies erst bei $P = 10000$ kg der Fall. Ein Gleiten der Einlage kann unter $P = 10000$ kg noch nicht beobachtet werden; die erste Aenderung von x und y (Fig. 69) wurde unter $P = 11000$ kg bemerkt.. Sie beträgt

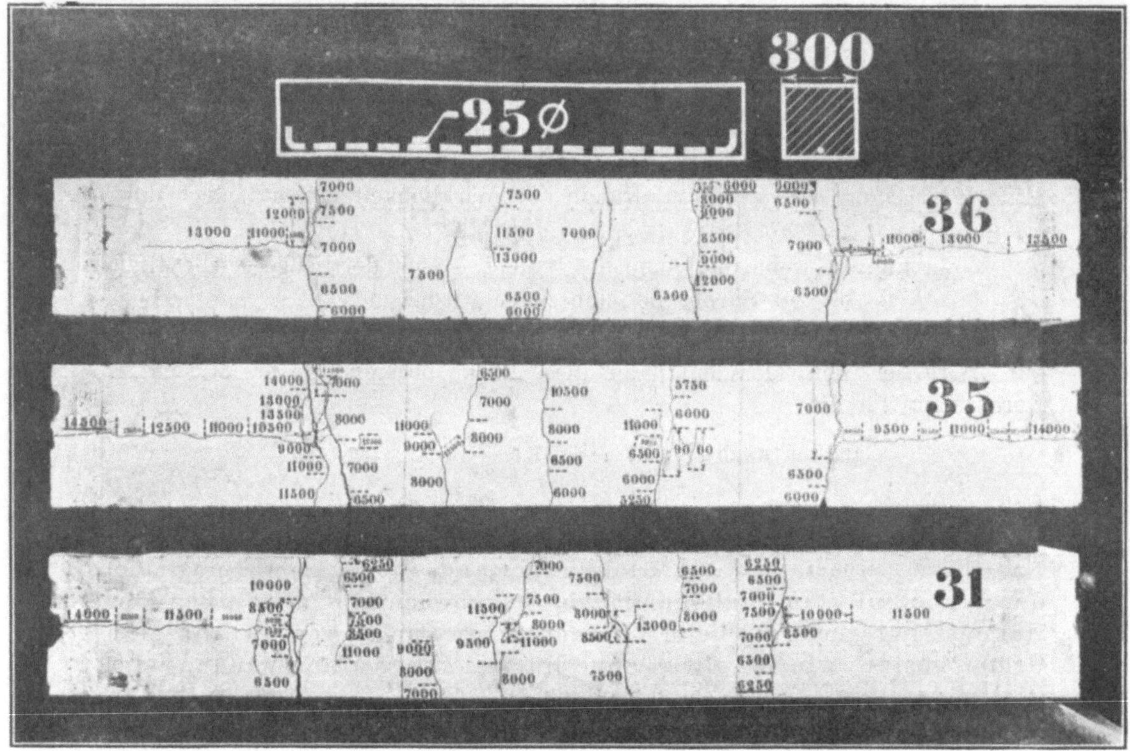

Fig. 130. Untere Flächen der Balken mit Bauart nach Fig. 70.

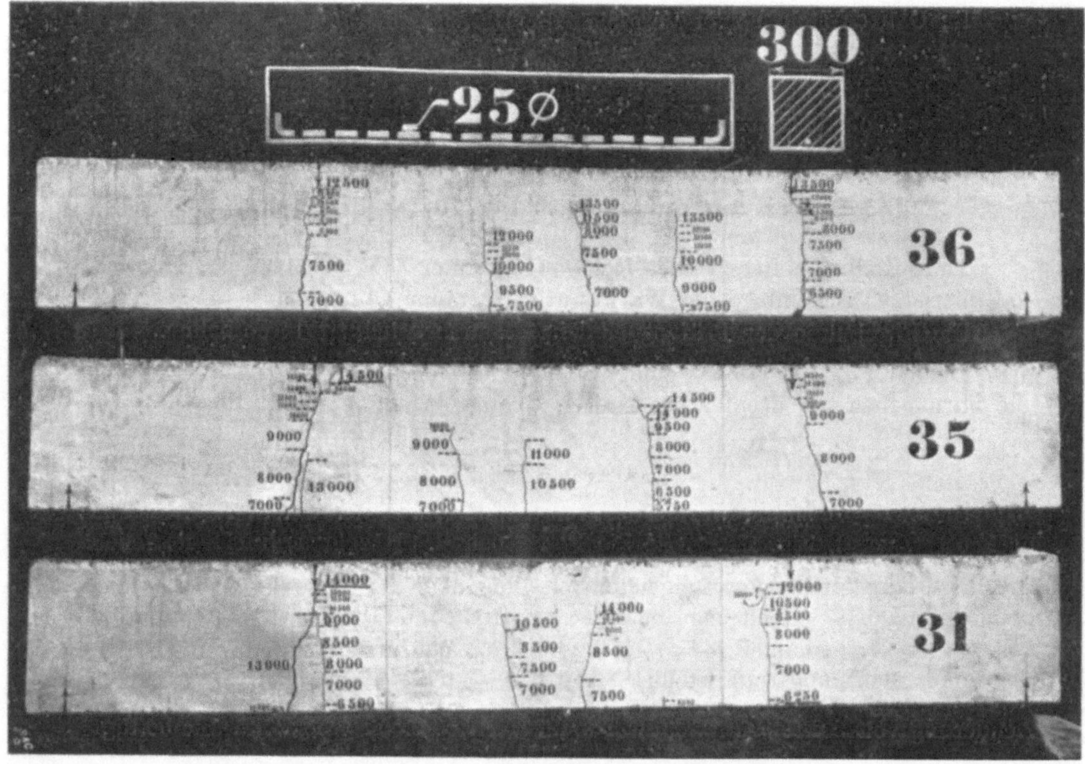

Fig. 131. Seitenflächen der Balken mit Bauart nach Fig. 70.

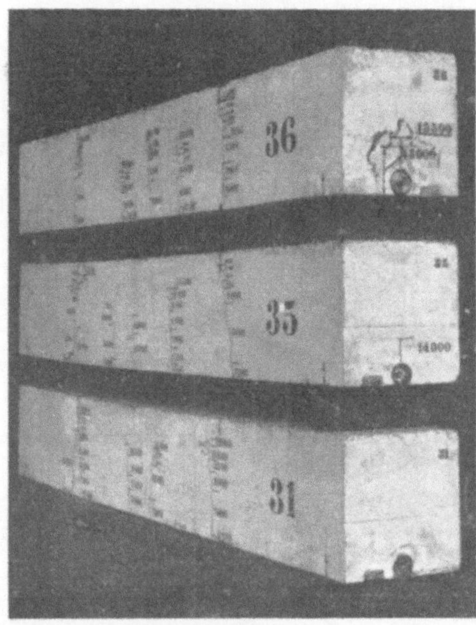

Fig. 132 und 133. Stirnflächen der Balken mit Bauart nach Fig. 70.

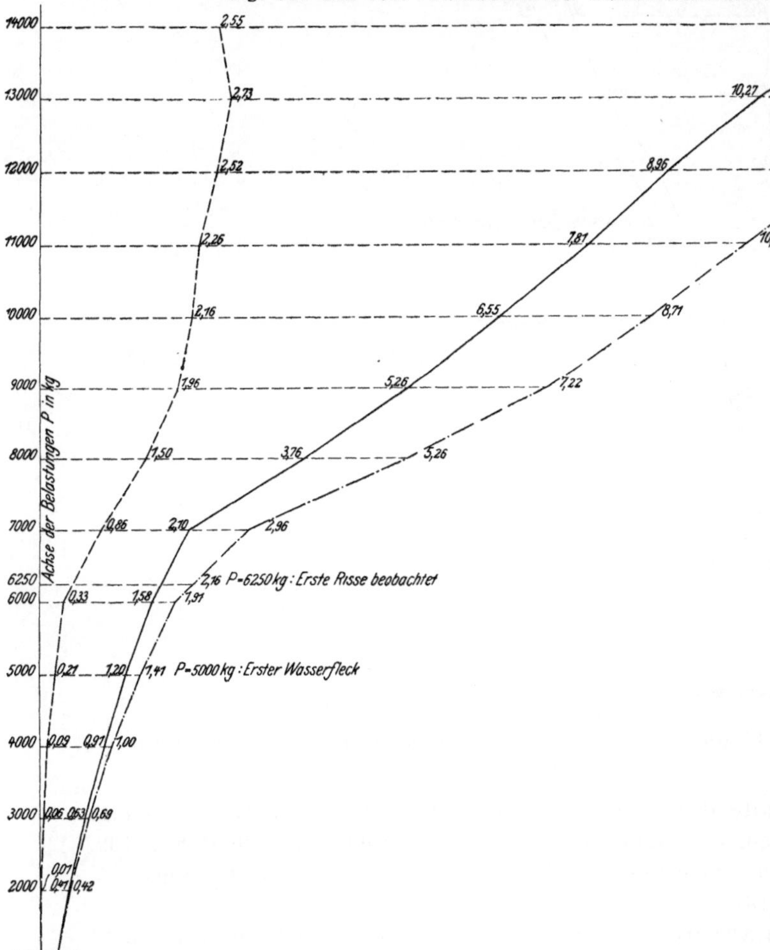

Fig. 135. Balken Nr. 31 (Bauart nach Fig. 70). Verlängerungen auf
der unteren Balkenfläche.

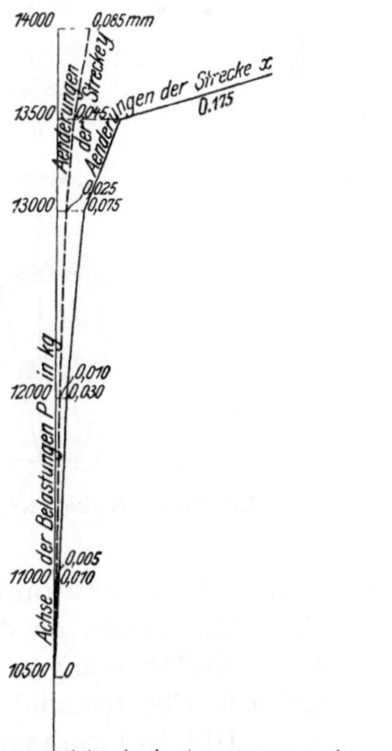

Fig. 134. Balken Nr. 31 (Bauart
nach Fig. 70). Aenderungen der
Strecken x und y mit steigender
Belastung (Gleiten der Einlage).

	bei x	bei y
nach 3 Minuten	0,010	0,005 mm,
» 10 »	0,010	0,005 » ,

ist somit sehr klein.

Mit fortschreitender Belastung gleitet die Einlage an beiden Enden ganz allmählich (Fig. 134) bis unter $P = 14000$ kg der Haken

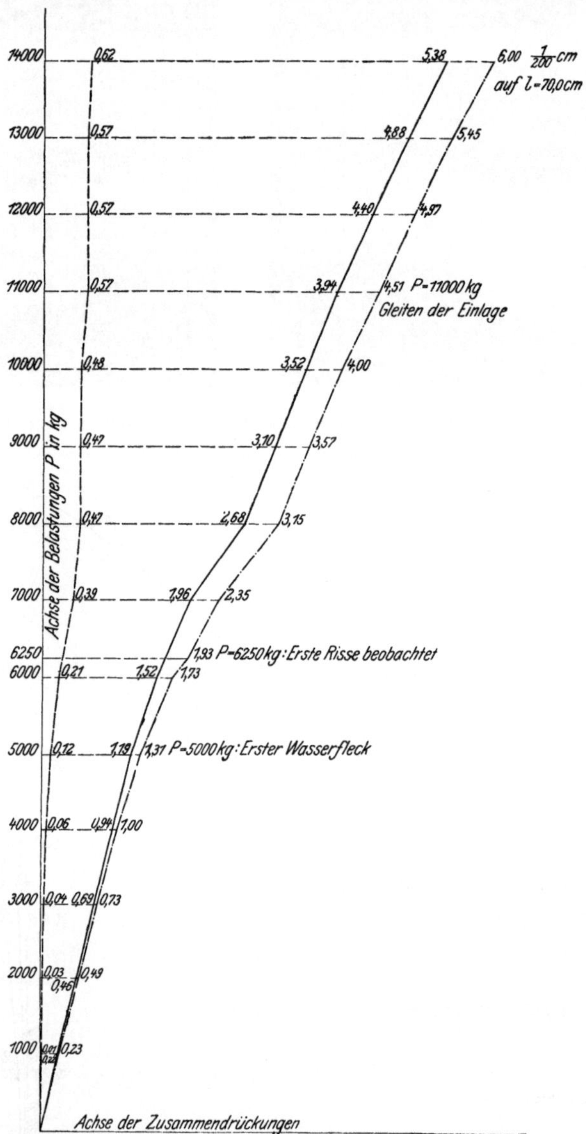

Fig. 136. Balken Nr. 31 (Bauart nach Fig. 70). Zusammendrückungen auf der oberen Balkenfläche.

am linken Balkenende den Beton absprengt; dann sinkt die Belastung. Das Balkenende, an dem der Haken den Beton abgesprengt hat, zeigt Fig. 132.

Verlängerungen der Querrisse werden auch nach Eintritt des Gleitens festgestellt, Fig. 130 und 131.

Die Längsrisse auf der untern Balkenfläche erscheinen bereits unter $P = 10000$ kg, also vor Eintritt des Gleitens des Eisens am Balkenende.

Diese Längsrisse entstehen, wie schon im Heft 39 Seite 15 bemerkt worden ist, nachdem die Risse bei den Belastungsrollen nahe bis zur obern Balkenfläche gerückt sind, dadurch, daß sich der äußere Balkenteil um die obere Kante des Rißquerschnittes dreht; damit ist ein Pressen der Eiseneinlage gegen den Beton nach unten verbunden, wodurch die dünne Betonschicht aufgesprengt wird. Die Längsrisse verlängern sich langsam gegen die Stirnflächen; am linken Ende erreicht der Längsriß unter $P_{max} = 14000$ kg die Stirnfläche, am rechten Ende geht die Rißbildung nicht so weit.

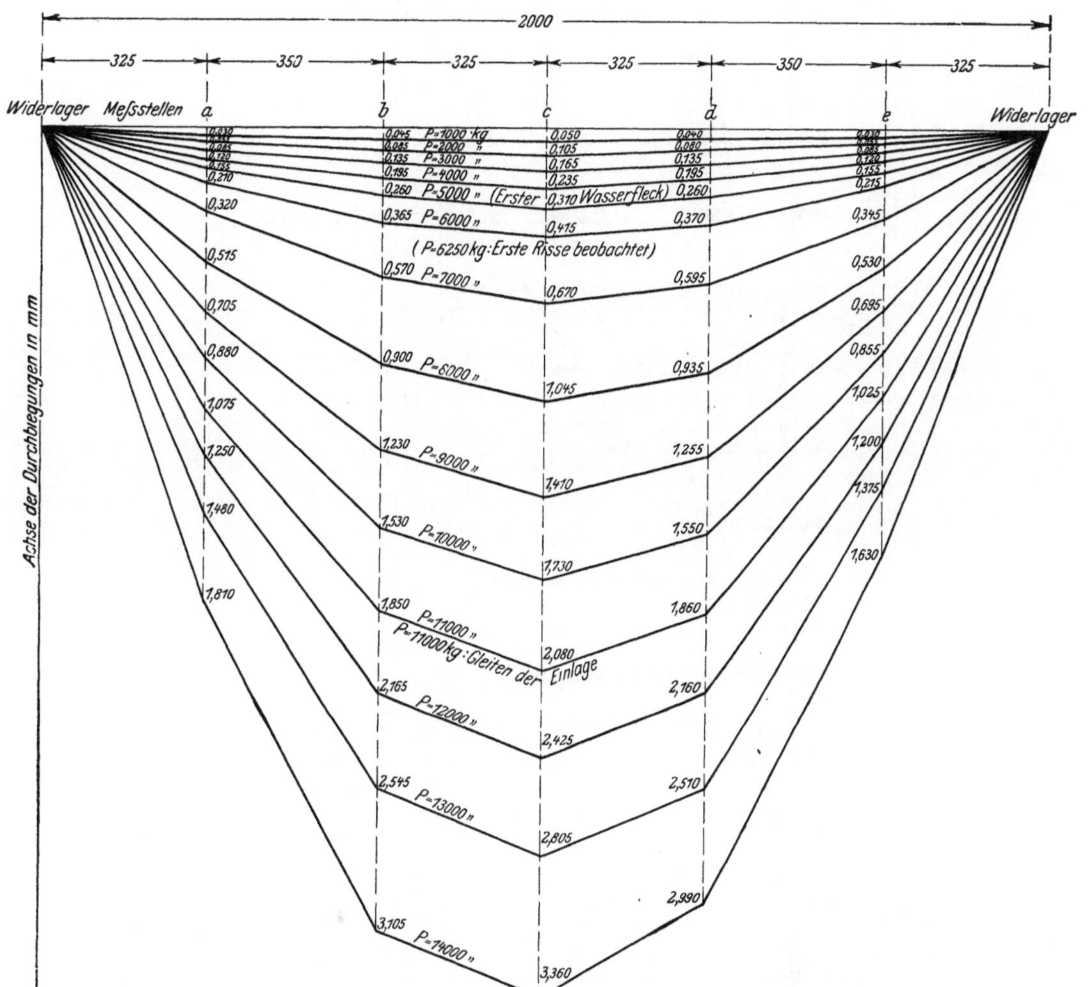

Fig. 137. Gesamte Durchbiegungen des Balkens Nr. 31 (Bauart nach Fig. 70).

Die gesamten, bleibenden und federnden Verlängerungen an der untern Balkenfläche (Spalten 17 bis 19 der Zusammenstellung 14) sind in Fig. 135, die Zusammendrückungen (Spalten 21 bis 23 der Zusammenstellung 14) in Fig. 136 aufgezeichnet. Die gesamten Durchbiegungen an 5 Punkten (Fig. 19 und Spalten 24 bis 28 der Zusammenstellung 14) sind in Fig. 137, die gesamten, bleibenden und federnden Durchbiegungen für die Mitte der Balkenlänge (Spalte 26 und 31 der Zusammenstellung 14) in Fig. 138 dargestellt. Die Lage der Nulllinie bei den verschiedenen Belastungsstufen zeigt Fig. 139.

Balken Nr. 35 und 36.

Das Verhalten dieser Balken ist ganz ähnlich demjenigen des Balkens Nr. 31.

Unter der Höchstlast von $P = 14500$ kg bezw. 13500 kg ist nach Ausweis der Zusammenstellung 14 (Spalte 17) die Streckgrenze der Einlagen nahezu

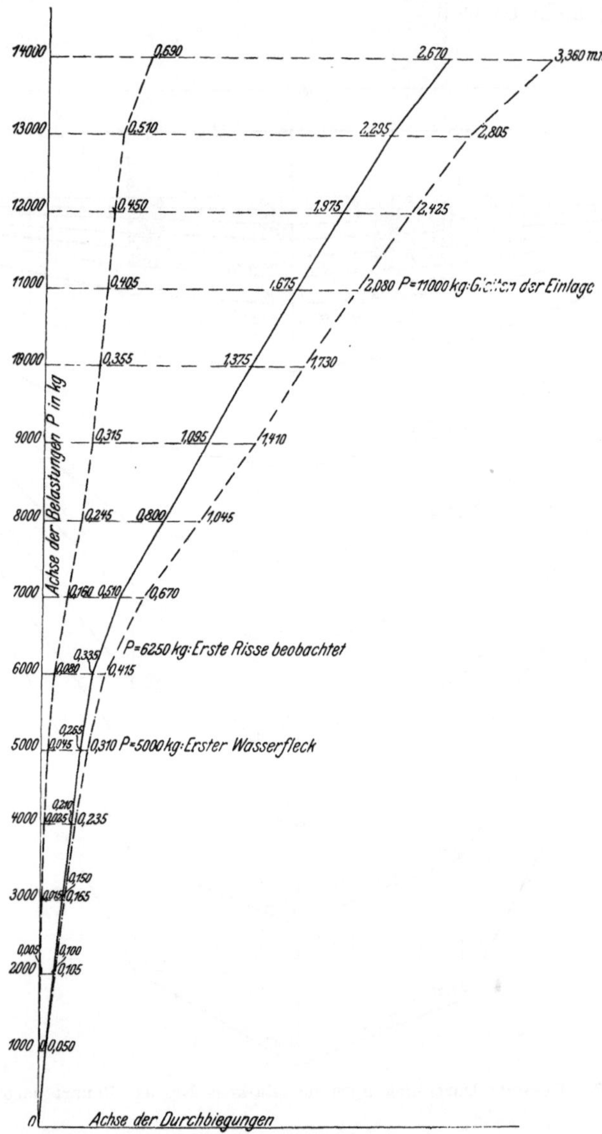

Fig. 138. Balken Nr. 31 (Bauart nach Fig. 70). Durchbiegungen in der Mitte der Balkenlänge.

oder ganz erreicht worden. Die nach Gl. 3 (Seite 18 des Heftes 39) berechnete Spannung im Eisen beträgt nach der Zusammenstellung 14 (Spalte 38)

bei Balken Nr. 35   2797 kg/qcm,

» » » 36   2720 » .

Probestäbe, welche vor dem Einbetonieren von den Einlagen der Balken Nr. 35 und 36 abgetrennt worden waren, ergaben

$$\text{obere Streckgrenze} \quad (2383 + 2485):2 = 2434 \text{ kg/qcm,}$$
$$\text{untere} \qquad\qquad\;\; (2342 + 2413):2 = 2378 \quad \text{»} \;,$$
$$\text{Zugfestigkeit} \qquad (3758 + 3741):2 = 3750 \quad \text{»} \;.$$

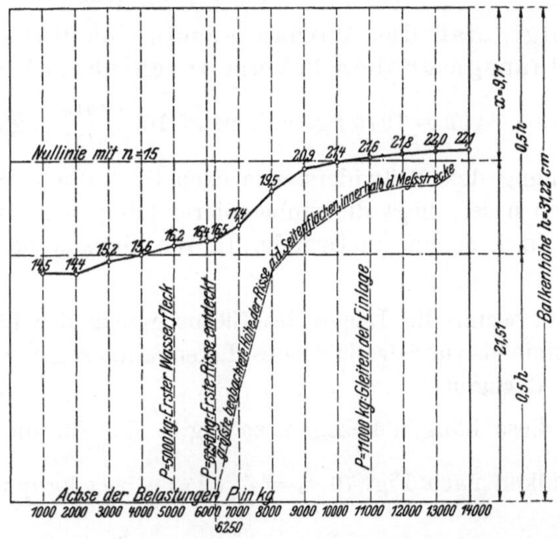

Fig. 139. Lage der Nullinie mit steigender Belastung für Balken Nr. 31 (Bauart nach Fig. 70).

Die aus dem Zugversuch mit dem Eisen ermittelte |Spannung beim Eintritt des Fließens ist demna|ch 'geringer als 'die nach Gl. 3 berechnete.

XXII) Zusammenfassung der Ergebnisse von den Balken Nr. 31, 35 und 36 (Fig. 70, mit Haken, Walzhaut) und Vergleich derselben mit den Ergebnissen der Balken nach Fig. 2 (ohne Haken, Walzhaut) und Fig. 69 (mit Haken, Eisen bearbeitet).

Die Ergebnisse sind in den Zusammenstellungen 14 und 15, sowie 4 und 13 enthalten.

Aus den Zusammenstellungen 14 und 15 folgt, daß das Gleiten begonnen hat

$$\text{bei dem Balken Nr. 31 unter } P = 11000 \text{ kg, entsprechend } \tau_1 = 27{,}2 \text{ kg/qcm,}$$
$$\text{»} \quad \text{»} \quad \text{»} \quad \text{» } 35 \quad \text{» } \quad P = 10500 \text{ »}, \qquad \text{» } \quad \tau_1 = 25{,}3 \quad \text{»} \;,$$
$$\text{»} \quad \text{»} \quad \text{»} \quad \text{» } 36 \quad \text{» } \quad P = 9500 \text{ »}, \qquad \text{» } \quad \tau_1 = 23{,}7 \quad \text{»} \;,$$
$$\text{im Durchschnitt } P = 10333 \text{ »}, \qquad \text{» } \quad \tau_1 = 25{,}4 \quad \text{»} \;,$$

wobei die Hakenoberfläche nicht berücksichtigt ist, und daß die Widerstandsfähigkeit infolge der Formänderung des Hakens und des Absprengens des Betons erschöpft war

$$\text{bei dem Balken Nr. 31 unter } P = 14000 \text{ kg,}$$
$$\text{»} \quad \text{»} \quad \text{»} \quad \text{» } 35 \quad \text{» } \quad P = 14500 \text{ »},$$
$$\text{»} \quad \text{»} \quad \text{»} \quad \text{» } 36 \quad \text{» } \quad P = 13500 \text{ »}.$$

In Heft 39 Seite 33 und 35 wurde über Versuche mit Balken nach Fig. 2 berichtet, deren Einlagen dieselbe Stärke und Oberflächenbeschaffenheit (Walzhaut) hatten, wie diejenigen der hier besprochenen nach Fig. 70. Jedoch waren ene Eiseneinlagen vollständig gerade, also ohne Haken. Das Gleiten stellte sich bei diesen 6 Monate alten Versuchskörpern von ganz den gleichen Abmessungen ein

$$\text{unter } P = 8500 \qquad 8750 \qquad 8000 \qquad 8000 \text{ kg,}$$
$$\text{entsprechend } \tau_1 = 21{,}4 \qquad 21{,}9 \qquad 19{,}9 \qquad 19{,}9 \text{ kg/qcm,}$$
$$\text{im Durchschnitt } P = 8417 \text{ kg,}$$
$$\tau_1 = 20{,}8 \text{ kg/qcm}[1]).$$

Daraus folgt, daß das Vorhandensein des Hakens den Beginn des Gleitens hinausgeschoben hat um durchschnittlich

$$10333 - 8417 = 1916 \text{ kg, d. i. rund } 100 \cdot \frac{1916}{8417} = \mathbf{23} \text{ vH.}$$

Der Berechnung des Gleitwiderstands nach Gl. 5 (Seite 18 in Heft 39), wie dies oben geschehen ist, liegt die einbetonierte Länge von Belastungsrolle bis Mitte Widerlager, d. i. 50 cm, zu Grunde. In Wirklichkeit beträgt jedoch diese Länge

in Fig. 70, wenn die Länge des Eisens gemäß der Länge der
    Mittellinie bis zur Stirnfläche des Hakens einbezogen wird, rund   62 cm,
in Fig. 2 dagegen . . . . 52 ».

Wird τ_1 auf diese Längen bezogen, so ergibt sich für die

$$\text{Balken nach Fig. 70 } \tau_1 = \frac{50}{62} \cdot 25{,}4 = 20{,}5 \text{ kg/qcm,}$$
$$\text{»} \qquad \text{»} \qquad \text{»} \quad 2 \; \tau_1 = \frac{50}{52} \cdot 20{,}8 = 20{,}0 \qquad \text{»} \quad .$$

Bei Berücksichtigung dieses Umstandes findet man somit, daß der Gleitwiderstand, bezogen auf das Quadratzentimeter der einbetonierten Staboberfläche, beim Vorhandensein von Haken fast dieselbe Größe besitzt, wie bei Eisen ohne Haken, wie schon für bearbeitete Eiseneinlagen unter XX gefunden wurde.

Die Haken an den Enden verzögern jedoch die Zerstörung des Balkens so lange, bis ein Haken sich aufbiegt und den Beton einer Stirnfläche absprengt. Die Spannung des Eisens wurde dabei an 2 Balken (Nr. 35 und 36) bis etwa zur Streckgrenze gebracht.

Im Ganzen stehen zum Vergleich die Durchschnittzahlen

	für Eisen ohne Haken	**für Eisen mit Haken**
Beginn des Gleitens $P = 8417$		10333 kg,
Höchstbelastung $\qquad P = 8813$		14000 ».

Der Vergleich der Balken nach Fig. 70 mit denjenigen nach Fig. 69 ergibt Folgendes:

1) Einlagen mit bearbeiteter Oberfläche und Haken (Fig. 69)
$$\text{im Durchschnitt } \tau_1 = 16{,}8 \text{ kg/qcm,}$$

2) Einlagen mit Walzhaut und Haken (Fig. 70)
$$\text{im Durchschnitt } \tau_1 = 25{,}4 \text{ kg/qcm,}$$

d. i. rund **51** vH mehr, wenn das Eisen seine Walzhaut behält. Bei den Balken nach Fig. 1 und 2 wurde bei 6 Monate alten Balken dieser Unterschied

---

[1]) Für die Balken nach Fig. 1 bis 5 und 66 bis 68 wurde der Gleitwiderstand τ_1 berechnet für die Höchstbelastung, unter welcher der Widerstand des Balkens mit dem endgültigen Gleiten des Eisens erschöpft war. Diese Last ist durchschnittlich etwas höher als diejenige, bei welcher Gleiten erstmals an der Stirnfläche beobachtet wurde.

zu rund 52 vH ermittelt. Es besteht somit für den Unterschied des Gleitwiderstandes von Eisen mit Walzhaut gegenüber Eisen mit bearbeiteter Oberfläche
eine sehr gute Uebereinstimmung.

Die Gleitbewegungen gehen bei Eisen mit Walzhaut und Haken —
jedenfalls zu Anfang — langsamer vor sich, als bei glatten Stäben mit Haken;
aus den Fig. 116 und 134 ist dies erkennbar.

Vergleicht man die Belastung, unter welcher erstmals Rißbildung beobachtet wurde, d. i.

bei den Balken nach Fig. 69	bei den Balken nach Fig. 70
(Eisen bearbeitet)	(Eisen mit Walzhaut)

unter durchschnittlich $P = 5633$ 5833 kg

unter sich und mit den Belastungen, bei welchen das erste Gleiten festgestellt
wurde, d. i.

bei den Balken nach Fig. 69	bei den Balken nach Fig. 70

unter durchschnittlich $P = 6833$ 10 333 kg,

so erkennt man

1) daß die Belastungen, unter denen die ersten Risse beobachtet wurden,
nur wenig von einander abweichen,

2) daß das Gleiten erst bei einer Belastung eintritt, welche diejenige, unter
der das Auftreten der ersten Risse beobachtet wurde, mehr oder minder stark
überschreitet.

XXIII) 3 Balken mit Bauart nach Fig. 71: Nr. 23, 26 und 30.

Diese Balken unterscheiden sich von den unter XXI beschriebenen da-
durch, daß sie eine Breite von 200 mm gegenüber 300 mm und eine schwächere
Einlage (18 mm gegen 25 mm) besitzen. Das Rundeisen trägt auch hier die
Walzhaut und hat an den Enden Haken.

Die Ermittlung der Aenderungen der Größen x und y an den Balkenenden ist
hier unterblieben, da die nach Fig. 87 notwendige Anbohrung für die schwachen
Stäbe unzweckmäßig erschien.

Die Ergebnisse der Untersuchung sind in den Zusammenstellungen 16 und
17 niedergelegt.

Die Fig. 140 und 141 zeigen die unteren Flächen und je eine Seitenfläche
der Balken Nr. 23, 26 und 30.

In den Figuren 142, 143 und 144 sind die Ergebnisse der Dehnungs-
messungen (Spalten 15 bis 17 und 19 bis 21 der Zusammenstellung 16) und die
Durchbiegungen in der Balkenmitte (Spalte 24 und 29 der Zusammenstellung 16)
für den Balken Nr. 23 zeichnerisch dargestellt. In Fig. 145 ist die Lage der
Nullinie unter steigender Belastung, gültig für den Balken Nr. 26, angegeben.
(Ueber die hierbei gemachten Voraussetzungen vergl. Fig. 41 und 42.)

Wie die Bemerkung der Zusammenstellung 16 zeigt, welche z. B. für den
Balken Nr. 23 bei $P = 8000$ kg gemacht ist, wurde die Streckgrenze der Einlagen überschritten. Die Zerstörung der Balken begann hiernach mit dem
Eintreten der Streckgrenze. Durch die bedeutende Streckung des Eisens
öffnen sich ein oder mehrere Risse des Balkens um eine größere Strecke, so
daß diese Risse seitlich sehr weit nach oben wandern und auf der Zugseite
weit klaffend erscheinen. Infolgedessen wird der gedrückte Querschnitt des
Balkens stark vermindert und daselbst der Beton zerdrückt, wie auf Fig. 141
die Balken Nr. 23 (rechts), 26 (rechts) und 30 (rechts und links) erkennen lassen.

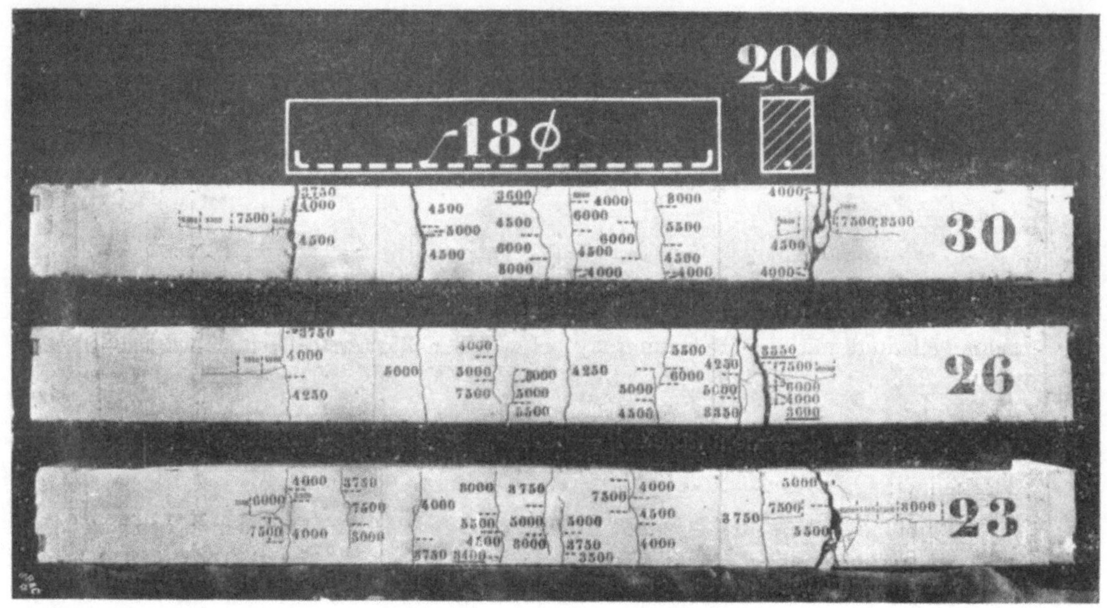

Fig. 140.   Untere Flächen der Balken mit Bauart nach Fig. 71.

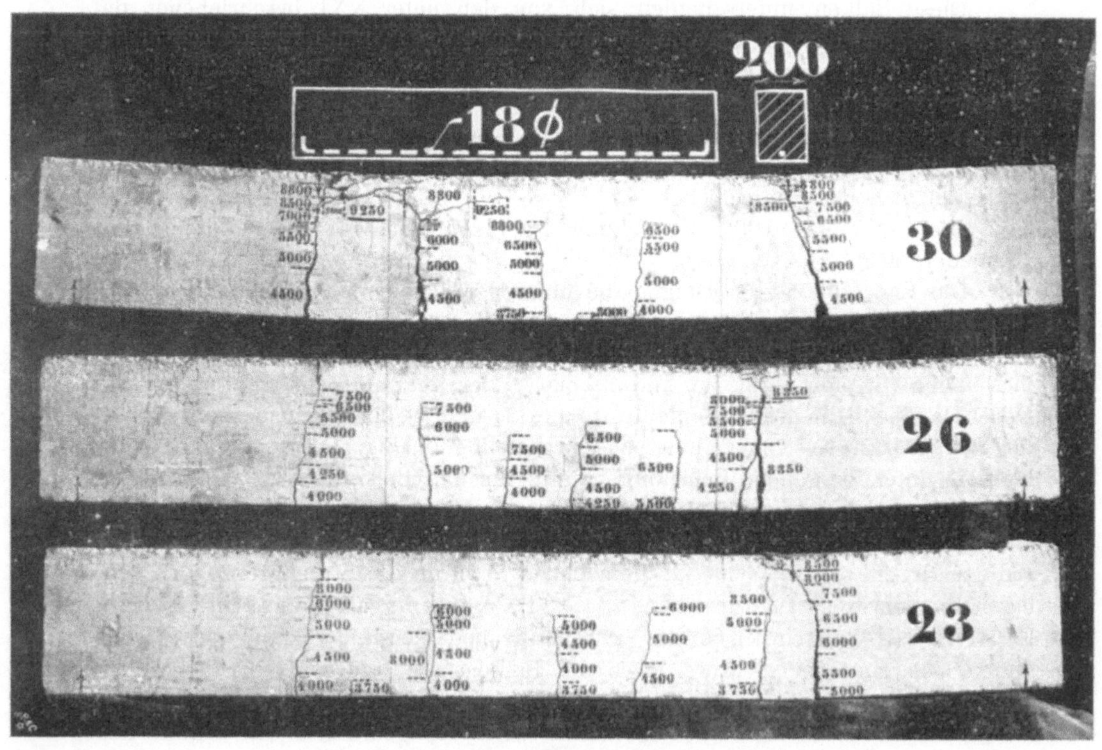

Fig. 141.   Seitenflächen der Balken mit Bauart nach Fig. 71.

Die Zerstörung der Balken 23 und 30 erfolgte schließlich unter $P = 8500$ kg bezw. 9250 kg. Die Streckgrenze war jedoch schon, wie aus dem starken Aufklaffen der Risse und der hierdurch möglich werdenden Beobachtung des Zunderabspringens geschlossen werden konnte, unter $P = 8000$ kg bezw. 8500 kg erreicht worden.

Eine Zerstörung der Stirnfläche des Balkens durch die Haken der Einlage war nicht zu bemerken.

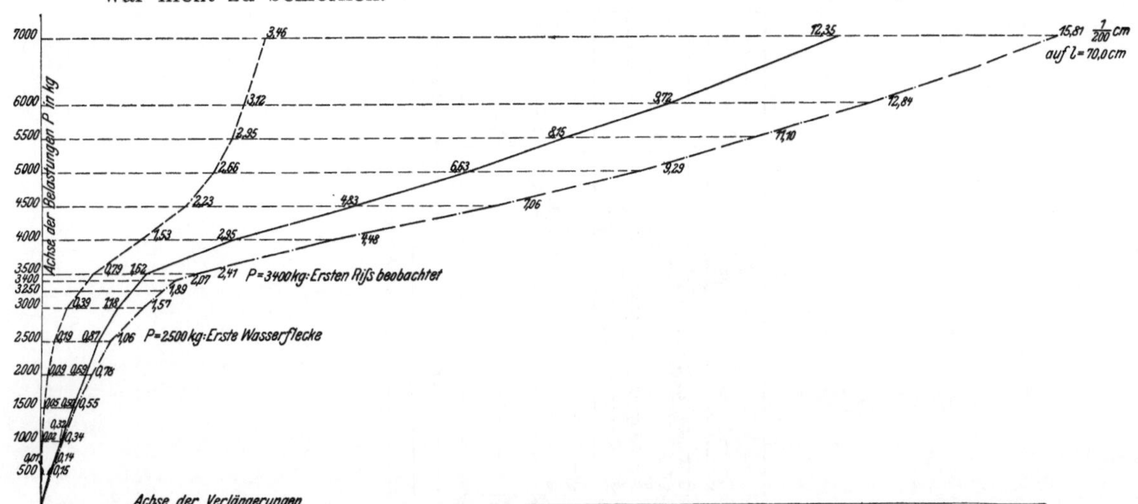

Fig. 142. Balken Nr. 23 (Bauart nach Fig. 71). Verlängerungen auf der unteren Balkenfläche.

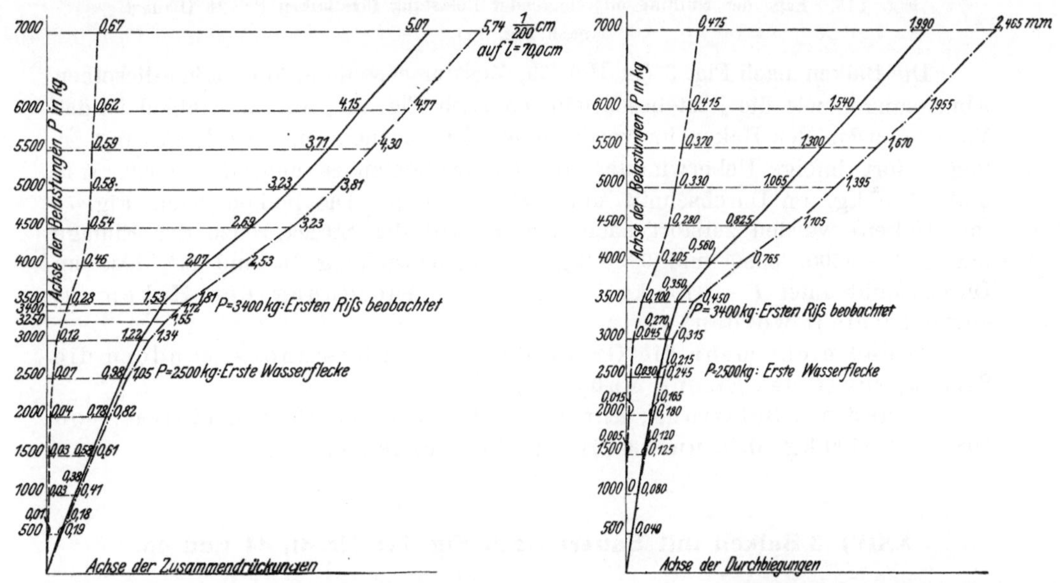

Fig. 143. Balken Nr. 23 (Bauart nach Fig. 71). Zusammendrückungen auf der oberen Balkenfläche.

Fig. 144. Balken Nr. 23 (Bauart nach Fig. 71). Durchbiegungen in der Mitte der Balkenlänge.

Zugversuche mit Probestäben, welche vor dem Einbetonieren von den Einlagen der Balken Nr. 26 und 30 abgetrennt worden waren, lieferten folgende Werte:

obere Streckgrenze $(2755 + 2788) : 2 = 2771$ kg/qcm,

untere Streckgrenze $(2673 + 2731) : 2 = 2702$ » ,

Zugfestigkeit $\qquad (3949 + 4084) : 2 = 4016$ » .

Wird die Spannung der Einlagen berechnet, welche sich nach Gl. 3 (Seite 18 in Heft 39) für die Belastung ergibt, bei welcher die Streckgrenze beobachtet wurde, so findet sich im Durchschnitt

$$\sigma_e = (3028 + 3167 + 3178) : 3 = \mathbf{3124} \text{ kg/qcm.}$$

Der Vergleich dieser Zahl mit der Streckgrenze, welche sich aus dem Zugversuch ergibt, deutet darauf hin, daß die Gl. 3 zu hohe Werte liefert.

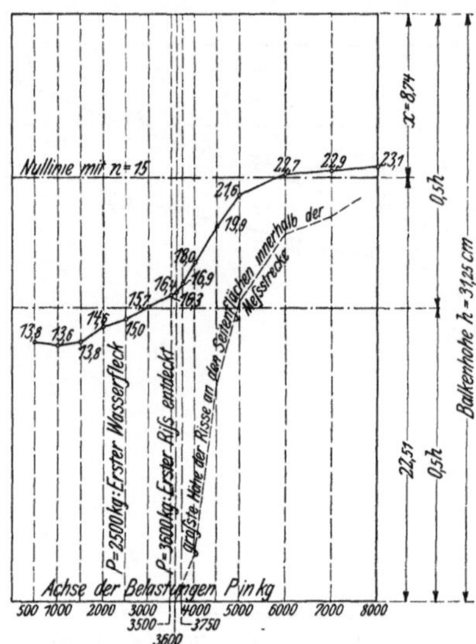

Fig. 145. Lage der Nullinie mit steigender Belastung für Balken Nr. 26 (Bauart nach Fig. 71).

Die Balken nach Fig. 3 (in Heft 39, Zusammenstellung 5) besaßen dieselben Abmessungen wie die jetzt beschriebenen nach Fig. 71. Als Unterschied ist das Vorhandensein der Haken im vorliegenden Fall zu nennen. Die Zerstörung erfolgte dort infolge Ueberwindung des Gleitwiderstandes unter $P = 6000$, 5750 und 6500 kg, im Durchschnitt unter $P = 6083$ kg. Die Balken nach Fig. 71 (mit Haken) wurden zerstört nach dem Eintritt der Streckgrenze der Einlage unter $P = 8500$, 8350 und 9250 kg (Zusammenstellung 16 und 17), also im Durchschnitt unter $P = 8700$ kg. Durch die Anordnung der Haken ist somit erreicht worden

1) daß nicht mehr die Größe des Gleitwiderstandes, sondern die Streckgrenze des Eisens maßgebend,

2) daß die Belastung, unter welcher die Zerstörung eintrat, von 6083 auf 8700 kg, d. i. um 43 vH, erhöht worden ist.

XXIV) 3 Balken mit Bauart nach Fig. 72: Nr. 41, 44 und 46.

Das zur Einbetonierung verwendete Eisen ist ein gerader Stab Thacher-Eisen, dessen kleinster Querschnitt rund 2,3 qcm beträgt. Die Gestalt und die Abmessungen des Thacher-Eisens sind in Heft 39 der Mitteilungen über Forschungsarbeiten Seite 52 niedergelegt.

Die Ergebnisse der Untersuchung sind in den Zusammenstellungen 18 und 19 enthalten. Die Fig. 146 zeigt die unteren Flächen, Fig. 147 je eine Seitenfläche der Balken. In Fig. 148 ist die zweite Seitenfläche des Balkens Nr. 46 dargestellt.

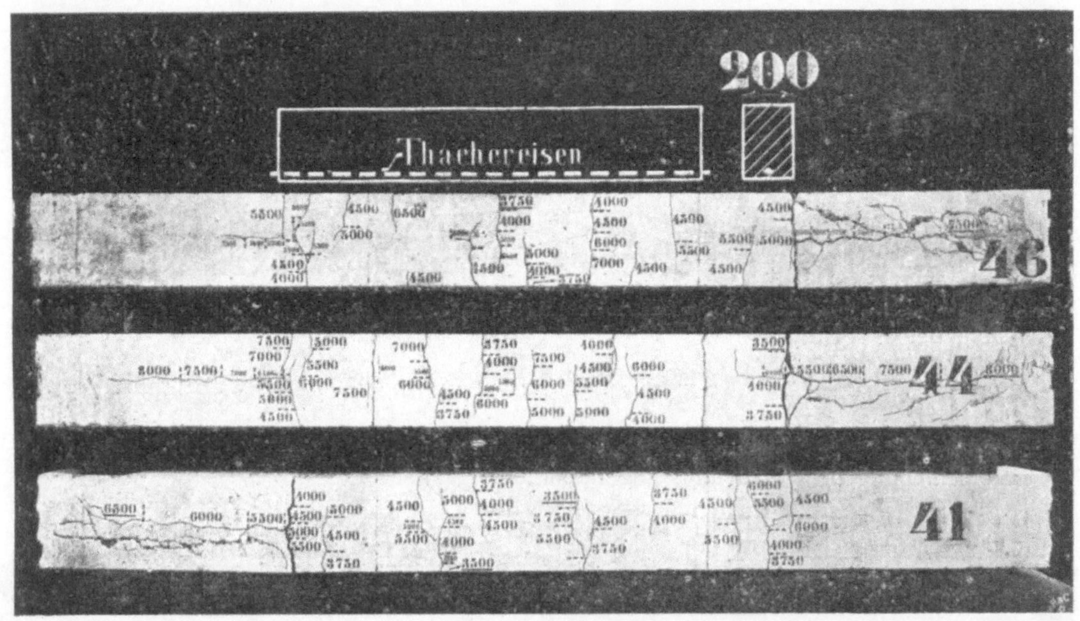

Fig. 146. Untere Flächen der Balken mit Bauart nach Fig. 72.

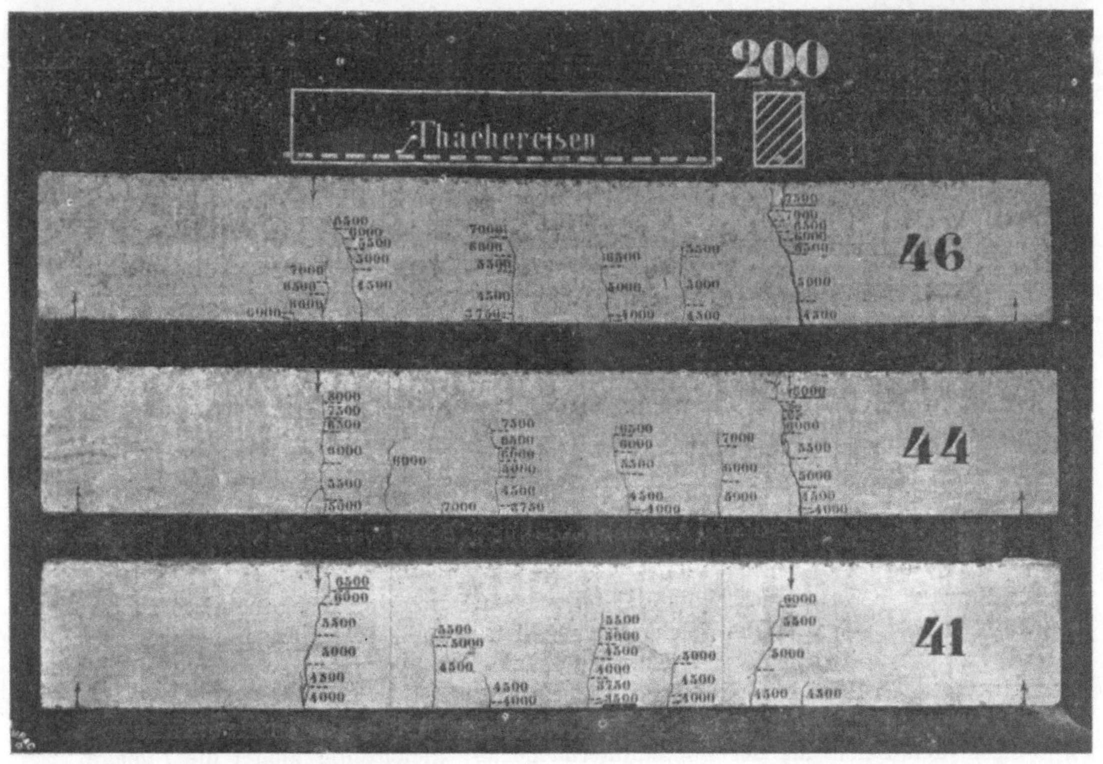

Fig. 147. Seitenflächen der Balken mit Bauart nach Fig. 72.

Balken Nr. 41.

Unter $P = 3500$ kg wird der erste Riß beobachtet, Fig. 146. Mit dem Steigen der Belastung vermehren und verlängern sich die Risse.

Unter der wiederholten Belastung von $P = 5500$ kg kommt am linken Balkenende der Beginn eines Längsrisses zum Vorschein, vergl. Fig. 146. Gleichzeitig wird das erste Gleiten festgestellt, und zwar

	bei x	bei y
nach 2 Minuten	0,020	0 mm,
» 6 »	0,020	0 » .

Unter $P = 6000$ kg hat sich der Längsriß bedeutend verlängert. Die Messung bei x ergibt

nach 2 Minuten	0,065 mm,
» 6 »	0,085 » ,
» 12 »	0,085 »

Verschiebung des Stabendes gegenüber dem Balkenende.

Bei y ist kein Gleiten festgestellt worden.

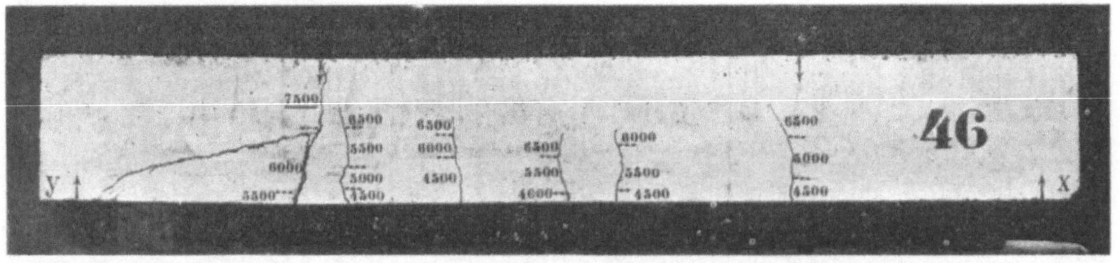

Fig. 148. Seitenfläche des Balkens Nr. 46 (Rückseite der Fig. 147).

Unter $P = 6500$ kg ergibt die Messung nach 2 Minuten

bei x	bei y
0,280	0,020 mm;

nach $2^1/_2$ Minuten wird auf der unteren Balkenfläche links der Beton von dem Knoteneisen abgesprengt. Die Einlage gleitet gleichzeitig bei x sehr rasch und die Belastung sinkt.

Balken Nr. 44 und 46.

Das Verhalten dieser Balken ist ähnlich demjenigen des Balkens Nr. 41.

Der Beginn von Längsrissen wurde bei beiden Balken unter $P = 5500$ kg festgestellt. Das erste Gleiten trat ein

bei dem Balken Nr. 44 unter $P = 7500$ kg,
» » » » 46 » $P = 6500$ » ,

und zwar je an dem rechten Balkenende, bei welchem die Längsrisse zuerst aufgetreten sind. Der Vergleich dieser Zahlen mit der Belastung, unter welcher die Längsrisse beobachtet wurden, zeigt, daß die Längsrisse schon vor dem Eintritt des Gleitens an den Balkenenden entstanden sind.

Unter der Höchstlast von $P = 8000$ kg bezw. 7500 kg sprengen die Knoteneisen den Beton an der Balkenunterfläche ab; gleichzeitig gleitet die Einlage sehr rasch.

Bei dem Balken Nr. 46 wurde die Zerstörung noch etwas fortgesetzt. Ueber den Zustand des Balkens am Schluß des Versuchs geben die Fig. 146 bis 148 Aufschluß.

Die Ergebnisse der Dehnungsmessungen sowie die für die Mitte der Balkenlänge ermittelten Durchbiegungen des Balkens Nr. 44 sind in Fig. 149 bis 151 enthalten. Die gesamten Durchbiegungen an fünf Punkten zeigt die Fig. 152, die Lage der Nullinie mit steigender Belastung ist aus Fig. 153 ersichtlich, beide Figuren ebenfalls für Balken Nr. 44.

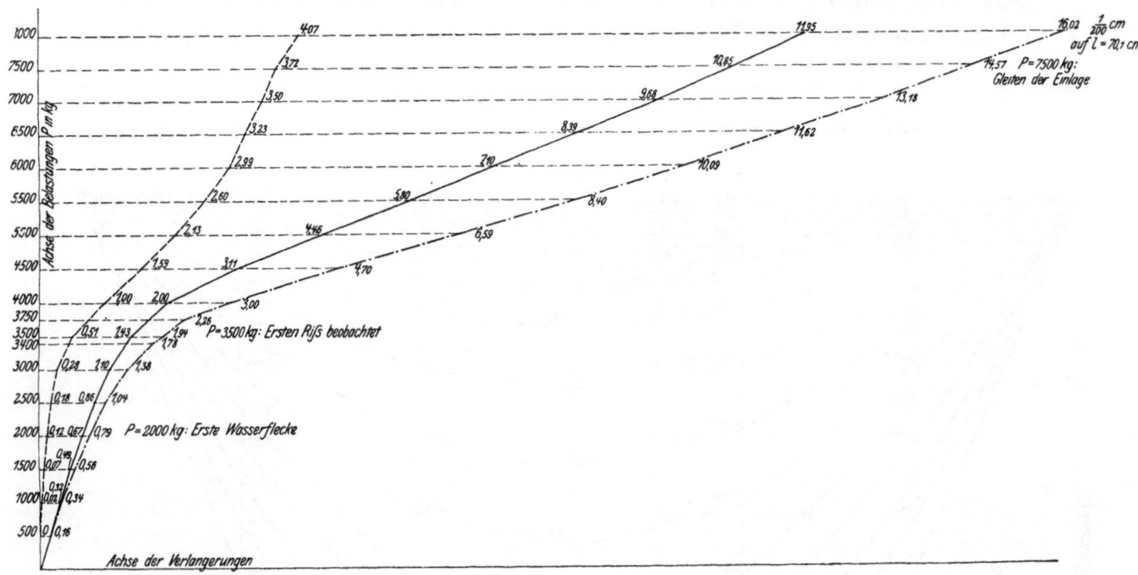

Fig. 149. Balken Nr. 44 (Bauart nach Fig. 72). Verlängerungen auf der unteren Balkenfläche.

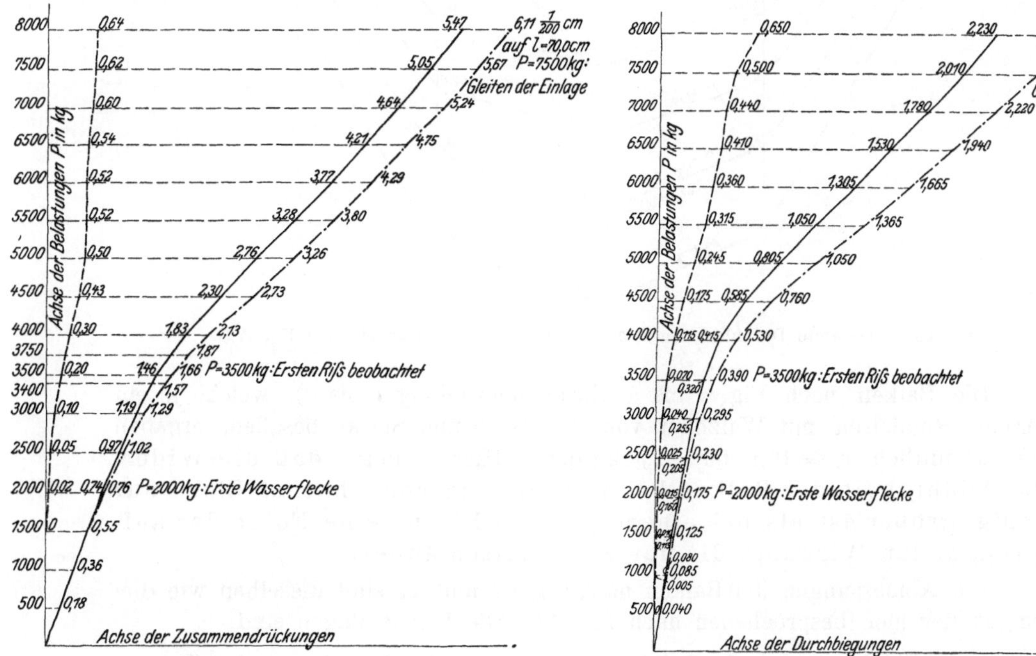

Fig. 150. Balken Nr. 44 (Bauart nach Fig. 72). Zusammendrückungen auf der oberen Balkenfläche.

Fig. 151. Balken Nr. 44 (Bauart nach Fig. 72). Durchbiegungen in der Mitte der Balkenlänge.

4*

Die Ergebnisse der drei Balken zusammengefaßt ergibt Folgendes.

Unter der Höchstbelastung von

$$P = 6500 \qquad 8000 \qquad 7500 \text{ kg,}$$

entsprechend

$$\tau_1 = 20{,}0 \qquad 24{,}5 \qquad 23{,}2 \text{ kg/qcm,}$$

im Durchschnitt

$$P = 7333 \text{ kg,}$$
$$\tau_1 = \mathbf{22{,}6} \text{ kg/qcm,}$$

trat Absprengen des Betons durch die Knoteneisen an der Unterfläche ein, womit die Widerstandsfähigkeit der Balken erschöpft war.

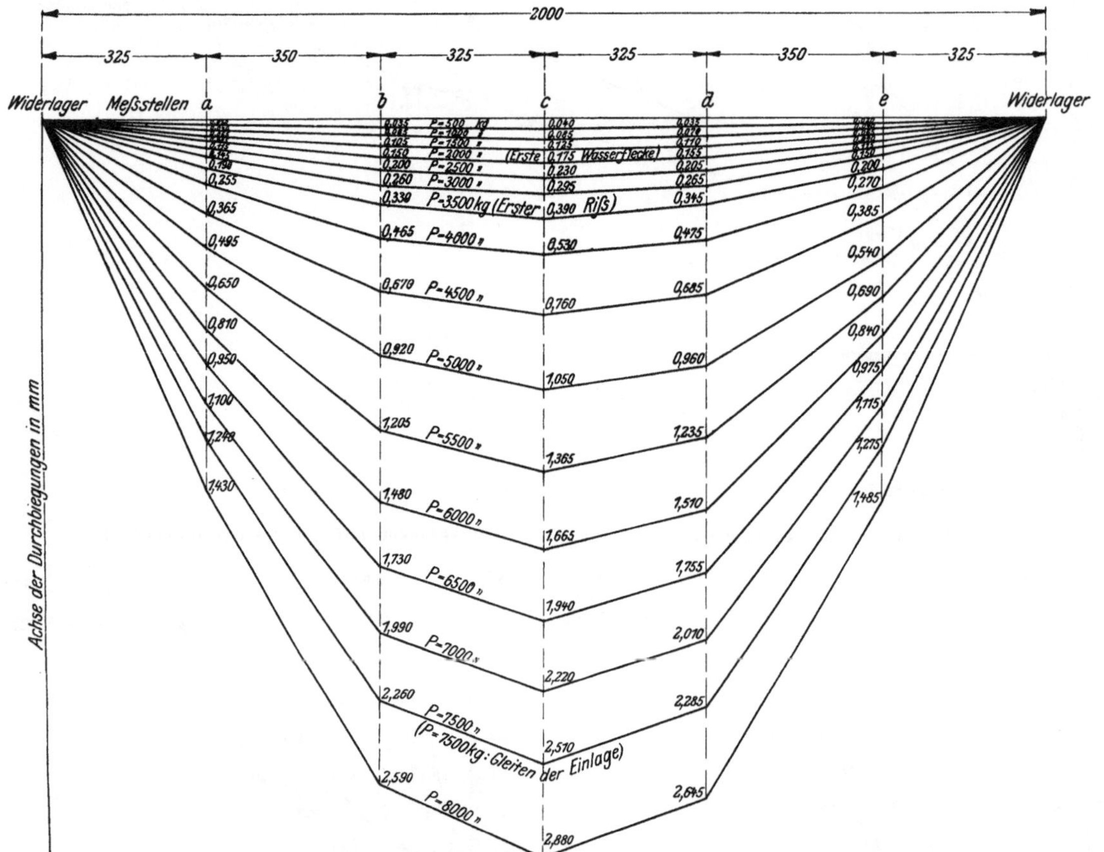

Fig. 152. Gesamte Durchbiegungen des Balkens Nr. 44 (Bauart nach Fig. 72).

Die Balken nach Fig. 2 bis 5 (Zusammenstellung 4 bis 8), welche je ein
gerades Rundeisen mit Walzhaut von 18 bis 32 mm Stärke besaßen, ergaben
durchschnittlich $\tau_1 = 19{,}1$ bis $22{,}0$ kg/qcm. Hieraus folgt, daß die Widerstandsfähigkeit der Balken bei Verwendung von Thacher-Eisen nur
wenig größer ist als bei einem geraden Eisen, eine Folge der aufsprengenden Wirkung, die das Knoteneisen äußert.

Die Abmessungen der Balken nach Fig. 67 und 71 sind dieselben wie diejenigen der hier besprochenen nach Fig. 72. Die Eiseneinlagen sind

in Fig. 67: 3 gerade Rundeisen, 10 mm stark, Gewicht 4,18 kg (Zusammenstellung 10),

in Fig. 71: 1 Rundeisen mit Haken, 18 mm stark, Gewicht 4,46 kg (Zusammenstellung 16),

in Fig. 72: 1 gerades Thacher-Eisen, Gewicht 4,51 kg.

Die durchschnittlichen Höchstbelastungen betragen bei den Balken nach

Fig. 67: 8783 kg,

» 71: 8700 » ,

» 72: 7333 » .

Hiernach erweisen sich die Haken an den Enden der Rundeisen wirksamer als die Knoten des Thacher-Eisens, so daß unter den Ver-

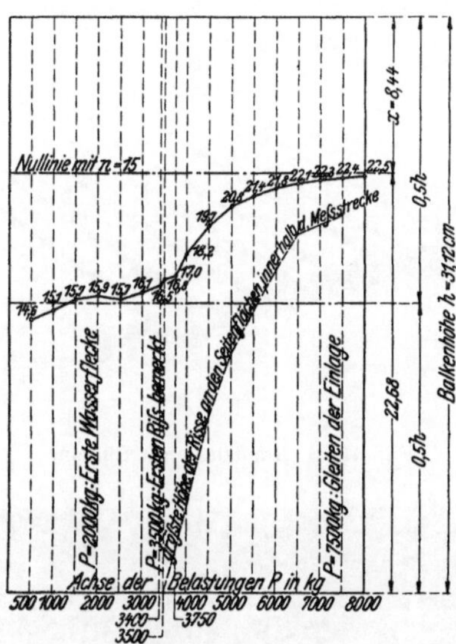

Fig. 153. Lage der Nullinie mit steigender Belastung für Balken Nr. 44 (Bauart nach Fig. 72).

hältnissen, wie sie bei den Versuchen vorlagen, dem Thacher-Eisen ein Vorzug vor dem Rundeisen mit Haken nicht eingeräumt werden kann. (Dieses Ergebnis steht in Uebereinstimmung mit den früheren Versuchen mit einbetoniertem Thacher-Eisen in Heft 39, Seite 51 u. f.)

XXV) 3 Balken mit Bauart nach Fig. 73: Nr. 29, 32 und 37.

Diese Balken besitzen eine Breite von rund 150 mm und als Eiseneinlage ein gerades Rundeisen von rund 22 mm Durchmesser. In den äußeren Teilen der Balken sind Bügel aus 7 mm Rundeisen einbetoniert worden, welche mit dem Rundstab durch 2 mm starken Bindedraht fest verbunden waren, wie die photographische Abbildung, Fig. 154, erkennen läßt.

Die Ergebnisse der Prüfung sind in den Zusammenstellungen 20 und 21 enthalten.

Die Fig. 155 und 156 zeigen die unteren Flächen und je eine Seitenfläche der Balken.

Balken Nr. 32.

In Fig. 156 sind auf der Seitenfläche des Balkens Nr. 32 senkrechte Striche sichtbar. Diese zeigen die Lage der einbetonierten Bügel an.

Der erste Riß wird unter $P = 3000$ kg beobachtet, Fig. 155 und 156, und zwar rechts an einer Stelle, bei welcher ein Bügel einbetoniert ist, Fig. 156, und wo infolgedessen der Betonquerschnitt durch die Eisenmasse der Bügel verschwächt erscheint. Die Stärke der Betonschicht zwischen Bügeloberfläche und Unterfläche des Balkens beträgt rund 10 mm.

Unter $P = 3250$ kg reicht dieser Riß über die ganze Balkenbreite, Fig. 155.

Unter $P = 3500$ kg kommt ein zweiter Riß auf der linken Seite zum Vorschein, welcher über die ganze Balkenbreite, Fig. 155, läuft und auch an der Seitenfläche, Fig. 156, auf eine kurze Strecke sichtbar wird. Dieser Riß ist ebenfalls an einer Bügelstelle entstanden.

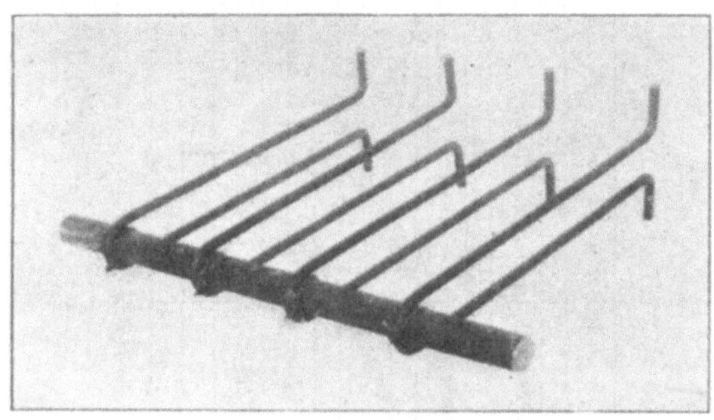

Fig. 154. Rundstab mit Bügeln.

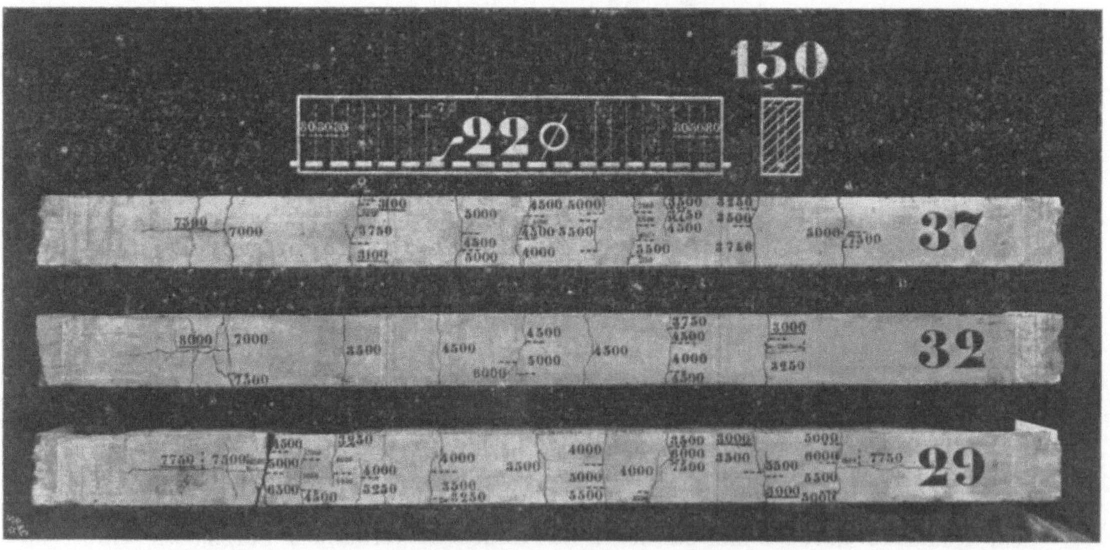

Fig. 155. Untere Flächen der Balken mit Bauart nach Fig. 73.

Bei Steigerung der Belastung werden nun auch Risse innerhalb der Meßstrecke beobachtet, erstmals unter $P = 3750$ kg u. s. f.

Das erste Gleiten der Einlage wird unter $P = 8000$ kg festgestellt, und zwar ist

	bei x	bei y
nach 1 Minute	0,025	0,015 mm,
» 4 Minuten	0,050	0,020 »

Verschiebung der Eisen gegen das Balkenende gemessen worden. Nach 8 Minuten gleitet das Eisen auf der Seite von x sehr rasch und die Belastung sinkt, auch bei fortgesetztem Durchbiegen des Balkens.

Die beiden anderen Balken, Nr. 29 und 37, zeigen ein ganz ähnliches Verhalten.

Die Widerstandsfähigkeit der Balken war erschöpft infolge der Ueberwindung des Gleitwiderstandes,

$$\text{bei den Balken Nr.} \quad . \quad . \quad . \quad . \quad 29 \qquad 32 \qquad 37$$
$$\text{unter } P_{max} = \quad . \quad . \quad . \quad . \quad . \quad 7750 \qquad 8000 \qquad 7500 \text{ kg}$$
$$\text{entsprechend } \tau_1 = . \quad . \quad . \quad . \quad 23{,}8 \qquad 23{,}7 \qquad 22{,}3 \text{ kg/qcm,}$$
$$\text{im Durchschnitt } P_{max} = 7750 \text{ kg,}$$
$$\tau_1 = 23{,}3 \text{ kg/qcm.}$$

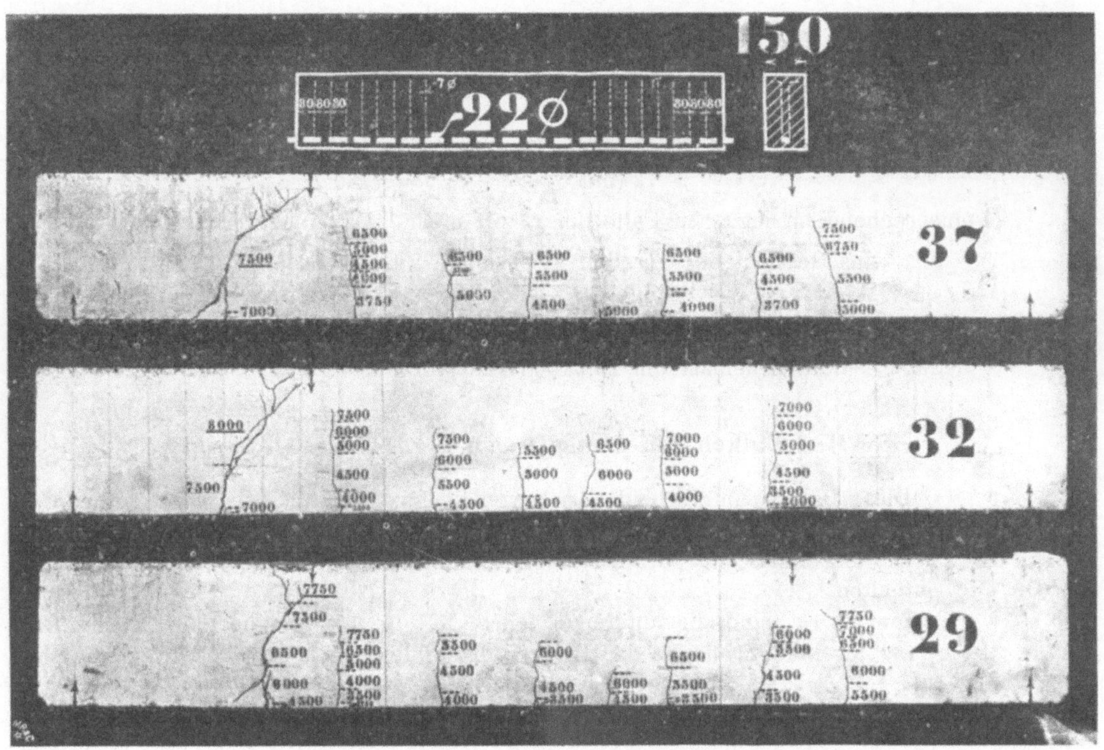

Fig. 156. Seitenflächen der Balken mit Bauart nach Fig. 73.

Die Balken nach Fig. 4 (Heft 39, Seite 38 und Zusammenstellung 6) unterscheiden sich von den hier besprochenen nur durch das Fehlen der Bügel.

Die ersten Risse wurden dort beobachtet

$$\text{bei dem Balken Nr.} \quad . \quad . \quad . \quad 7 \qquad 13 \qquad 14$$
$$\text{unter } P = \quad . \quad . \quad . \quad . \quad . \quad . \quad 3500 \qquad 3250 \qquad 3500 \text{ kg,}$$
$$\text{im Durchschnitt } P = 3417 \text{ kg.}$$

Bei den Balken nach Fig. 73 (mit Bügel) kamen die ersten Risse zum Vorschein

$$\text{bei Nr.} \qquad 29 \qquad \qquad 32 \qquad \qquad 37$$
$$\text{unter } P = \quad 3000 \qquad 3000 \qquad 3100 \text{ kg,}$$
$$\text{im Durchschnitt } P = 3033 \text{ kg.}$$

Die ersten Risse wurden bei diesen Balken, wie oben hervorgehoben, an Bügelstellen bemerkt.

Hieraus folgt, daß bei den Balken mit Bügeln die ersten Risse früher eingetreten sind als bei den Balken ohne Bügel.

Für die Größe des Gleitwiderstands wurde für die Balken nach Fig. 4 (ohne Bügel) ermittelt

$$\tau_1 = (18{,}5 + 17{,}0 + 21{,}7) : 3 = \mathbf{19{,}1} \text{ kg/qcm.}$$

Bei den Balken nach Fig. 73 (mit Bügel) beträgt .

$$\tau_1 = (23{,}9 + 23{,}7 + 22{,}3) : 3 = \mathbf{23{,}3} \text{ kg/qcm.}$$

Hieraus ergibt sich, daß der Gleitwiderstand beim Vorhandensein von Bügeln um

$$23{,}3 - 19{,}1 = \mathbf{4{,}2} \text{ kg/qcm, d. i. } \frac{4{,}2}{19{,}1} \cdot 100 = \text{rund } \mathbf{22} \text{ vH}$$

größer ermittelt worden ist als beim Nichtvorhandensein solcher.

Vergleicht man die Werte von P, unter welchen die Zerstörung erfolgt ist, so findet sich

bei den Balken nach Fig. 4 (ohne Bügel) $P_{\text{max}} = 6300$ kg (Durchschnittswert),

»   »   »   »   » 73 (mit   » $P_{\text{max}} = 7750$ »   »   ,

entsprechend im letzteren Falle um 23 vH mehr. Dabei beträgt

das Gewicht der geraden Eisenstange im Durchschnitt 6,1 kg,

»   »   » Bügel   »   »   3,1 kg.

Durch Hinzufügung der Bügel, deren Gewicht rund 51 vH der Eisenstange beträgt, ist die Bruchlast um 23 vH erhöht worden.

XXVI) 3 Balken mit Bauart nach Fig. 74: Nr. 34, 38 und 39.

Diese Balken unterscheiden sich von den unter XXV besprochenen lediglich durch das Vorhandensein von Haken an den Enden der Einlage.

Die Ergebnisse der Untersuchung sind in den Zusammenstellungen 21 und 22 enthalten.

In Fig. 157 sind die unteren Flächen, in Fig. 158 je eine Seitenfläche, in Fig. 159 je eine Stirnfläche der Balken abgebildet.

Balken Nr. 34 und 38.

Die ersten Risse kamen an Stellen zum Vorschein, bei welchen Bügel einbetoniert sind, ganz ähnlich wie unter XXV angegeben worden ist.

Die Höchstbelastung beträgt

bei dem Balken Nr. 34: 10500 kg,

»   »   »   » 38: 12000 kg.

Die Widerstandsfähigkeit der Balken war erschöpft, nachdem ein Haken der Eisenanlage sich aufgebogen und den Beton an dem Balkenende aufgesprengt hatte (Fig. 159).

Bei Balken Nr. 38 läßt das rasche Anwachsen der Dehnungen unter $P_{\text{max}} = 12000$ kg (Spalte 17 der Zusammenstellung 22) darauf schließen, daß die Streckgrenze der Eiseneinlage annähernd erreicht sein wird. Die nach der Gl. 3 (Seite 18 im Heft 39) berechnete Spannung des Eisens beträgt $\sigma_e = 3264$ kg/qcm.

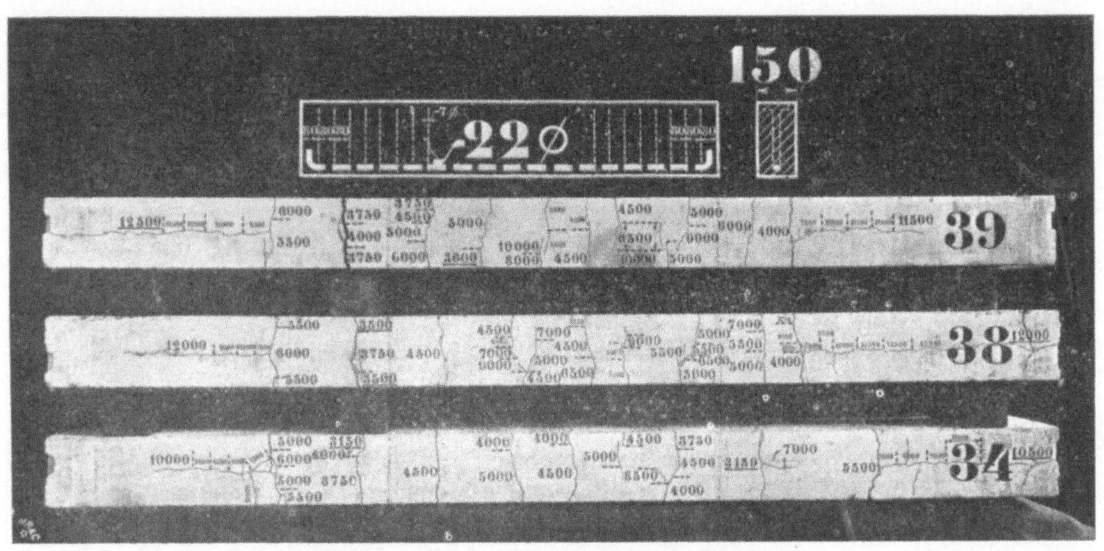

Fig. 157. Untere Flächen der Balken mit Bauart nach Fig. 74.

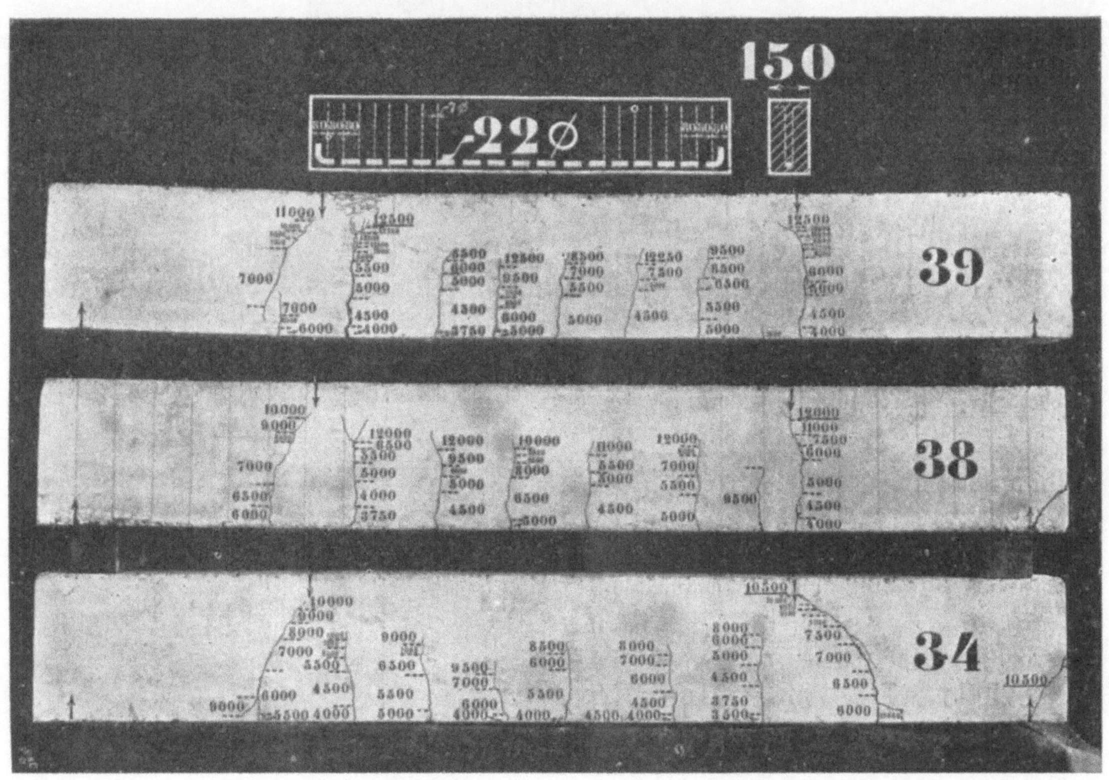

Fig. 158. Seitenflächen der Balken mit Bauart nach Fig. 74.

Balken Nr. 39.

Die Höchstbelastung dieses Balkens beträgt $P_{max} = 12500$ kg. Unter dieser Last erscheint die Streckgrenze der Einlage überschritten (Zusammenstellung 22 und Fig. 158); mit dem Fließen des Eisens öffnet sich ein Riß in der Nähe der linken Belastungsrolle, wobei gleichzeitig im gedrückten Teil des Balkens der Beton zerstört wird.

Die nach Gl 3 (Seite 18 im Heft 39) ermittelte Zugspannung im Eisen beträgt $\sigma_e = 3411$ kg/qcm. Zugversuche mit Probestäben, welche vor dem Einbetonieren von der Einlage abgetrennt worden waren, ergaben

obere Streckgrenze $(3016 + 3047) : 2 = 3031$ kg/qcm,
untere » $(2949 + 2974) : 2 = 2961$ » ,
Zugfestigkeit $(4397 + 4337) : 2 = 4367$ » .

Die gerechnete Spannung σ_e ist hiernach größer als die aus dem Zugversuch bestimmte Spannung beim Eintritt der Streckgrenze des Materials. Die

Fig 159. Stirnflächen der Balken mit Bauart nach Fig. 74.

Rechnung nach Gl. 3 ergibt somit etwas zu hohe Werte für die Zugspannung im Eisen.

An den Stirnflächen des Balkens Nr. 39 war am Schluß des Versuchs keinerlei Rißbildung wahrzunehmen.

Der Vergleich der Ergebnisse von den Balken Nr. 34, 38 und 39 (mit Haken und Bügel) mit denen nach Fig. 73 (ohne Haken und mit Bügel) ergibt eine Erhöhung der Bruchlast um $11667 - 7750 = \mathbf{3917}$ kg,

$$\text{d. i. } \frac{3917}{7750} \cdot 100 = \text{rund } \mathbf{51} \text{ vH,}$$

verursacht durch die Haken der Einlage (in Fig. 74).

XXVII) 4 Balken mit Bauart nach Fig. 75: Nr. 91 bis 94.

Diese Balken sind rund 30 cm breit und besitzen als Eiseneinlage ein gerades Rundeisen mit Walzhaut von rund 26 mm Durchmesser.

Zur Herstellung der Balken ist abweichend von den übrigen im »Zweiten Teil« unter A besprochenen Versuchen Zement »B« verwendet worden (vergl. Seite 11 und Anlage 5).

Die Balken wurden zwei Tage in der Form belassen, mit feuchten Säcken bedeckt. Zwei Balken, Nr. 91 und 92, wurden dann bis zum 10. Tag jeden 2. Tag angenäßt, jedoch nicht mehr feucht bedeckt. Vom 10. Tag ab bis zur Prüfung blieben sie ohne jede Behandlung in einem Kellerraum, frei in der Luft gelagert. Zwei weitere Balken, Nr. 93 und 94, ebenfalls nach zwei Tagen entformt, lagerten in demselben Raum bis zum 8. Tag, jedoch stets mit feuchten Säcken bedeckt. Nach dieser Zeit erfolgte die Lagerung unter Wasser bis rund 5 Stunden vor Beginn der Prüfung.

Das Alter der Balken am Prüfungstage betrug, abweichend von der Mehrzahl der übrigen Versuche, 50 Tage.

Die Ergebnisse der Prüfung sind in den Zusammenstellungen 23 und 24 niedergelegt.

In den Fig. 160 und 161 sind die unteren Flächen und von jedem Balken eine Seitenfläche abgebildet.

Bei den Balken Nr. 91 und 92, welche vor der Prüfung an der Luft lagerten, waren keine Wasserflecke beobachtet worden. Es ist dies damit zu erklären, daß in den Balken nicht genügend Feuchtigkeit vorhanden war, um die Wasserflecke auf der Balkenoberfläche erscheinen zu lassen.

Die Balken Nr. 93 und 94, welche bis zur Prüfung unter Wasser lagerten, waren andererseits zu naß, um das Eintreten von Wasserflecken zuverlässig verfolgen zu können.

Die ersten Risse wurden entdeckt (Spalte 40 der Zusammenstellung 23 und Spalte 5 der Zusammenstellung 24, sowie Fig. 160)

$$
\begin{aligned}
&\text{bei dem Balken Nr. 91 unter } P = 3150 \text{ kg,} \\
&\text{»} \qquad \text{»} \qquad \text{»} \qquad \text{» } 92 \quad \text{» } \quad P = 2750 \text{ kg,} \quad \left.\right\} \text{ Luftlagerung,} \\
&\qquad \qquad \text{Durchschnitt } P = 2950 \text{ kg,} \\
&\text{bei dem Balken Nr. 93 unter } P = 4500 \text{ kg,} \\
&\text{»} \qquad \text{»} \qquad \text{»} \qquad \text{» } 94 \quad \text{» } \quad P = 5000 \text{ kg,} \quad \left.\right\} \text{ Wasserlagerung.} \\
&\qquad \qquad \text{Durchschnitt } P = 4750 \text{ kg,}
\end{aligned}
$$

Die Balken, welche an der Luft gelagert haben, erhielten somit bedeutend früher Risse als diejenigen, welche unter Wasser lagerten.

Die Verlängerung des Betons, in mm auf 1 m Meßlänge, unmittelbar vor Beobachtung der ersten Risse, beträgt (Spalte 6 der Zusammenstellung 24)

$$
\begin{aligned}
&\text{bei dem Balken Nr. 91} \quad 0{,}116 \text{ mm,} \\
&\text{»} \qquad \text{»} \qquad \text{» } \quad \text{» } 92 \quad 0{,}078 \text{ mm,} \quad \left.\right\} \text{ Luftlagerung,} \\
&\qquad \text{Durchschnitt } \quad 0{,}097 \text{ mm,} \\
&\text{bei dem Balken Nr. 93} \quad 0{,}202 \text{ mm,} \\
&\text{»} \qquad \text{»} \qquad \text{» } \quad \text{» } 94 \quad 0{,}208 \text{ mm,} \quad \left.\right\} \text{ Wasserlagerung.} \\
&\qquad \text{Durchschnitt } \quad 0{,}205 \text{ mm,}
\end{aligned}
$$

Die Verlängerung des Betons, unmittelbar vor Beobachtung der ersten Risse gemessen, ist demnach bei den Balken, welche bis zur

Prüfung unter Wasser lagerten, etwa das Zweifache der Verlängerung, welche die Balken lieferten, die an der Luft gelagert haben; jedenfalls zu einem großen Teil die Folge davon, daß der Beton unter Wasser sein Volumen vergrößert und an der Luft vermindert. Dadurch entstehen im ersten Falle im Eisen Zug- und im Beton Druckspannungen, während im zweiten Falle im Eisen Druck- und im Beton Zugspannungen auftreten. (Vergl. im Heft 39 Fußbemerkung 1 Seite 25 und Fußbemerkung 2 Seite 30).

Die Zerstörung der Balken erfolgte bei allen vier Balken infolge Ueberwindung des Gleitwiderstands. Die Größe desselben berechnet sich, ohne Berücksichtigung der Eigengewichte,

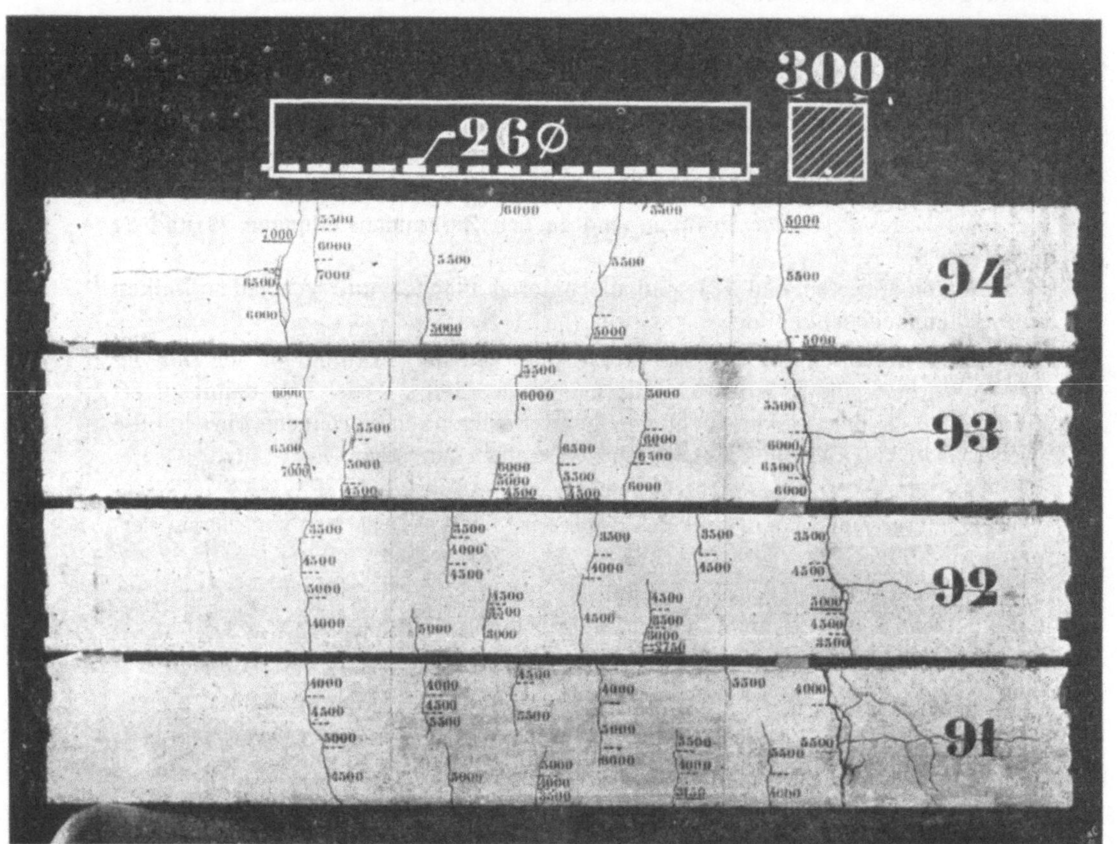

Fig. 160. Untere Flächen der Balken mit Bauart nach Fig. 75.

a) für die Balken Nr. 91 und 92 (Lagerung an der Luft) zu

$$(14,5 + 12,2) : 2 = \mathbf{13,3} \text{ kg/qcm;}$$

b) für die Balken Nr. 93 und 94 (Lagerung unter Wasser) zu

$$(17,1 + 16,8) : 2 = \mathbf{16,9} \text{ kg/qcm.}$$

Der Gleitwiderstand (also auch die Belastung, unter welcher die Zerstörung erfolgt ist) wurde somit höher ermittelt für Balken, welche vor der Prüfung unter Wasser gelagert haben. Der Unterschied betrug

$$16,9 - 13,3 = 3,6 \text{ kg/qcm, d. i. } \frac{3,6}{13,3} \cdot 100 = \text{rund } 27 \text{ vH.}$$

Diese Erscheinung kann zu einem Teil damit erklärt werden, daß der Beton unter Wasser sein Volumen vergrößert und sich damit gleichzeitig mit größerer Pressung gegen das Eisen legt. (Vergl. auch das oben über die Rißbildung Gesagte.)

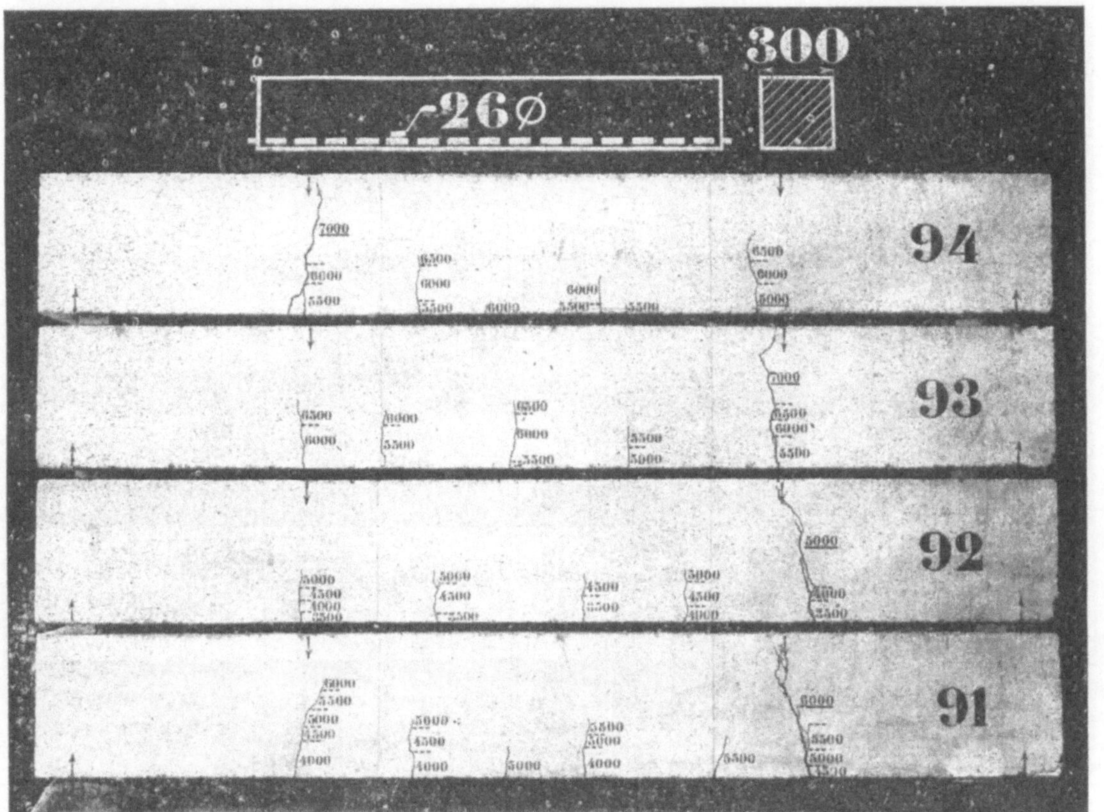

Fig. 161. Seitenflächen der Balken mit Bauart nach Fig. 75.

Hieraus folgt, daß zur vollständigen Klarstellung und zur Gewinnung zuverlässiger Erfahrungszahlen für die ausführende Technik Versuche mit feucht und mit trocken gelagerten Eisenbetonkörpern durchzuführen sind, jedenfalls in den Fällen, wo ein erheblicher Unterschied zu erwarten steht.

XXVIII) 3 Balken mit Bauart nach Fig. 76: Nr. 49, 51 und 53.

Diese Balken sind rund 150 mm breit. In der Mitte liegt eine gerade Einlage von 10 mm Durchmesser, an den Seiten zwei aufgebogene Eisen von ebenfalls 10 mm Durchmesser, das eine nach Fig. 89, das andere nach Fig. 90.

Die Ergebnisse der Prüfung sind in den Zusammenstellungen 25 und 28 niedergelegt.

Fig. 162 zeigt die unteren Flächen, Fig. 163 je eine Seitenfläche der Balken.

Nach Ausweis der Zusammenstellung 25 nimmt die Zerstörung der Balken ihren Anfang mit der Ueberschreitung der Streckgrenze des Eisens. Mit dem Strecken des Eisens öffnen sich ein oder mehrere Risse bedeutend, und hierauf erfolgt über diesen Rissen die Zerstörung des Betons im gedrückten Teile des Balkens, wie in Fig. 163 für die Balken Nr. 49 und 51 links und für den Balken Nr. 53 rechts ersichtlich ist.

Die durchschnittliche nach Gl. 3, S. 18 in Heft 39, berechnete Spannung des Eisens unter der Höchstbelastung beträgt $\sigma_e = 3445$ kg/qcm. Zugversuche

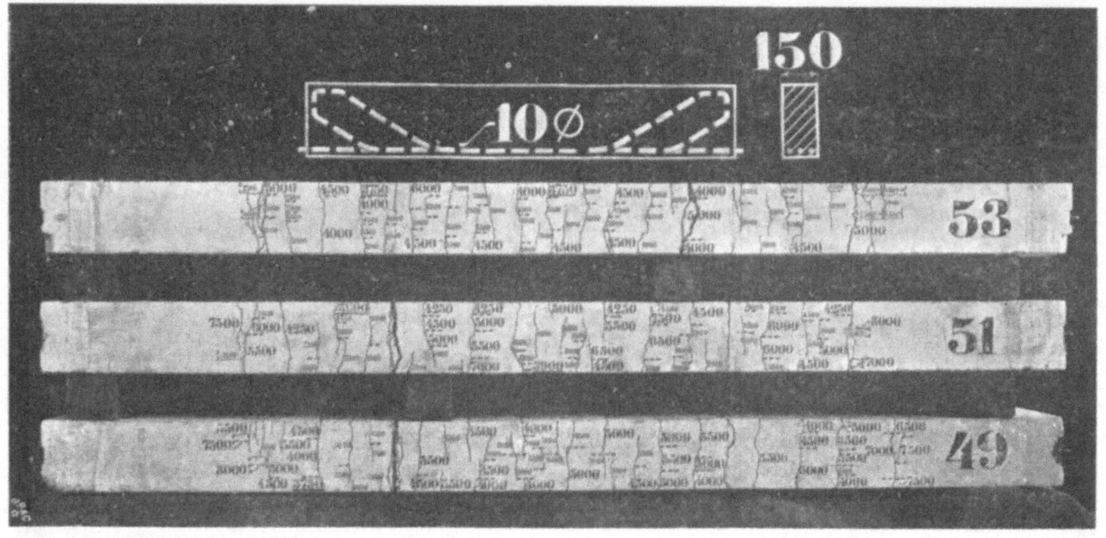

Fig. 162. Untere Flächen der Balken mit Bauart nach Fig. 76.

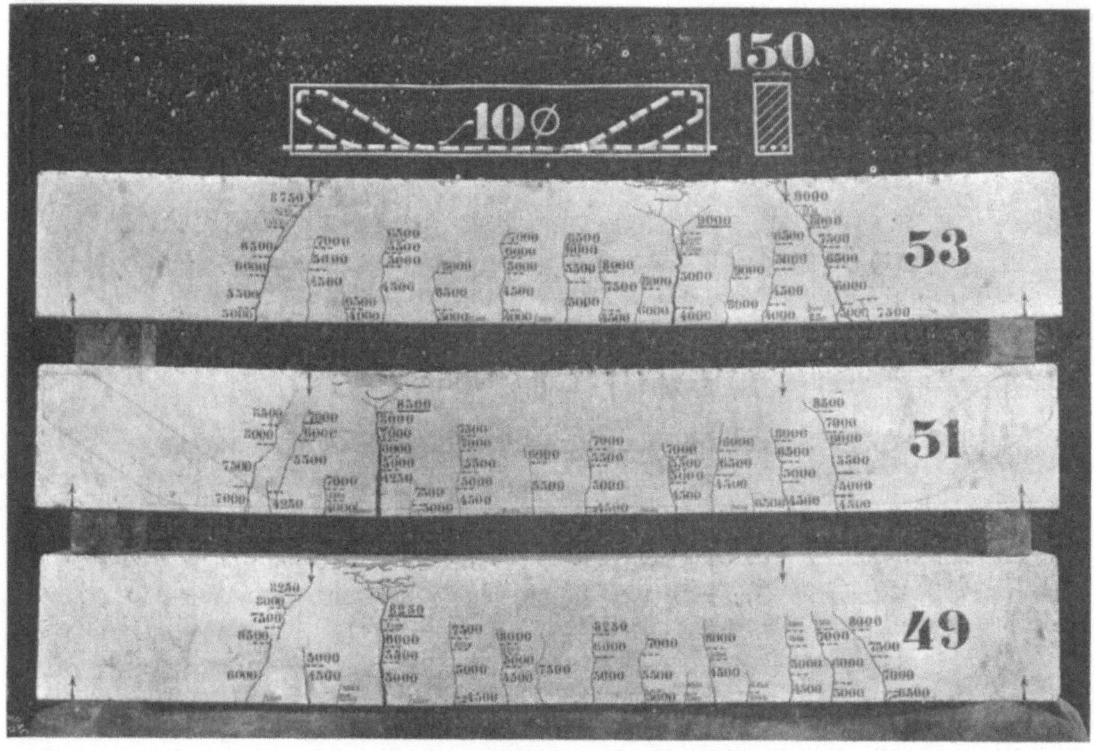

Fig. 163. Seitenflächen der Balken mit Bauart nach Fig. 76.

mit Rundstäben, welche vor dem Einbetonieren von den Eiseneinlagen abgetrennt worden waren, ergaben

$$\text{obere Streckgrenze} \quad (2922 + 3215 + 3329) : 3 = 3155 \text{ kg/qcm,}$$
$$\text{untere Streckgrenze} \quad (2909 + 3177 + 3304) : 3 = 3130 \text{ kg/qcm,}$$
$$\text{Zugfestigkeit} \quad (4195 + 4253 + 4329) : 3 = 4259 \text{ kg/qcm.}$$

Die nach Gl. 3 berechnete Spannung σ_e ist hiernach größer als die aus dem Zugversuch bestimmte Spannung an der Streckgrenze des verwendeten Eisens.

Gleiten der mittleren geraden Einlage konnte nach Ausweis der Zusammenstellung 25, Spalte 16 und 17 nur bei dem Balken Nr. 51 an dem einen Ende unter $P = 7500$ kg festgestellt werden.

Berechnet man für diese Belastung nach Gl. 5, S. 18 in Heft 39, die Größe von τ_1, so ergibt sich, wenn nur das mittlere Eisen in Betracht gezogen wird, wie es in den Beispielen zu den amtlichen Bestimmungen geschieht,

$$\tau_1 = \frac{\dfrac{7500}{2}}{\left(30{,}68 - 1{,}2 - \dfrac{9{,}63}{3}\right) 7 \cdot 1{,}0} = 45{,}7 \text{ kg/qcm.}$$

Dieser Wert ist mehr als doppelt so groß wie diejenigen Werte, welche für ein eingelegtes Eisen erhalten worden sind. Daraus folgt, daß die beiden andern Eiseneinlagen ganz wesentlich an der Uebertragung beteiligt sind.

Für die Balken Nr. 49 und 53 ergibt sich unter der Höchstlast von P_{max} = 8250 kg bezw. 9000 kg

$$\tau_1 = 50{,}1 \text{ kg/qcm, bezw. } 52{,}6 \text{ kg/qcm,}$$

ohne daß ein Gleiten zu beobachten war. Daraus folgt noch im erhöhten Maße das, was für Balken Nr. 51 soeben geschlossen worden ist.

Wird die Zugkraft auf die drei Eisen so verteilt, daß in ihnen die gleiche Spannung wirkt, dann ergeben sich die Werte

$$15{,}2 \qquad 16{,}7 \qquad 18{,}6 \text{ kg/qcm}$$

(Spalte 40 der Zusammenstellung 25).

Diese Werte stehen in Uebereinstimmung mit denjenigen, welche für die Balken mit drei geraden Eiseneinlagen gefunden worden sind Zusammenstellung 12 Spalte 17).

Hiernach erscheint es unrichtig, nur das mittlere nicht aufgebogene Eisen als an der Uebertragung allein beteiligt, aufzufassen[1]).

XXIX) 3 Balken mit Bauart nach Fig. 77: Nr. 48, 52 und 56.

Die Größe der Balken und die Anordnung der Armierung sind dieselben wie bei den soeben besprochenen Versuchskörpern nach Fig. 76. Der einzige Unterschied besteht darin, daß hier die mittlere Einlage an den Enden mit Haken versehen ist.

Die Ergebnisse der Untersuchung sind in den Zusammenstellungen 26 und 28 niedergelegt.

Die Fig. 164 und 165 zeigen die unteren Flächen und je eine Seitenfläche der Balken.

---

[1]) Die Feststellung, welcher Anteil auf das gerade Eisen, und welcher Betrag auf die abgebogenen Eisen entfällt, wird besondere Versuche erfordern.

In Fig. 166 ist die untere Fläche des Balkens Nr. 52 unter $P = 3750$ kg abgebildet, nachdem die ersten Risse entdeckt waren. Das Bild zeigt ein inter-essantes Beispiel für das Auftreten der Wasserflecke[1]). Die Wasserflecke laufen

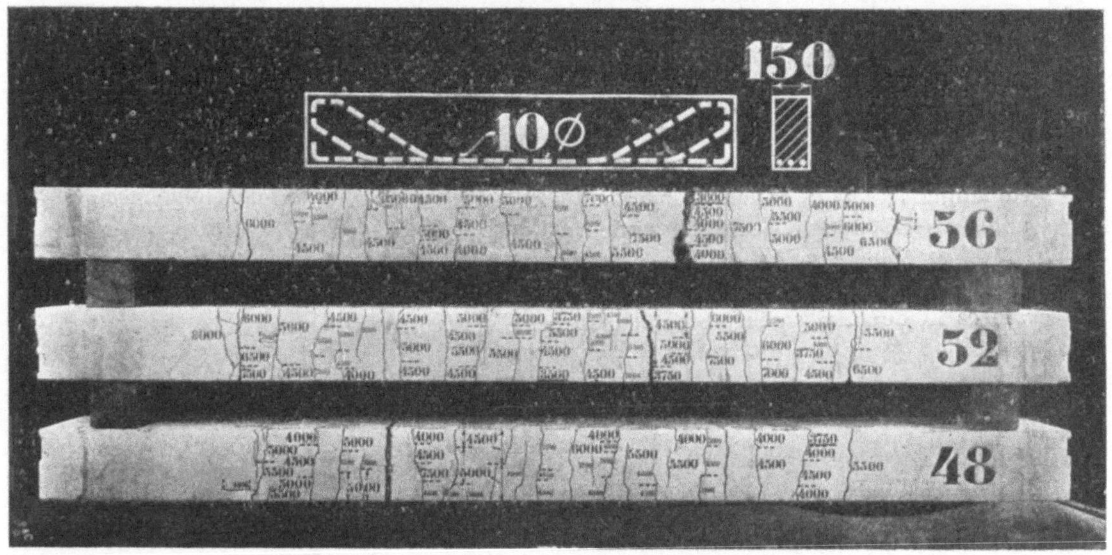

Fig. 164. Untere Flächen der Balken mit Bauart nach Fig. 77.

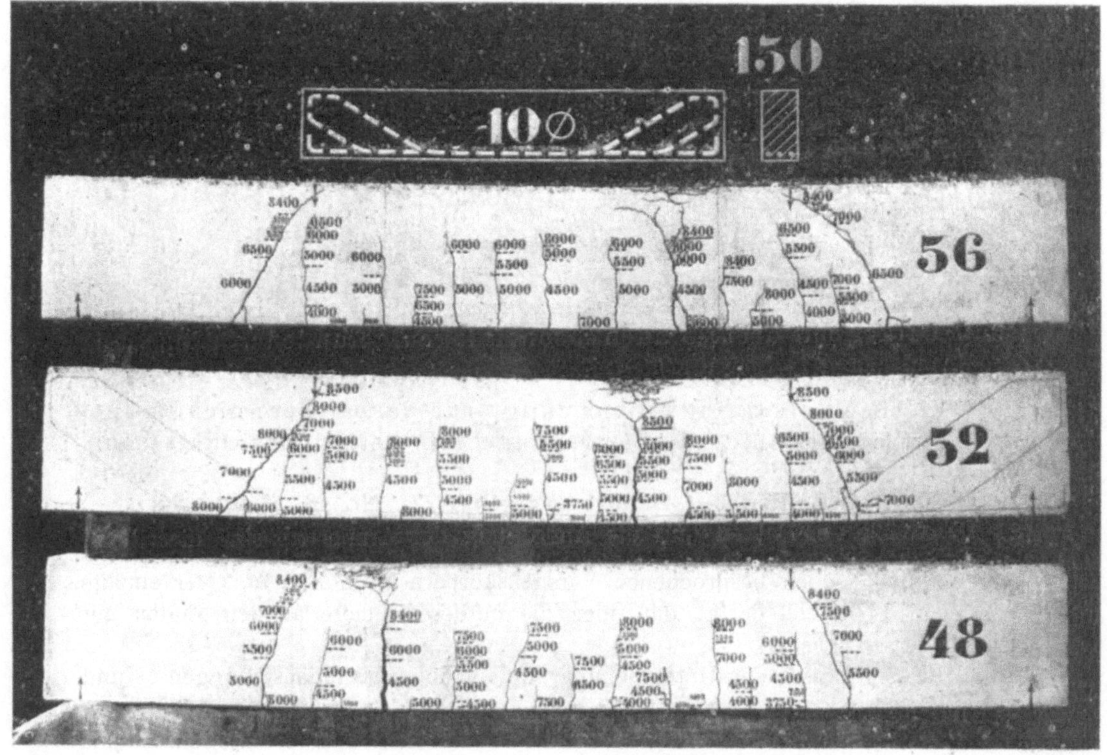

Fig. 165. Seitenflächen der Balken mit Bauart nach Fig. 77.

<hr>

[1]) Vergl. Anlage 6: »Zur Frage der Dehnungsfähigkeit des Betons mit und ohne Eiseneinlagen«, S. 156 u. f.

in beinahe zusammenhängenden Linien über die Breite des Balkens, sie zeigen den späteren Verlauf der Risse in deutlicher Weise.

In Fig. 167 bis 169 sind die Ergebnisse der Dehnungsmessungen sowie die in der Mitte der Balkenlänge ermittelten Durchbiegungen für den Balken

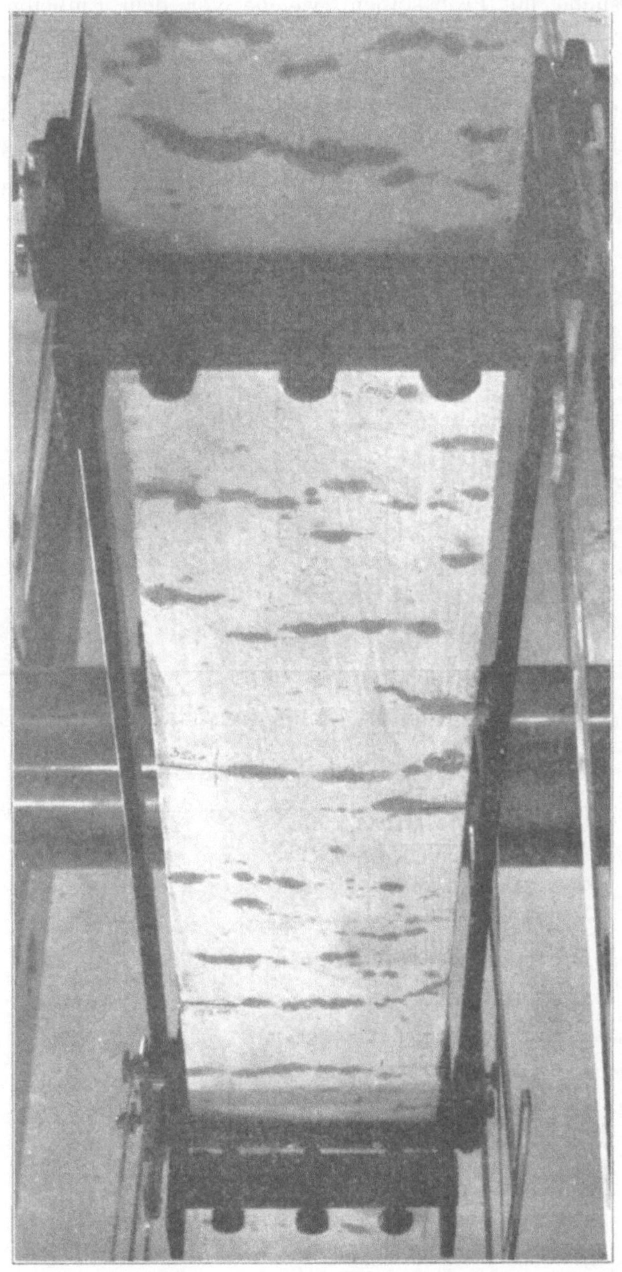

Fig. 166. Untere Fläche des Balkens Nr. 52 unter $P = 3750$ kg (Bauart nach Fig. 77).

Nr. 52 zeichnerisch dargestellt. In Fig. 170 ist die Lage der Nullinie mit steigender Belastung für denselben Balken angegeben. Ueber die Voraussetzungen, welche dabei gemacht worden sind vergl. Fig. 41 und 42, Heft 39 S. 26 und 29.

Nach Zusammenstellung 26 begann die Zerstörung der Balken mit dem Ueberschreiten der Streckgrenze des Eisens, ganz wie bei den Balken nach Fig. 76 (unter XXVIII).

Die für die Höchstbelastung berechnete Spannung des Eisens beträgt durchschnittlich 3549 kg/qcm (Spalte 36 der Zusammenstellung 26).

Zugversuche mit Probestäben, welche vor dem Einbetonieren von den Einlagen der Balken Nr. 48, 52 und 56 abgetrennt wurden, ergaben:

$$\text{obere Streckgrenze:} \quad (3316 + 3228 + 3143) : 3 = 3229 \text{ kg/qcm,}$$
$$\text{untere Streckgrenze:} \quad (3203 + 3177 + 3091) : 3 = 3157 \text{ kg/qcm,}$$
$$\text{Zugfestigkeit:} \quad (4304 + 4266 + 4221) : 3 = 4264 \text{ kg/qcm.}$$

In Bezug auf die Werte τ_1 würde das unter XXVIII Bemerkte wieder anzuführen sein.

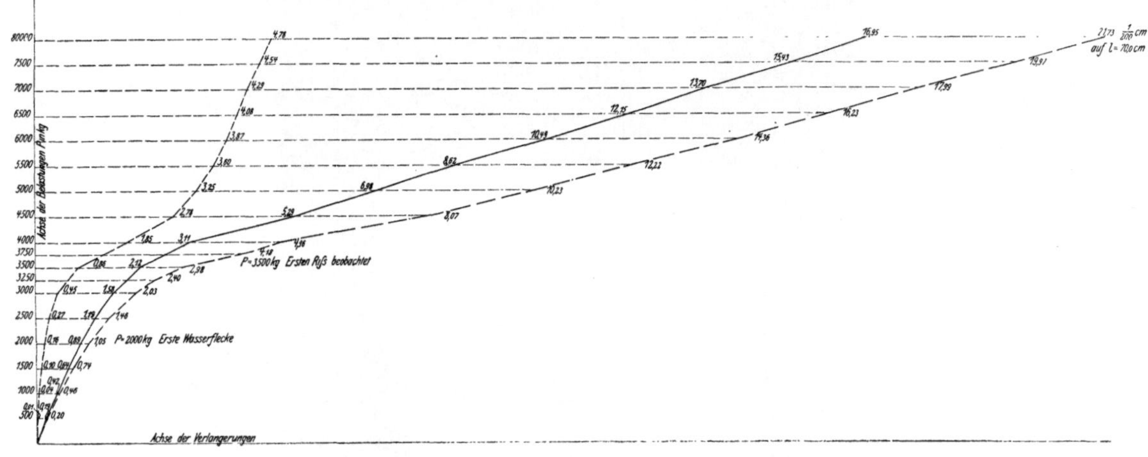

Fig. 167. Balken Nr. 52 (Bauart nach Fig. 77). Verlängerungen auf der unteren Balkenfläche.

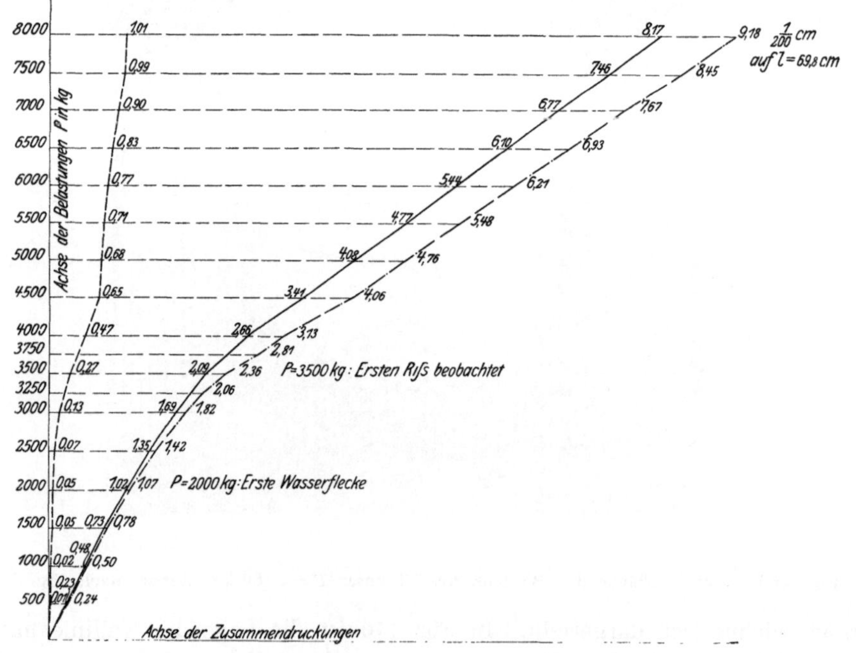

Fig. 168. Balken Nr. 52 (Bauart nach Fig. 77). Zusammendrückungen auf der oberen Balkenfläche.

Vergleicht man die Belastungen, welche die Zerstörung herbeiführten, mit denjenigen, welche für die Balken nach Fig. 76 unter XXVIII angegeben sind, so findet sich ein Durchschnitt 8583 (Fig. 76) gegen 8433 kg (Fig. 77), also ein Mehr infolge

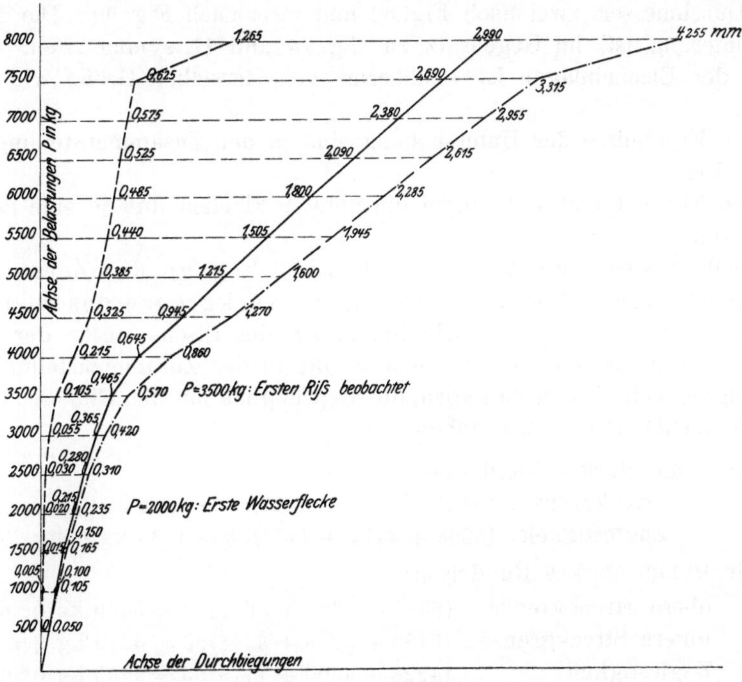

Fig. 169. Balken Nr. 52 (Bauart nach Fig. 77). Durchbiegungen in der Mitte der Balkenlänge.

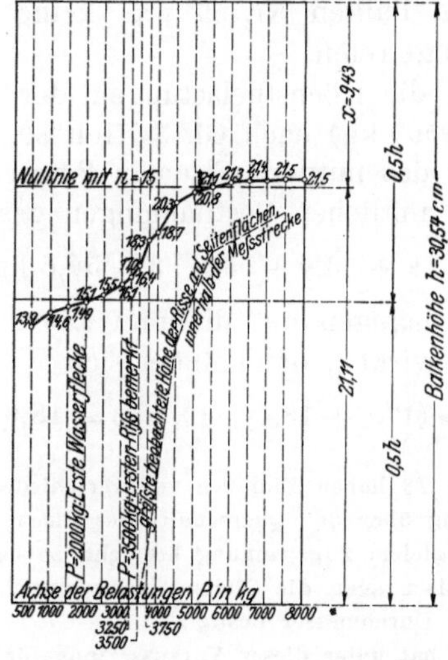

Fig. 170. Lage der Nullinie mit steigender Belastung für Balken Nr. 52 (Bauart nach Fig. 77).

der Anordnung des Hakens an den Enden der mittleren Einlage nicht. Diese Einflußlosigkeit des Hakens erklärt sich dadurch, daß die Zerstörung durch Ueberschreiten der Streckgrenze herbeigeführt worden ist.

XXX) 3 Balken mit Bauart nach Fig. 78: Nr. 59, 60 und 63.

Diese Balken sind rund 150 mm breit und enthalten 5 Einlagen: eine gerade von 10 mm Durchmesser in der Mitte, seitlich je zwei aufgebogene Einlagen von 7 mm Durchmesser, zwei nach Fig. 89 und zwei nach Fig. 90. Die Anordnung der Armierung ist, im Gegensatz zu Fig. 76 und 77 symmetrisch. Der Querschnitt der Eiseneinlagen ist annähernd von derselben Größe wie in Fig. 76 und 77.

Die Ergebnisse der Untersuchung sind in den Zusammenstellungen 27 und 28 enthalten.

Die Fig. 171 und 172 zeigen die unteren Flächen und je eine Seitenfläche der Balken.

Nach Ausweis der Zusammenstellung 27 begann die Zerstörung der Balken mit der Ueberschreitung der Streckgrenze des Eisens.

Die nach Gl. 3 berechnete Spannung des Eisens unter der Höchstlast beträgt im Durchschnitt 3669 kg/qcm (Spalte 40 der Zusammenstellung 27).

Zugversuche mit Probestäben, die ursprünglich mit den Einlagen der Balken in Zusammenhang waren, ergaben

für 7 mm starkes Rundeisen:
$$\text{Streckgrenze: } (3474 + 3316 + 3447) : 3 = 3412 \text{ kg/qcm,}$$
$$\text{Zugfestigkeit: } (4658 + 4474 + 4474) : 3 = 4535 \text{ kg/qcm;}$$

für 10 mm starkes Rundeisen:
$$\text{obere Streckgrenze: } (3316 + 3388 + 3612) : 3 = 3439 \text{ kg/qcm,}$$
$$\text{untere Streckgrenze: } (3190 + 3275 + 3518) : 3 = 3328 \text{ kg/qcm,}$$
$$\text{Zugfestigkeit: } (4228 + 4300 + 4176) : 3 = 4235 \text{ kg/qcm.}$$

Gleiten der mittleren, geraden Einlage konnte (nach Spalte 19 und 20 der Zusammenstellung 27) bei den Balken Nr. 60 und 63 unter $P = 9000$ kg festgestellt werden. Beim Balken Nr. 59 war keine Bewegung des mittleren Stabes am Balkenende eingetreten.

Berechnet man für die Höchstbelastungen der Balken (Nr. 59: 8750 kg, Nr. 60: 9000 kg, Nr. 63: 9500 kg) nach Gl. 5 (Heft 39, S. 18) die Größe von τ_1, so ergibt sich, wenn nur das mittlere Eisen in Betracht gezogen wird, wie es in den Beispielen zu den amtlichen Bestimmungen geschieht,

$$\tau_1 = (53{,}3 + 53{,}5 + 56{,}2) : 3 = \mathbf{54{,}3} \text{ kg/qcm.}$$

Wird die Zugkraft dagegen auf die fünf Eisen so verteilt, daß in ihnen die gleiche Zugspannung wirkt[1]), dann findet sich

$$\tau_1 = (17{,}9 + 18{,}4 + 19{,}5) : 3 = \mathbf{18{,}6} \text{ kg/qcm.}$$

---

[1]) Die Balken nach Fig. 78 haben Einlagen von verschiedenem Durchmesser. Wird vorausgesetzt, daß die Zugspannung über den Querschnitt des Eisens gleichmäßig verteilt ist, daß also in allen fünf Stangen die gleiche Zugspannung herrscht, so hat das zur Folge, daß bei verschiedenen Durchmessern der Eisen auch die Gleitspannung verschieden ausfällt: am größten an dem Stab, welcher den größten Durchmesser besitzt.

Die Berechnung von τ_1 hat unter dieser Voraussetzung für die Balken nach Fig. 78 auf folgende Weise zu geschehen, wobei als Beispiel Nr. 59 gewählt wird.

Die Zugkraft in allen Eisen ist $Z = \dfrac{50 \cdot \dfrac{P}{2}}{h - a - \dfrac{x}{3}}$ kg (vergl. S. 19 in Heft 39),

der Querschnitt f_e (der 5 Eisen) = 2,35 qcm,

der Querschnitt des mittleren Eisens von 1,00 cm Durchmesser = 0,79 qcm,

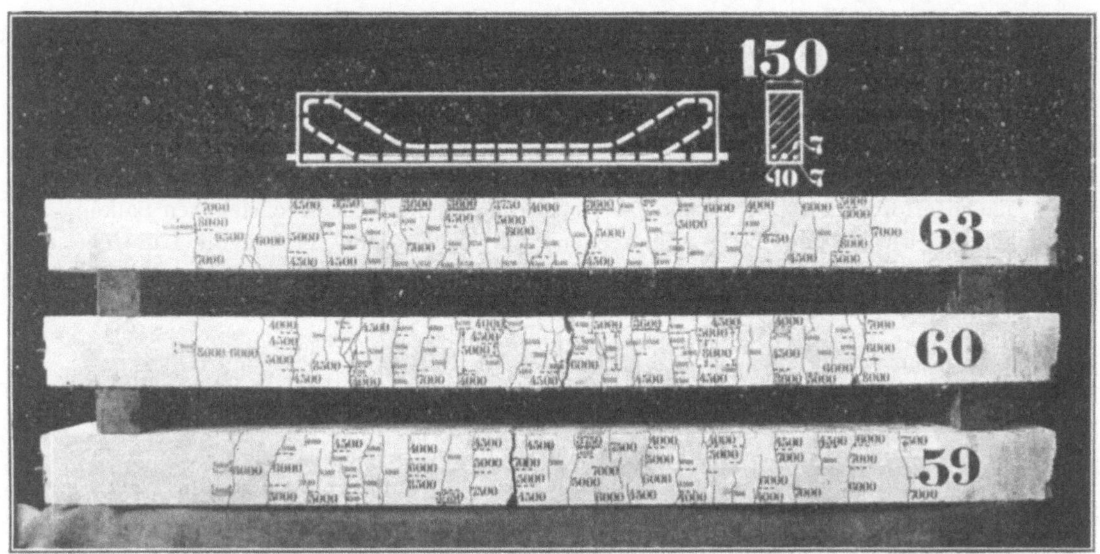

Fig. 171. Untere Flächen der Balken mit Bauart nach Fig. 78.

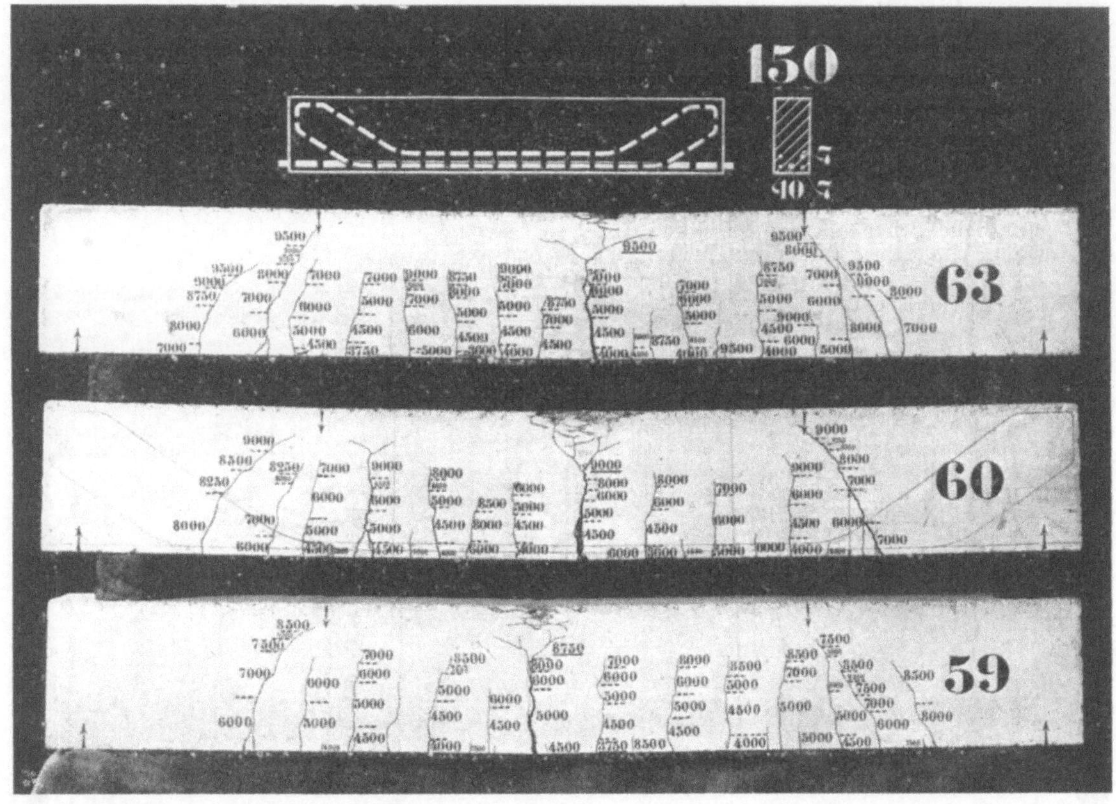

Fig. 172. Seitenflächen der Balken mit Bauart nach Fig. 78.

damit wird die Zugkraft im mittleren Eisen

$$Z_1 = \frac{0,79}{2,35} \cdot Z \text{ kg.}$$

Dieser Zugkraft Z_1 entsprechen die Gleitspannungen an dem mittleren Stab, sie sind

$$\tau_1 = \frac{Z_1}{50 \cdot \pi \cdot 1,00} \text{ kg/qcm.}$$

Die auf diese Weise gefundenen Werte von τ_1 am mittleren, geraden, Stab sind in Spalte 42 der Zusammenstellung 27 aufgenommen.

Dieser Wert steht in ungefährer Uebereinstimmung mit denen, welche für Balken mit drei geraden Einlagen gefunden worden sind (Zusammenstellung 12 Spalte 17).

In Bezug auf die Größe von τ_1 vergl. auch das unter XXVIII Bemerkte.

Für die Berechnung nach den amtlichen Bestimmungen ist die Kenntnis des Abstands a, Fig. 31, des Schwerpunkts der Eiseneinlagen von der Balkenunterfläche erforderlich. Zu diesem Zweck wurde bei den hier beschriebenen Balken und ebenso in den übrigen ähnlichen Fällen nach dem Versuch die Lage der Eisen im Bruchquerschnitt ermittelt und damit der Schwerpunktabstand der Eisen von der untern Balkenfläche bestimmt. Er beträgt

bei dem Balken Nr. 59   60   63

$a = 1{,}57$ $1{,}38$ $1{,}39$ cm.

Vergleicht man die Ergebnisse der Balken nach Fig. 76 (unsymmetrische Armierung), z. B. die Belastungen, durch welche die Balken zerstört wurden, also die Durchschnittzahlen 8583 mit 9083 kg, so kann ein bedeutender Unterschied, welcher durch die symmetrische oder unsymmetrische Armierung hervorgerufen worden wäre, nicht nachgewiesen werden.

XXXI) 3 Balken mit Bauart nach Fig. 79: Nr. 58, 61 und 62.

Diese Balken besitzen eine Breite von rund 200 mm und als Eiseneinlagen 3 Rundeisen von 18 mm Dmr. Das mittlere Eisen ist gerade, die beiden andern sind aufgebogen, je eines nach Fig. 89 und 90. Die Anordnung der Armierung ist hinsichtlich der schiefen Abbiegungen unsymmetrisch.

Die Ergebnisse der Untersuchung sind in den Zusammenstellungen 29 und 33 wiedergegeben.

Die Figuren 173 bis 176 zeigen die unteren Flächen, je eine Seitenfläche und die Stirnflächen der Balken.

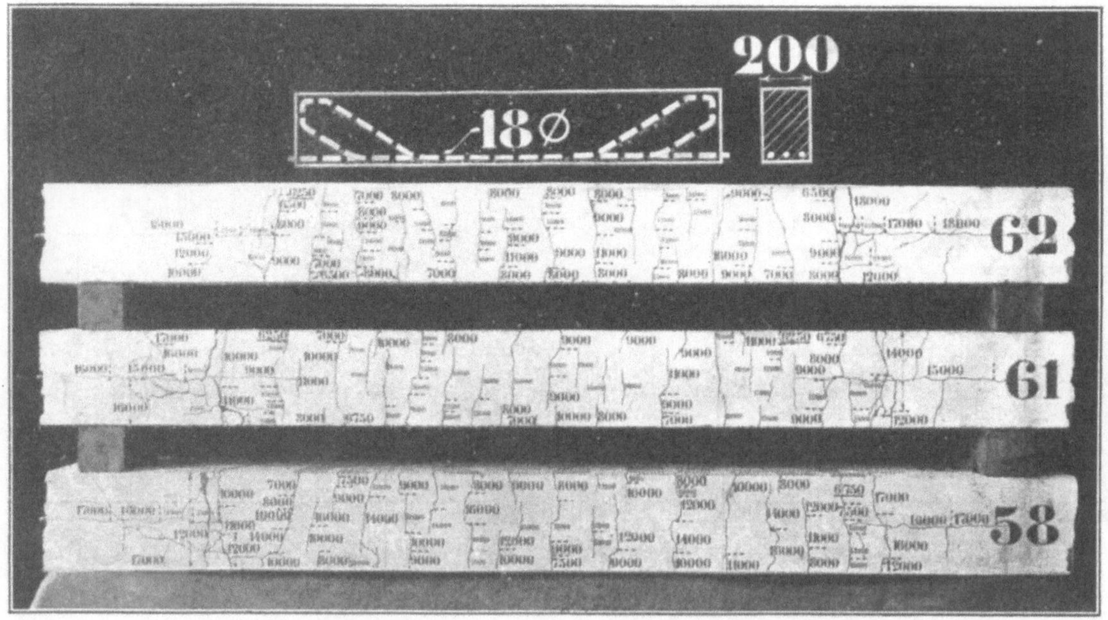

Fig. 173. Untere Flächen der Balken mit Bauart nach Fig. 79.

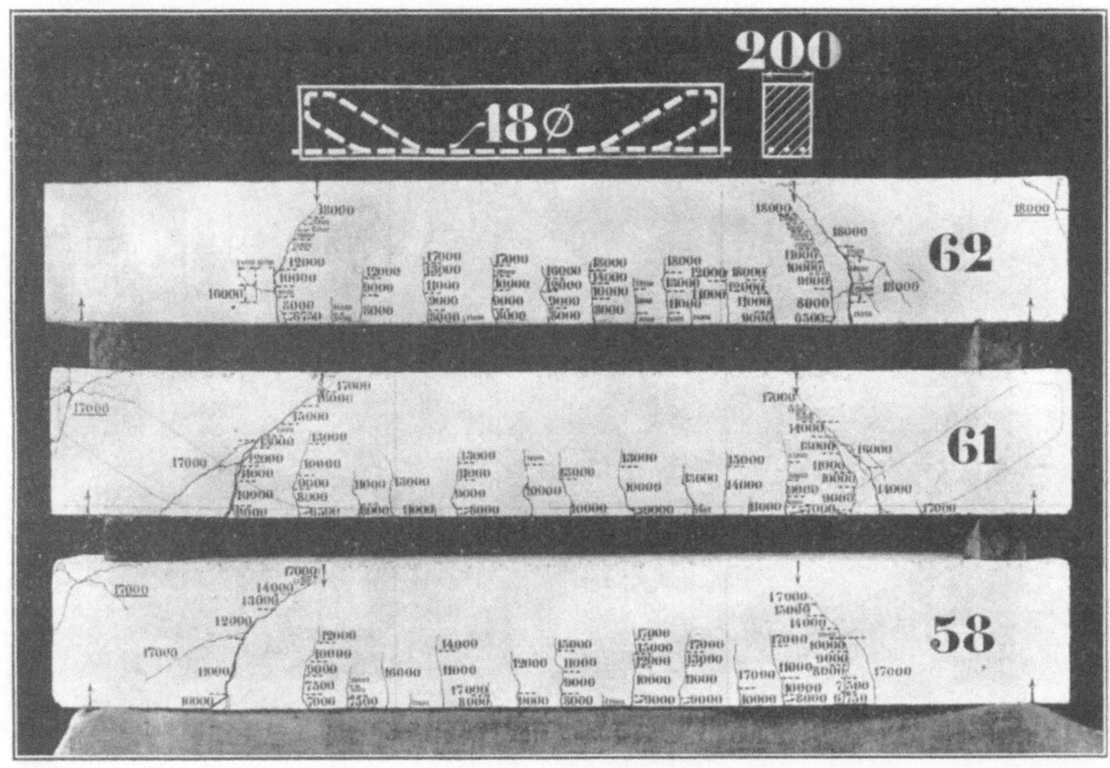

Fig. 174. Seitenflächen der Balken mit Bauart nach Fig. 79.

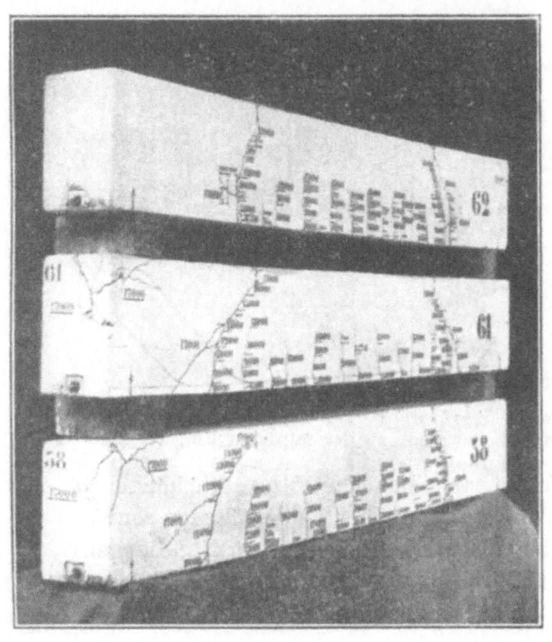

Fig. 175 und 176. Stirnflächen der Balken mit Bauart nach Fig. 79.

Balken Nr. 58.

Der erste Riß wurde unter $P = 6750$ kg (vergl. Fig. 173 und 174, rechts) bemerkt, und zwar an einer Stelle, bei welcher die Einlage »3« (vergl. Fig. 79) aus der wagerechten in die geneigte Gerade übergeht, d. i. bei B in Fig. 79. Innerhalb der Meßstrecke zeigte sich der erste Riß unter $P = 7500$ kg (vergl. Fig. 173). Die Risse waren bei ihrer Entdeckung außerordentlich schwer sichtbar.

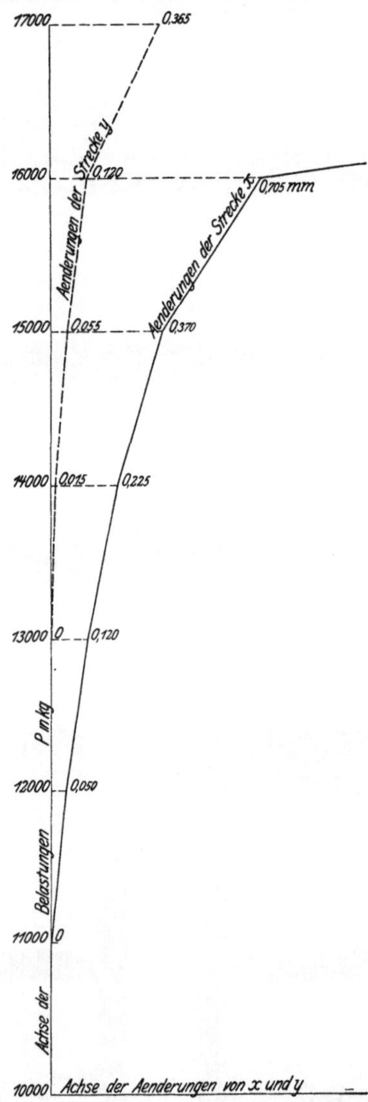

Fig. 177. Balken Nr. 58 (Bauart nach Fig. 79). Aenderungen der Strecken x und y mit steigender Belastung (Gleiten der Einlage), gemessen an der mittleren Einlage.

Mit fortschreitender Belastung verlängerten sich die Risse allmählich an der Unterfläche und an den Seitenflächen, waren jedoch noch länger schwer erkennbar, insbesondere an den Stellen, bei welchen die Eisen in der Nähe liegen.

Das erste Gleiten der mittleren, geraden Einlage wurde unter $P = 12\,000$ kg auf der Seite von x, Fig. 79, gemessen, und zwar

0,05 mm nach 10 Minuten,

0,05 » » 15 » .

Die Bewegung des Eisens am Balkenende ist also unter dieser Last noch recht klein (Spalte 16 der Zusammenstellung 29).

Mit Steigerung der Belastung gleitet die mittlere Einlage mehr und mehr (auf der Seite von y erst von $P = 14000$ kg an), so daß angenommen werden kann, daß dieser Stab schließlich an der Kraftübertragung in den äußeren Balkenteilen nicht mehr beteiligt ist; die Last wird dort von den aufgebogenen Eisen mit ihren Haken getragen, die ähnlich wie ein Hängewerk wirksam sind.

Die unter den einzelnen Belastungen erreichten Gleitbewegungen des mittleren Stabes sind in Fig. 177 zeichnerisch dargestellt.

Die Höchstbelastung des Balkens wurde unter $P_{max} = 17000$ kg erreicht. Ein Haken der Einlage »3«, Fig. 79, hat sich aufgebogen und den Beton des linken Balkenendes aufgesprengt, wie in Fig. 174 und 175 der Balken Nr. 58 zeigt.

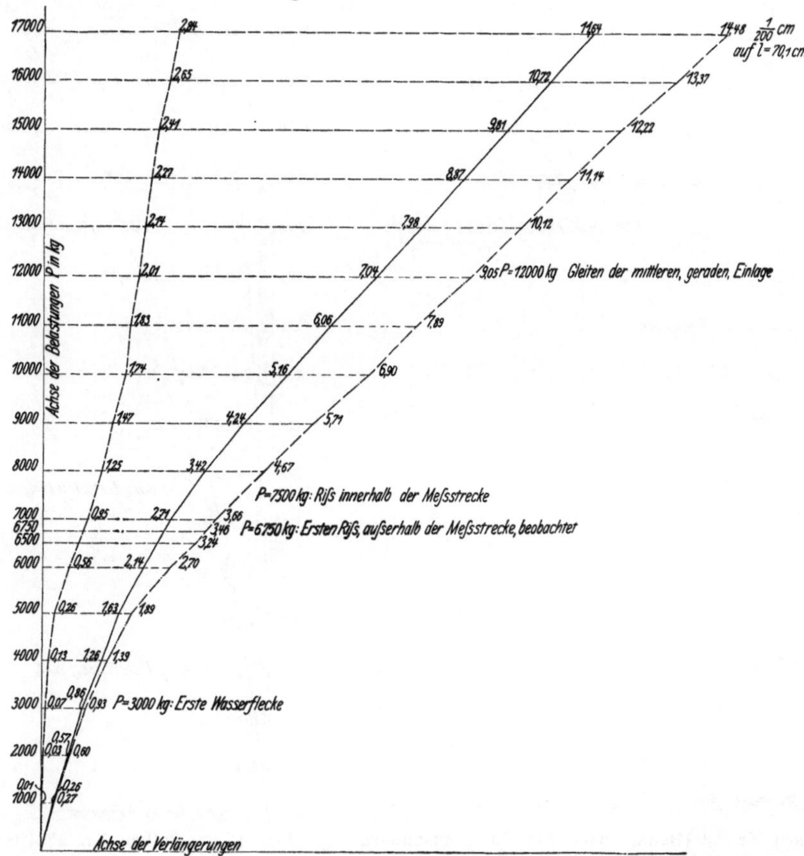

Fig. 178. Balken Nr. 58 (Bauart nach Fig. 79). Verlängerungen auf der unteren Balkenfläche.

Die Spannung τ_1 unter der Belastung von $P = 12000$ kg, also nach eingetretenem Gleiten ergibt sich, ohne Rücksicht auf das Eigengewicht nach Gl. 5 zu

$$\tau_1 = 42{,}8 \text{ kg/qcm}.$$

Die Zugkraft würde hierbei durch das mittlere Eisen allein übertragen. Wird sie dagegen auf die drei Eisen verteilt, derart, daß in diesen die gleiche Zugspannung[1]) herrscht, so findet sich

$$\tau_1 = 13{,}7 \text{ kg/qcm}.$$

---

[1]) Vergl. unter XXX, Fußbemerkung, S. 68.

Die Schubspannung des Betons unter $P = 12\,000$ kg, d. i. beim ersten Gleiten, beträgt nach Gl. 4 (Seite 18 in Heft 39)

$$\tau_0 = 12{,}0 \text{ kg/qcm.}$$

In Fig. 178 bis 180 sind die Ergebnisse der Dehnungsmessungen, sowie die für die Mitte der Balkenlänge ermittelten Durchbiegungen aufgezeichnet. Bemerkenswert ist bei diesen Darstellungen, daß das Eintreten von Rissen keinen so bedeutenden Einfluß auf die Größen der gemessenen Dehnungen hat, wie früher festzustellen war. Es ist zwar noch deutlich erkennbar, wie sich der Verlauf der Linien beim Auftreten der Risse ändert, doch ist der Einfluß weit geringer als bei den früheren Versuchen, z. B. Fig. 96, 103, 135, 142 und 167. Es rührt dies von der verhältnismäßig starken Armierung her.

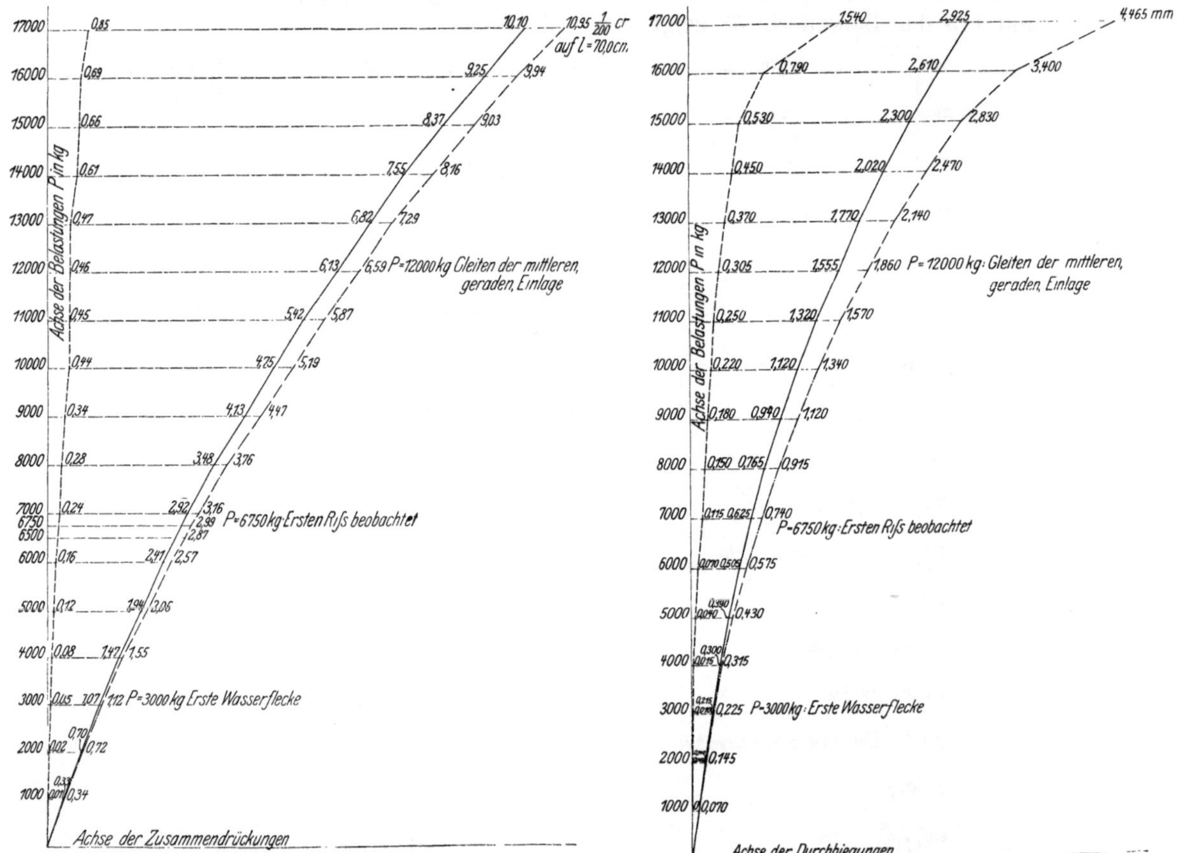

Fig. 179. Balken Nr. 58 (Bauart nach Fig. 79). Zusammendrückungen auf der oberen Balkenfläche.

Fig. 180. Balken Nr. 58 (Bauart nach Fig. 79) Durchbiegungen in der Mitte der Balkenlänge.

Das Gleiten der mittleren Einlage ist ohne merkbaren Einfluß auf die Dehnungsmessungen geblieben, wie die Fig. 178 und 179 erkennen lassen.

In Fig. 181 sind die gesamten Durchbiegungen an 5 Punkten der Mittelebene des Balkens zeichnerisch dargestellt.

Die Lage der Nullinie mit steigender Belastung ist aus Fig. 182 ersichtlich. Sie zeigt langsames Ansteigen bis $P = 5000$ kg, geht dann aber rasch nach oben bis $P = 7000$ kg. (Unter $P = 6750$ kg war der erste Riß bemerkt worden; der Linienzug weist jedoch darauf hin, daß Risse schon etwas früher eingetreten sein können.) Von $P = 7000$ kg bis $P = 13\,000$ kg steigt die Nullinie noch etwas, dann aber geht sie wieder langsam abwärts.

Zur Erklärung dieser Erscheinung sind in der folgenden Zahlentafel die Zunahme der Verlängerungen und Zusammendrückungen für je 1000 kg Zunahme der Belastung eingetragen. Hieraus ersieht man, daß die Verlängerungen bis etwa $P = 10000$ kg bedeutend rascher wachsen als die Belastungen und insbesondere auch rascher als die Zusammendrückungen. Die Folge davon ist, daß der Linienzug der Nullinie steigt [1]).

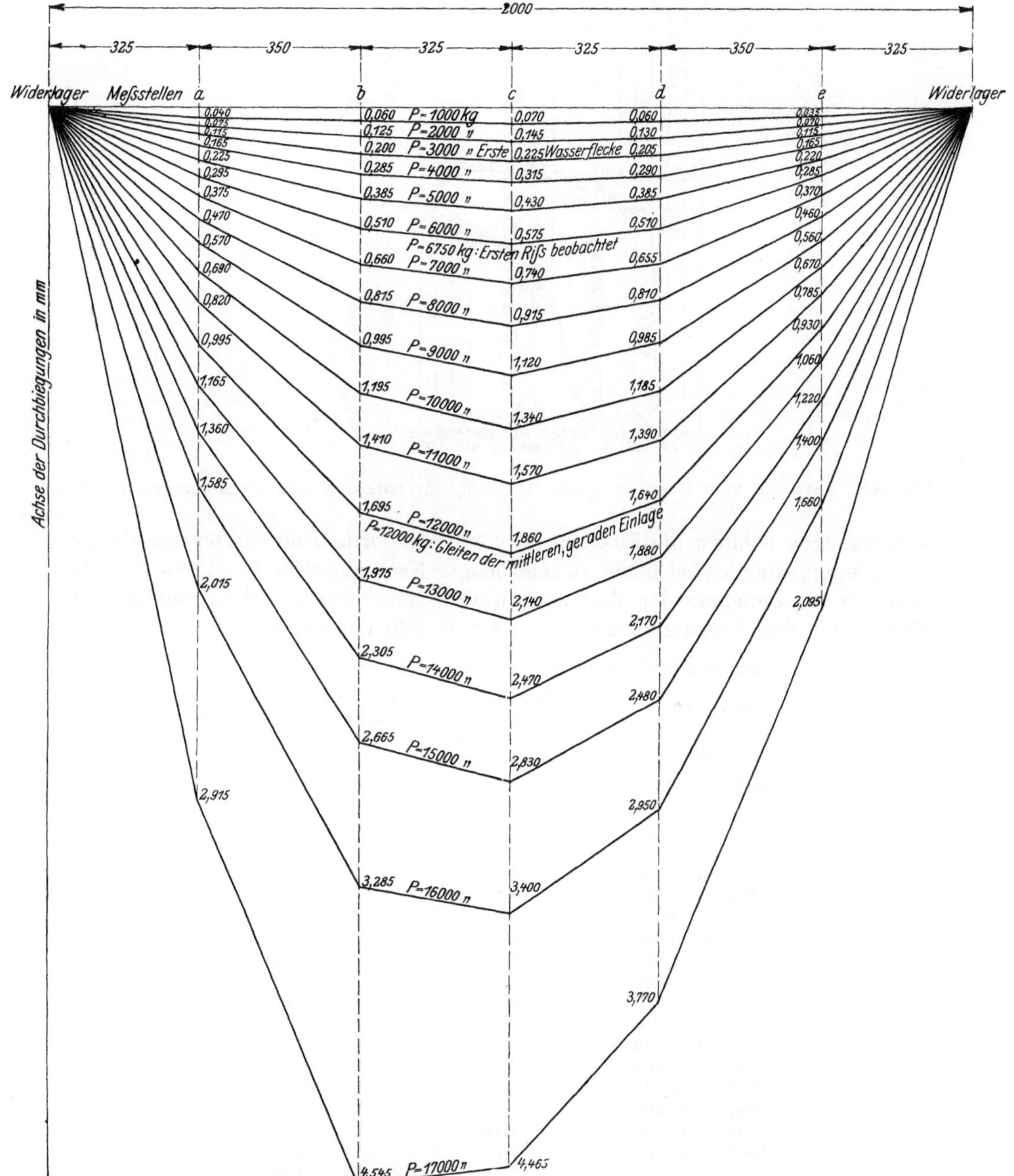

Fig. 181. Gesamte Durchbiegungen des Balkens Nr. 58 (Bauart nach Fig. 79).

---

[1]) Vergl. die Voraussetzungen für die Ermittlung der Lage der Nullinie in Fig. 41 und 42, Heft 39 Seite 26 und 29.

Von $P = 10\,000$ kg an schwanken die Werte der Verlängerungen im allgemeinen um einen annähernd konstanten Wert, wie zu erwarten ist. Denn nach eingetretener Rißbildung hat das Eisen die Zugkräfte im Balken übernommen, und beim Eisen wachsen bekanntlich (bis zu einer gewissen Grenze) die Verlängerungen annähernd proportional den Belastungen. Auf der Druck-

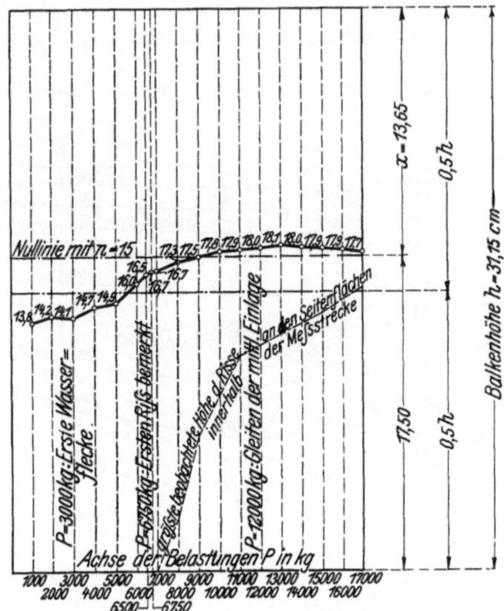

Fig. 182. Lage der Nullinie mit steigender Belastung für Balken Nr. 58 (Bauart nach Fig. 79).

seite dagegen nehmen die Zusammendrückungen fortlaufend rascher zu als die Belastungen, wie dies bei Beton zu sein pflegt. Nach ungefähr $P = 12\,000$ kg geht demnach die Zunahme der Zusammendrückungen verhältnismäßig rascher vor sich als bei den Verlängerungen, die Nullinie fällt ein wenig.

Belastung kg	Zunahme der Verlängerungen in $^1/_{200}$ cm	Zunahme der Zusammendrückungen in $^1/_{200}$ cm
Nach Spalte 15	19	23

der Zusammenstellung 29.

Belastung	Zunahme der Verlängerungen	Zunahme der Zusammendrückungen
0 bis 1000	0,27	0,34
1000 » 2000	0,33	0,38
2000 » 3000	0,33	0,40
3000 » 4000	0,46	0,43
4000 » 5000	0,50	0,51
5000 » 6000	0,81	0,51
6000 » 7000	0,96	0,59
(6750: erster Riß)	—	—
7000 bis 8000	1,01	0,60
8000 » 9000	1,04	0,71
9000 » 10000	1,19	0,72
10000 » 11000	0,99	0,68
11000 » 12000	1,16	0,72
12000 » 13000	1,07	0,70
13000 » 14000	1,02	0,87
14000 » 15000	1,08	0,87
15000 » 16000	1,15	0,91
16000 » 17000	1,11	1,01

Balken Nr. 61 und 62.

Das Verhalten dieser Balken ist ganz ähnlich demjenigen des Balkens Nr. 58. Die Beschreibung kann sich deshalb auf wenige Einzelheiten beschränken.

Das erste Gleiten der mittleren Einlage wurde beobachtet

bei Balken Nr. 61 unter $P = 13\,000$ kg,
»   »   » 62   » $P = 15\,000$ ».

Die Spannung τ_1 (Gleitwiderstand) beträgt für diese Belastungen

15,5 bezw. 17,7 kg/qcm.

Der Durchschnitt für die drei Balken wird somit

$$\tau_1 = (13,7 + 15,5 + 17,7) : 3 = 15,6 \text{ kg/qcm.}$$

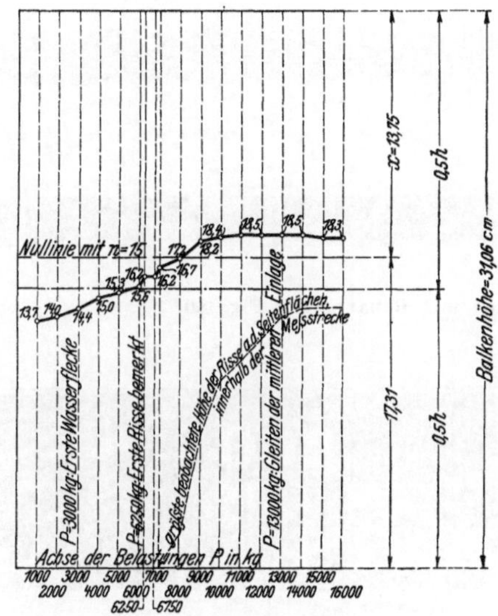

Fig. 183. Lage der Nullinie mit steigender Belastung für Balken Nr. 61 (Bauart nach Fig. 79).

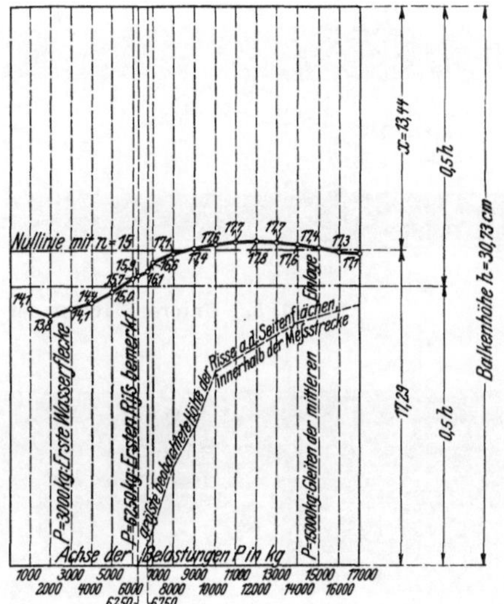

Fig. 184. Lage der Nullinie mit steigender Belastung für Balken Nr. 62 (Bauart nach Fig. 79).

Die Lage der Nullinie mit steigender Belastung ist in Fig. 183 und 184 niedergelegt.

XXXII) 3 Balken mit Bauart nach Fig. 80: Nr. 64, 65 und 68.

Die Abmessungen dieser Balken, sowie die Anordnung der Eiseneinlagen sind die gleichen wie bei den Balken nach Fig. 79. Jedoch ist hier die mittlere Einlage an den Enden mit Haken versehen.

Die Ergebnisse der Untersuchung sind in den Zusammenstellungen 30 und 33 enthalten.

Die Fig. 185 zeigt die unteren Flächen, Fig. 186 und 187 die Seitenflächen, Fig. 188 und 189 die Stirnflächen der Balken.

In den Fig. 190 bis 193 sind die Ergebnisse der Dehnungsmessungen und die ermittelten Durchbiegungen des Balkens Nr. 64 aufgezeichnet. Die Lage der Nullinie mit steigender Belastung ist in Fig. 194 für denselben Balken dargestellt (zur Gestalt dieser Linie vergl. das unter XXXI für den Balken Nr. 58 Bemerkte).

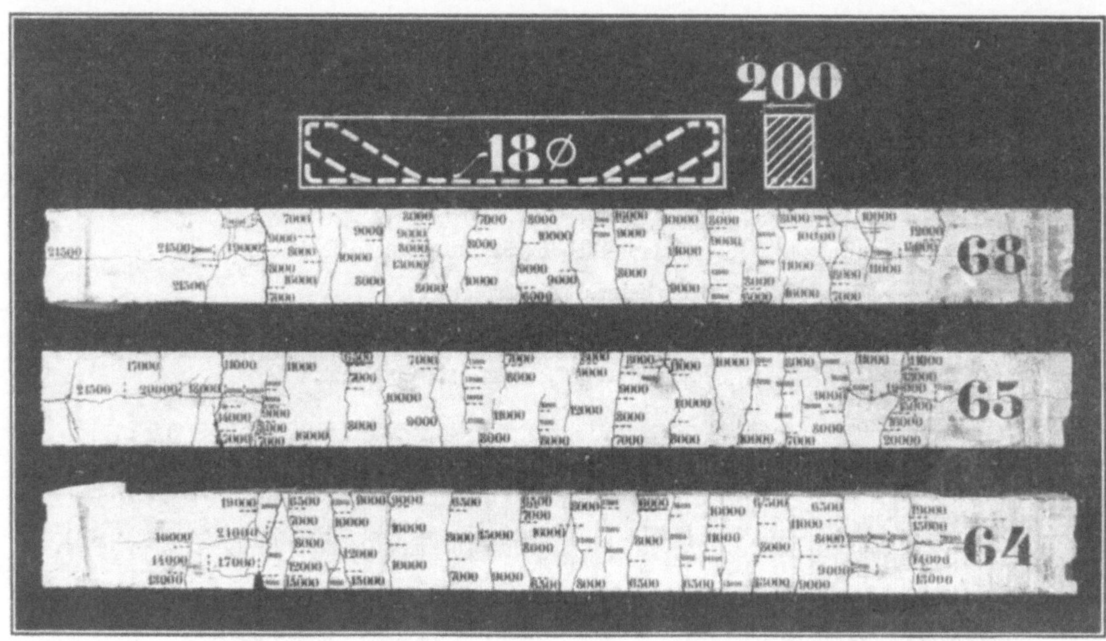

Fig. 185. Untere Flächen der Balken mit Bauart nach Fig. 80.

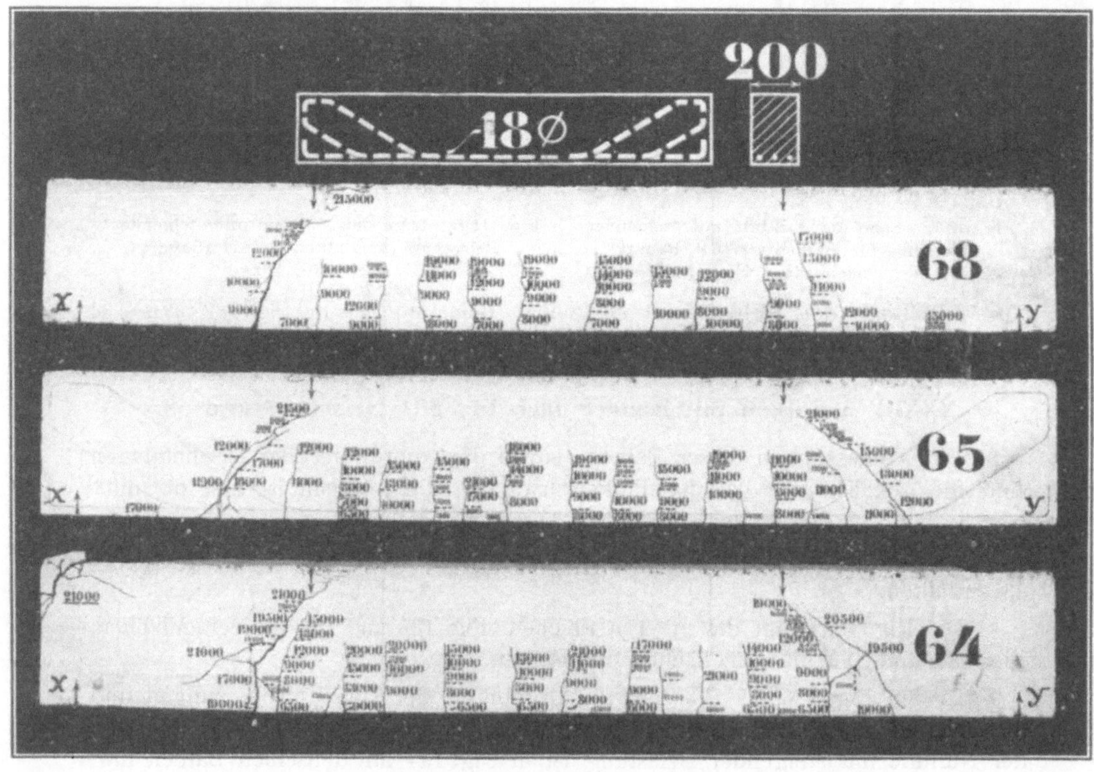

Fig. 186. Seitenflächen der Balken mit Bauart nach Fig. 80.

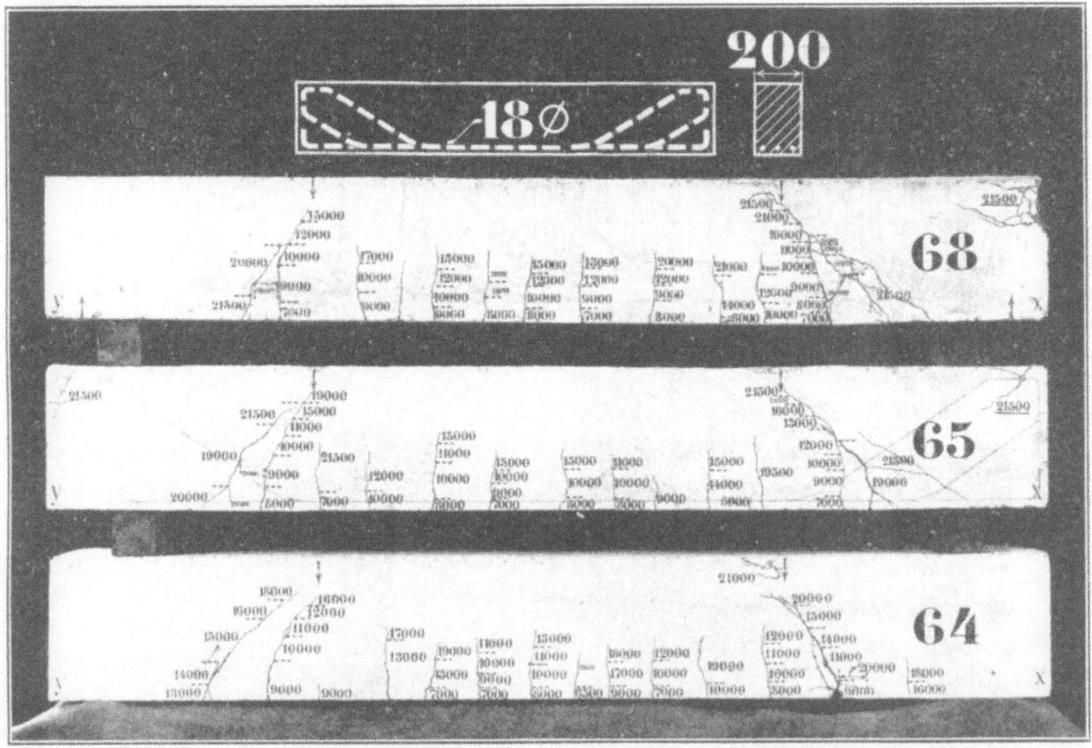

Fig. 187. Seitenflächen der Balken mit Bauart nach Fig. 80 (Rückseite der Körper in Fig. 186, 188 und 189).

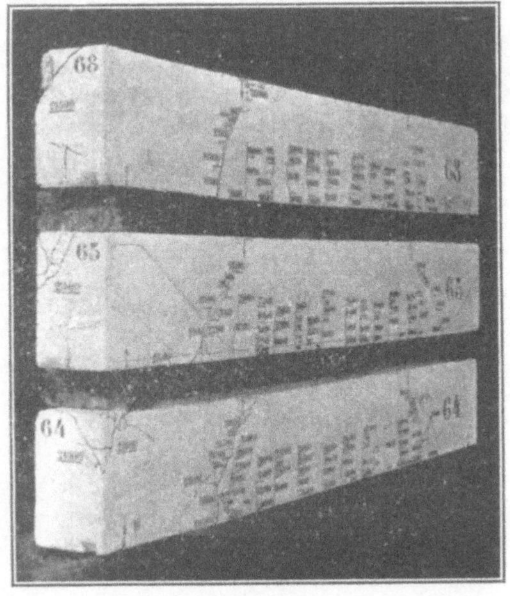

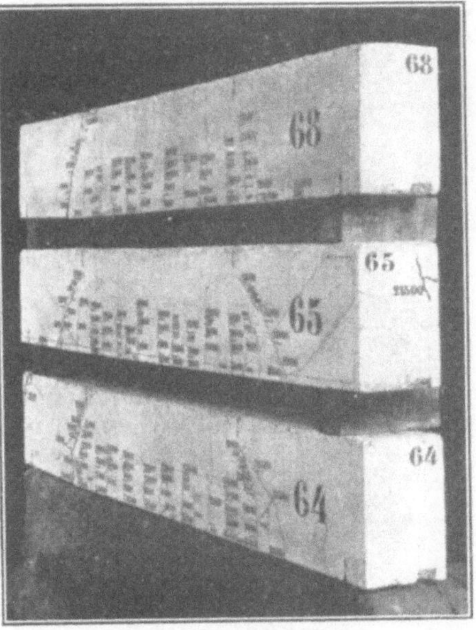

Fig. 188 und 189. Stirnflächen der Balken mit Bauart nach Fig. 80.

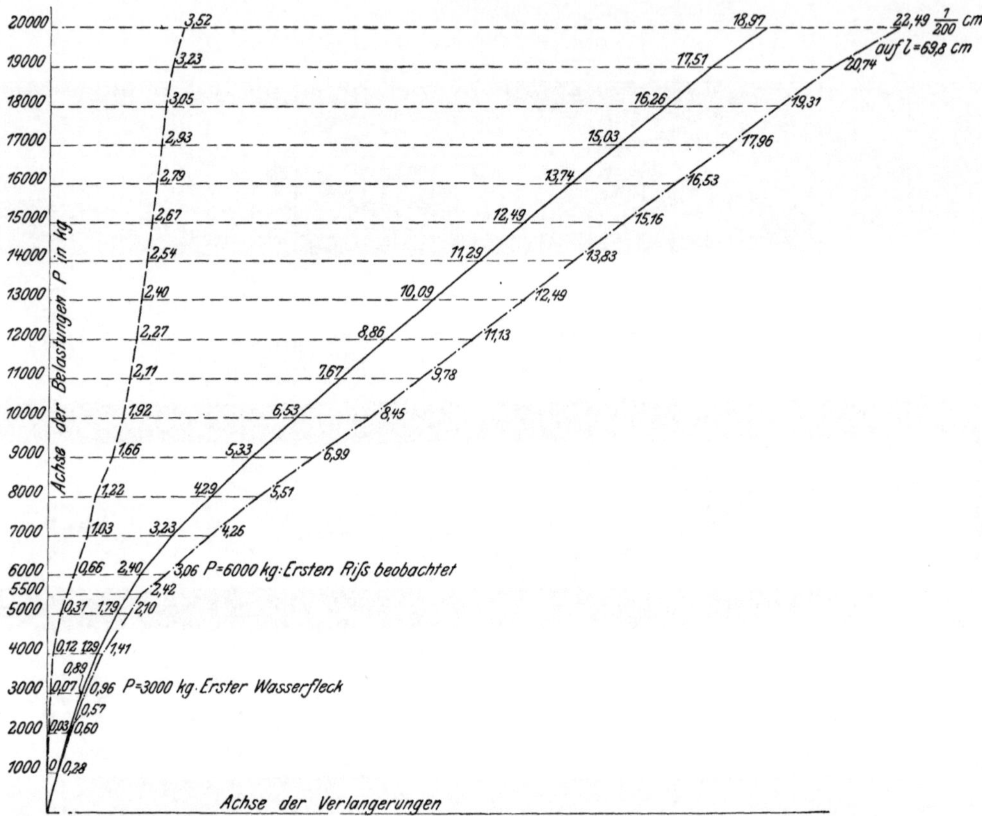

Fig. 190. Balken Nr. 64 (Bauart nach Fig. 80). Verlängerungen auf der unteren Balkenfläche.

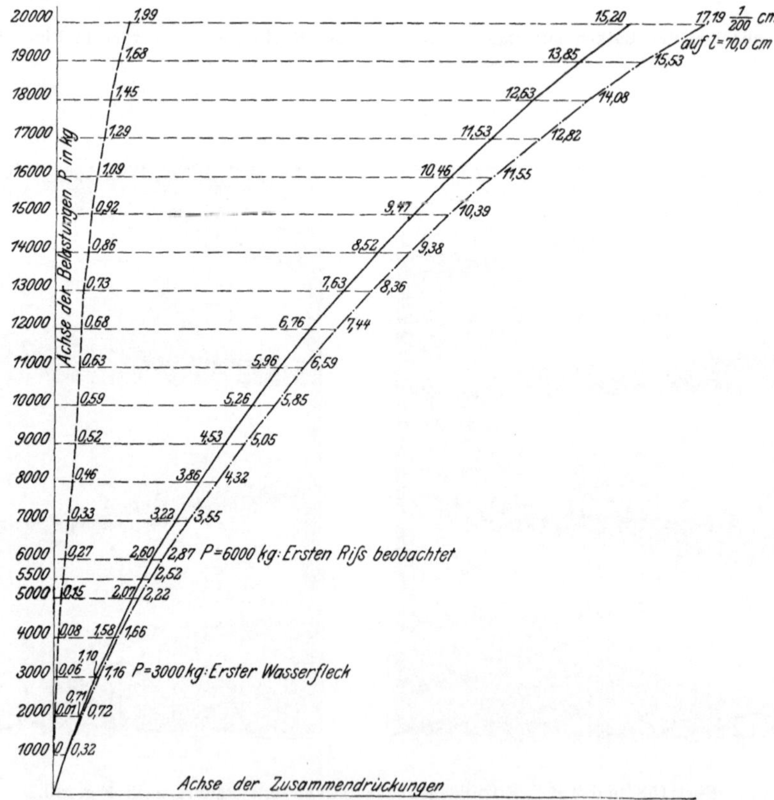

Fig. 191. Balken Nr. 64 (Bauart nach Fig. 80). Zusammendrückungen auf der oberen Balkenfläche.

Nach Ausweis der Zusammenstellung 30 war die Widerstandsfähigkeit der Balken erschöpft, nachdem ein Haken der Einlage »3«, Fig. 80, sich aufgebogen und den Beton an den Balkenenden abgesprengt hatte (vergl. Fig. 186 bis 189). Bei den Balken Nr. 65 und 68 haben außer-

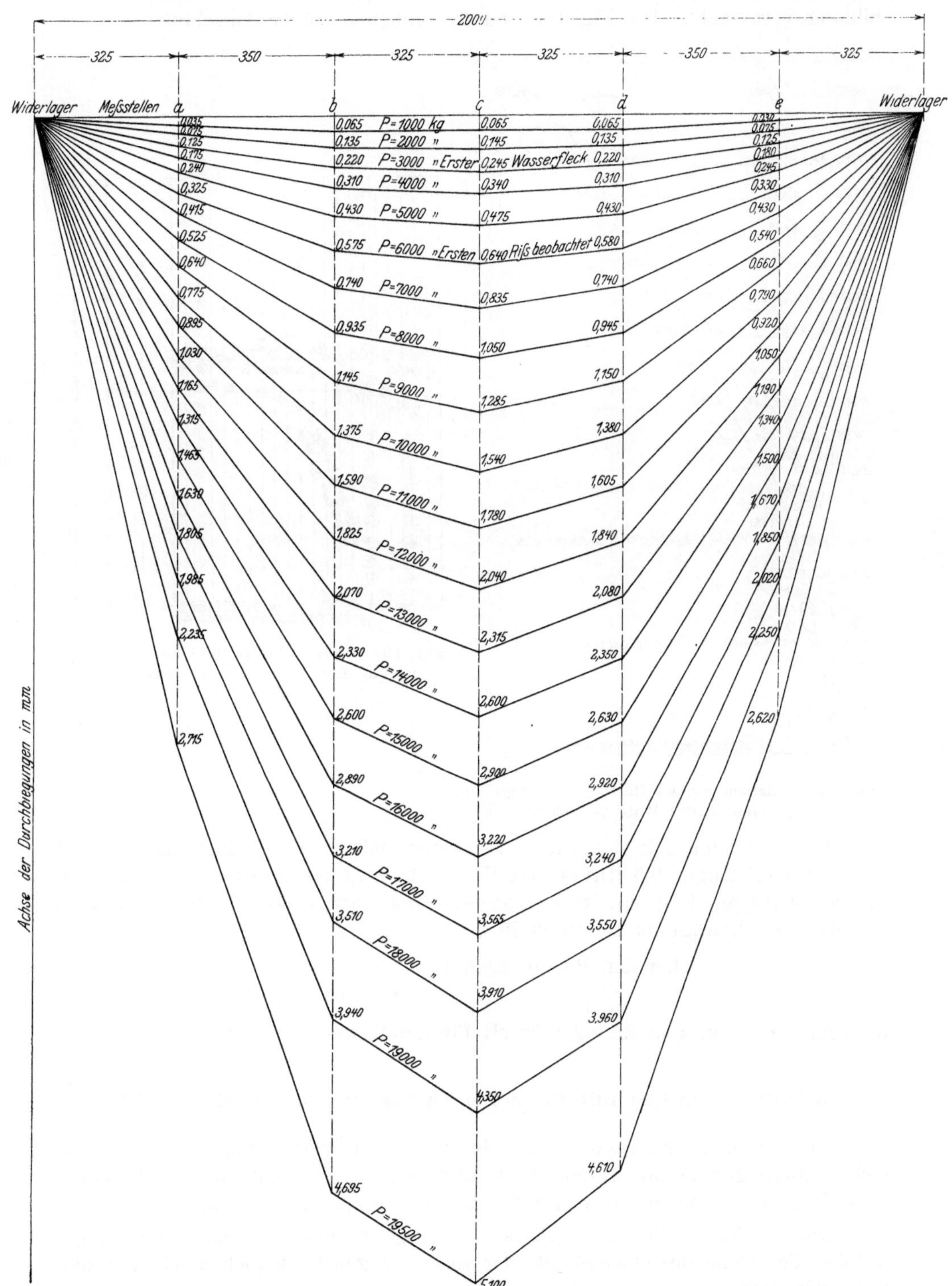

Fig. 192. Gesamte Durchbiegungen des Balkens Nr. 61 (Bauart nach Fig. 80).

dem auch die Haken der mittleren Einlage je an einem Balkenende den Beton aufgesprengt (vergl. Fig. 188).

Die unsymmetrische Anordnung der Armierung hat bei diesen Balken unter höherer Belastung eine für die beiden Seitenflächen etwas ungleiche Rißbildung verursacht. Die Fig. 186 und 187 geben hierüber Aufschluß.

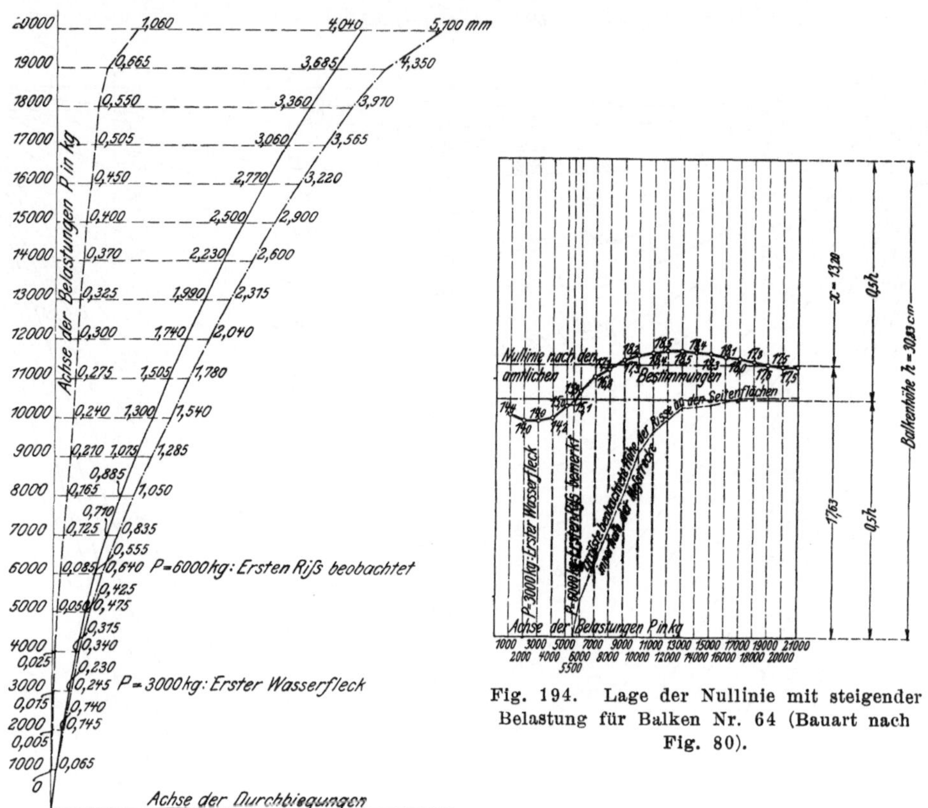

Fig. 193. Balken Nr. 64 (Bauart nach Fig. 80).
Durchbiegungen in der Mitte der Balkenlänge.

Fig. 194. Lage der Nullinie mit steigender
Belastung für Balken Nr. 64 (Bauart nach
Fig. 80).

Der Vergleich mit den Ergebnissen der Balken mit Bauart nach Fig. 79 (unter XXXI) zeigt, daß durch die Hinzufügung der Haken an der mittleren Einlage, Fig. 80, die Höchstbelastung wesentlich gesteigert wurde. Sie beträgt im Durchschnitt

bei den Balken nach Fig. 79: 17 333 kg,
» » » » » 80: 21 333 »,

d. i. ein Mehr von 4000 kg oder 23 vH für die Balken nach Fig. 80.

XXXIII) 3 Balken mit Bauart nach Fig. 81: Nr. 42, 47 und 50.

Diese Balken sind rund 200 mm breit. Sie besitzen 5 Einlagen, und zwar eine mittlere gerade mit 18 mm Dmr. und seitlich je 2 aufgebogene Einlagen nach Fig. 89 und 90, die eine mit 13, die andere mit 12 mm Dmr.

Die Armierung ist im Gegensatz zu Fig. 79 und 80 symmetrisch angeordnet; die Größe des Querschnitts der Eiseneinlagen ist jedoch annähernd dieselbe wie dort.

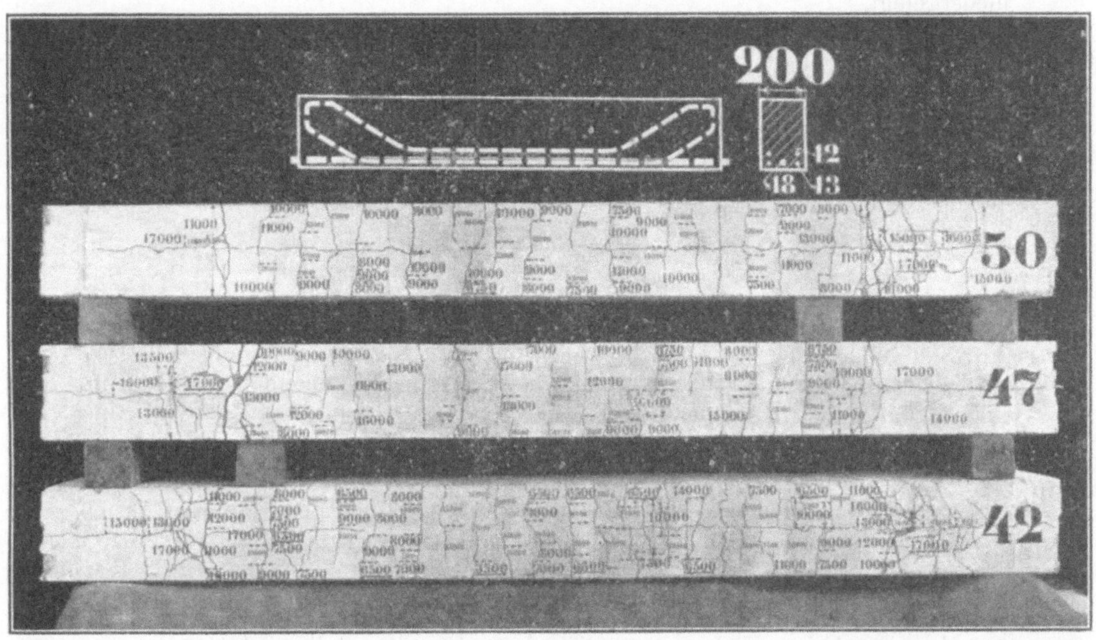

Fig. 195. Untere Flächen der Balken mit Bauart nach Fig. 81.

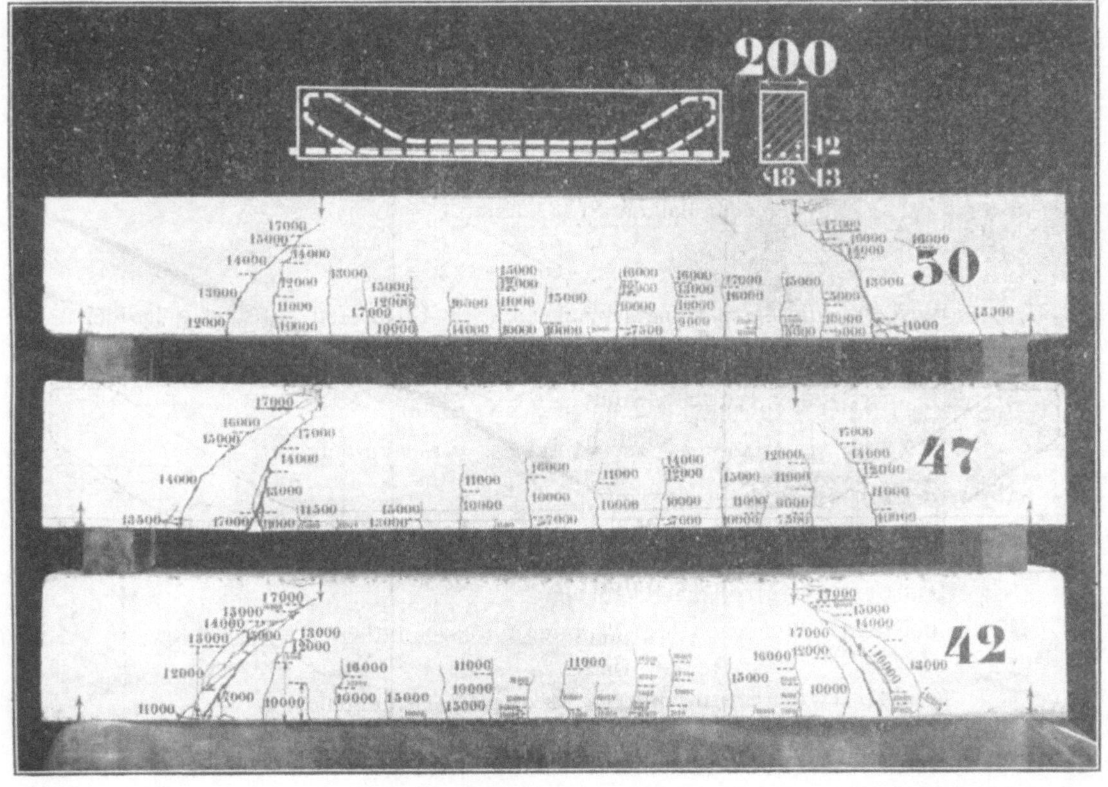

Fig. 196. Seitenflächen der Balken mit Bauart nach Fig. 81.

Die Ergebnisse der Prüfung sind in den Zusammenstellungen 31 und 33 niedergelegt.

Die Fig. 195 und 196 zeigen die unteren Flächen und je eine Seitenfläche der Balken.

Balken Nr. 42.

Das erste Gleiten der mittleren, geraden Einlage wird unter $P = 12\,000$ kg auf der Seite von x gemessen, und zwar

$$0{,}02 \text{ mm nach 3 Minuten,}$$
$$0{,}02 \quad \text{»} \quad \text{»} \quad 6 \quad \text{»} \quad .$$

Unter $P = 13\,000$ kg tritt auch auf der Seite von y Gleiten ein.

Bei Steigerung der Last gleitet die mittlere Einlage mehr und mehr und wird deshalb an der Kraftübertragung in den äußeren Balkenteilen nur in geringem Maße noch teilnehmen. Bei $P = 17\,000$ kg klaffen die Risse (rechts und links in Fig. 196) ziemlich weit, die aufgebogenen Einlagen haben, wie die spätere Feststellung des Zunderabspringens ergibt, die Streckgrenze überschritten. Mit fortschreitendem Aufklaffen der Risse wird der Beton auf der Druckseite des Balkens zerstört, Fig. 196, und die Belastung sinkt.

Balken Nr. 47 und 50.

Die Ergebnisse sind ganz ähnlich denjenigen des Balkens Nr. 42.

Für Balken Nr. 50 ist gemäß Fig. 196 bemerkenswert, daß ein schiefer Riß ziemlich weit am rechten Balkenende unter $P = 15\,000$ kg entsteht. Die Schubspannung des Betons beträgt für diese Belastung nach Gl. 4 (Seite 18 in Heft 39)

$$\tau_0 = 15{,}7 \text{ kg/qcm.}$$

Werden die Ergebnisse der Balken Nr. 42, 47 und 50 zusammengefaßt, so kann Folgendes hervorgehoben werden.

Das Gleiten der mittleren, geraden Einlage wurde bemerkt:

bei dem Balken Nr. 42 unter $P = 12\,000$ kg,
»　　»　　»　　» 47　»　$P = 14\,000$ » ,
»　　»　　»　　» 50　»　$P = 12\,000$ » .

Wird für diese Belastungen nach Gl. 5 (S. 18 in Heft 39) der Gleitwiderstand berechnet, so ergibt sich bei Verteilung der Gleitkraft auf alle Eisen derart, daß sie die gleiche Zugspannung erfahren (vergl. die hierauf bezügliche Rechnung in der Fußbemerkung unter XXX, S. 68),

$$\tau_1 = (15{,}0 + 17{,}1 + 15{,}2) : 3 = 15{,}8 \text{ kg/qcm.}$$

(Dieses τ_1 gilt für den mittleren geraden Stab.)

Vergleicht man die Ergebnisse mit denjenigen der Balken nach Fig. 79, so findet sich Folgendes.

Das erste Gleiten hat begonnen

bei den Balken nach Fig. 79 unter durchschnittlich $P = 13\,333$ kg,
»　　»　　»　　»　　» 81　»　　　»　　$P = 12\,667$ » .

Der Gleitwiderstand beträgt für diese Belastungen

bei den Balken nach Fig. 79: $\tau_1 = 15{,}6$ kg/qcm,
»　　»　　»　　»　　» 81: $\tau_1 = 15{,}8$ » ,

je berechnet für den mittleren Stab, an welchem das Gleiten gemessen wurde.

Die Höchstbelastungen sind im Durchschnitt

für die Balken nach Fig. 79: 17333 kg,

» » » » » 81: 17000 »,

also nahezu gleich.

Die Art der Zerstörung der Balken unter den Höchstbelastungen ist für die Balken nach Fig. 79 und 81 verschieden, wie aus den Fig. 174 und 196 hervorgeht.

XXXIV. 3 Balken mit Bauart nach Fig. 82: Nr. 54, 55 und 57.

Diese Balken unterscheiden sich von den unter XXXIII besprochenen, nach Fig. 81, nur durch die Haken der mittleren Einlage.

Die Ergebnisse der Untersuchung sind in den Zusammenstellungen 32 und 33 enthalten.

Die Fig. 197 und 198 zeigen die unteren Flächen und je eine Seitenfläche der Balken. Eine Stirnfläche des Balkens Nr. 54 ist in Fig. 199 abgebildet.

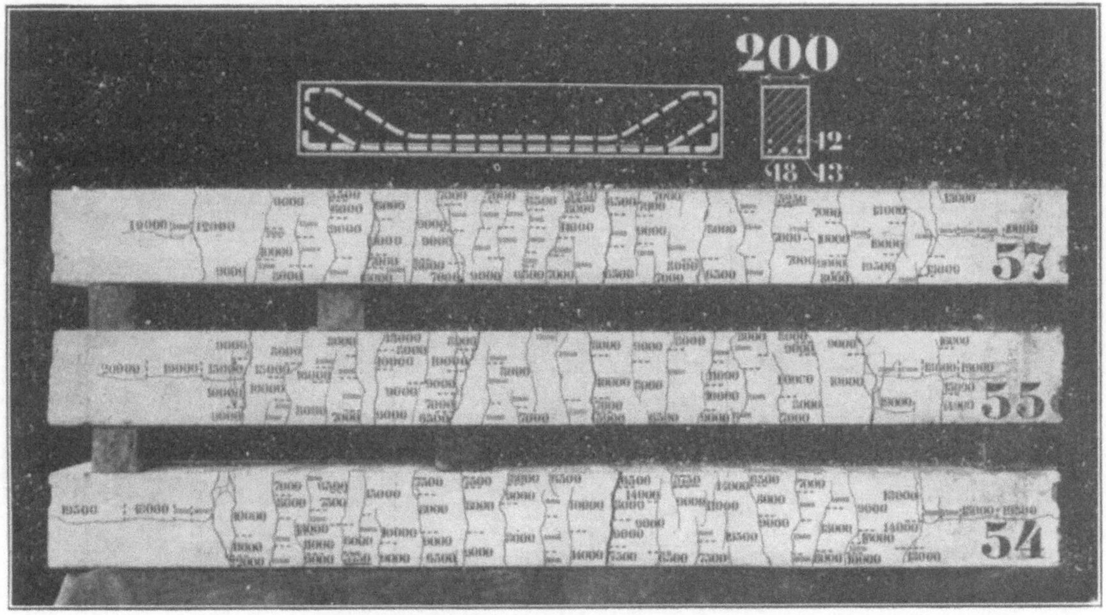

Fig. 197. Untere Flächen der Balken mit Bauart nach Fig. 82.

Die Ergebnisse der Dehnungsmessungen, sowie die für die Mitte der Balkenlänge ermittelten Durchbiegungen des Balkens Nr. 54 sind in den Fig. 200 bis 202 zeichnerisch dargestellt. Die Lage der Nullinie mit steigender Belastung ist aus Fig. 203 ersichtlich, gültig für denselben Balken.

Nach Ausweis der Zusammenstellung 32 begann die Zerstörung der Balken mit dem Erreichen der Streckgrenze der Eiseneinlagen, Fig. 198.

Deutlich erkennt man, wie die im mittleren Teile des Balkens entstandenen Risse sich unten immer weiter öffnen, infolgedessen sich der Druck im oberen Teil auf immer kleiner werdende Flächen beschränken muß, bis die Zerstörung des Betons stattfindet.

Die nach Gl. 3 (Seite 18 in Heft 39) berechnete Zugspannung der Eisen unter der Höchstlast beträgt im Durchschnitt $\sigma_e = 2780$ kg/qcm.

Zugversuche mit Probestäben, welche vor dem Einbetonieren der Einlagen mit diesen in Zusammenhang waren, ergaben (vergl. Seite 11)

	für	12	13	18 mm Rundeisen
obere Streckgrenze . . .		2764	2506	2755 kg/qcm,
untere » . . .		2739	2473	2719 » ,
Zugfestigkeit . . .		3953	3550	4046 » .

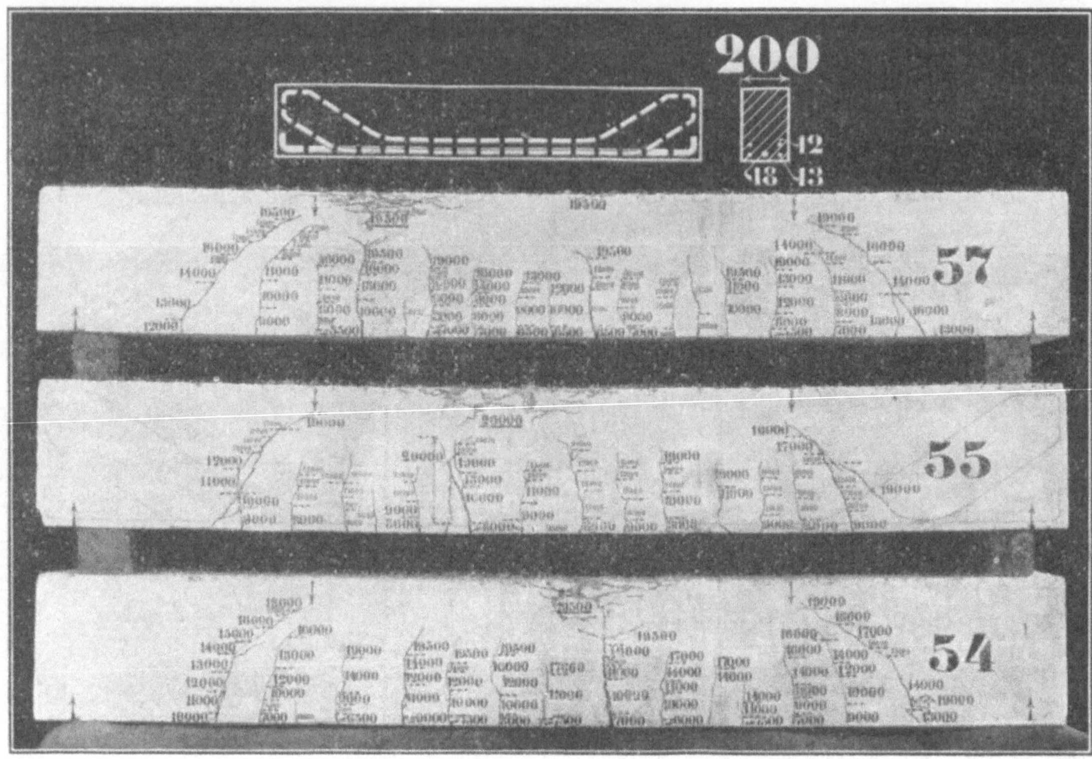

Fig. 198. Seitenflächen der Balken mit Bauart nach Fig. 82.

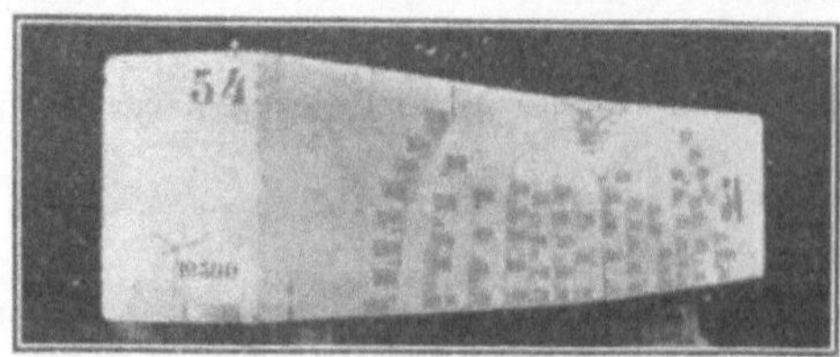

Fig. 199. Stirnfläche des Balkens Nr. 54 (Bauart nach Fig. 82).

Die Höchstbelastung der Balken beträgt im Durchschnitt 19 667 kg. Bei den Balken nach Fig. 81 (mittleres Eisen ohne Haken) wurde gefunden $P_{max} = 17\,000$ kg. Der Vergleich dieser Zahlen zeigt, daß durch die Hinzufügung der Haken an der mittleren Einlage, Fig. 82, die Höchstbelastung gesteigert wurde um $19\,667 - 17\,000 = 2667$ kg.

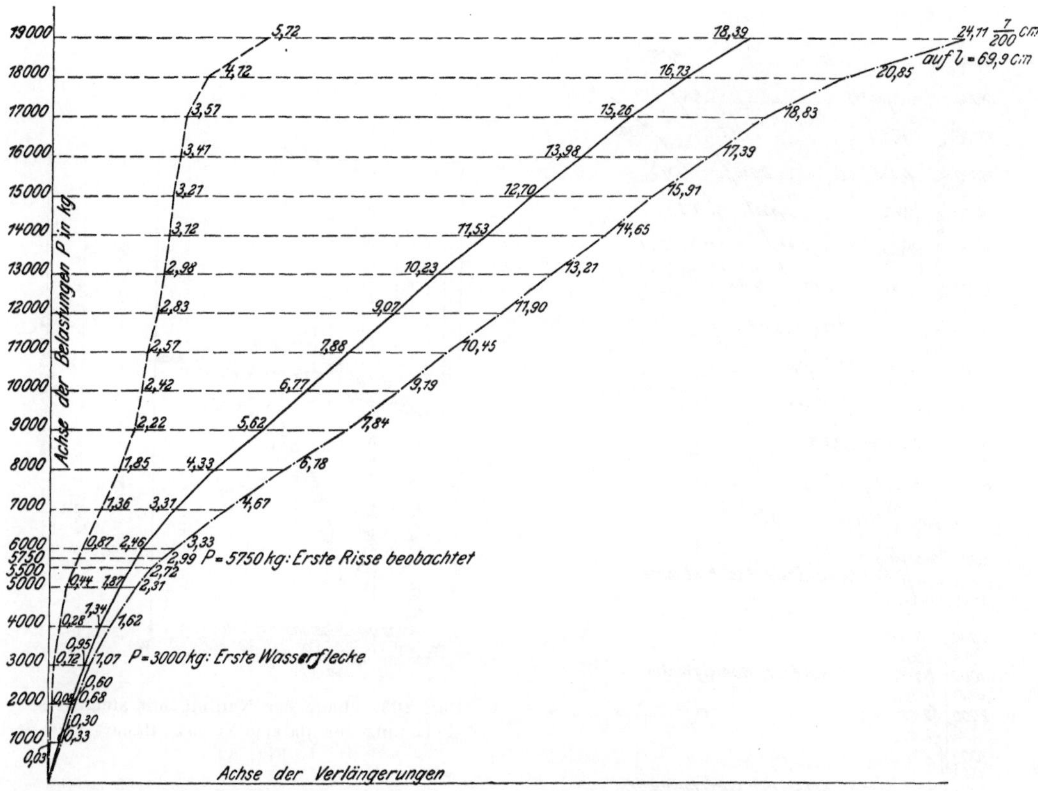

Fig. 200. Balken Nr. 54 (Bauart nach Fig. 82). Verlängerungen auf der unteren Balkenfläche.

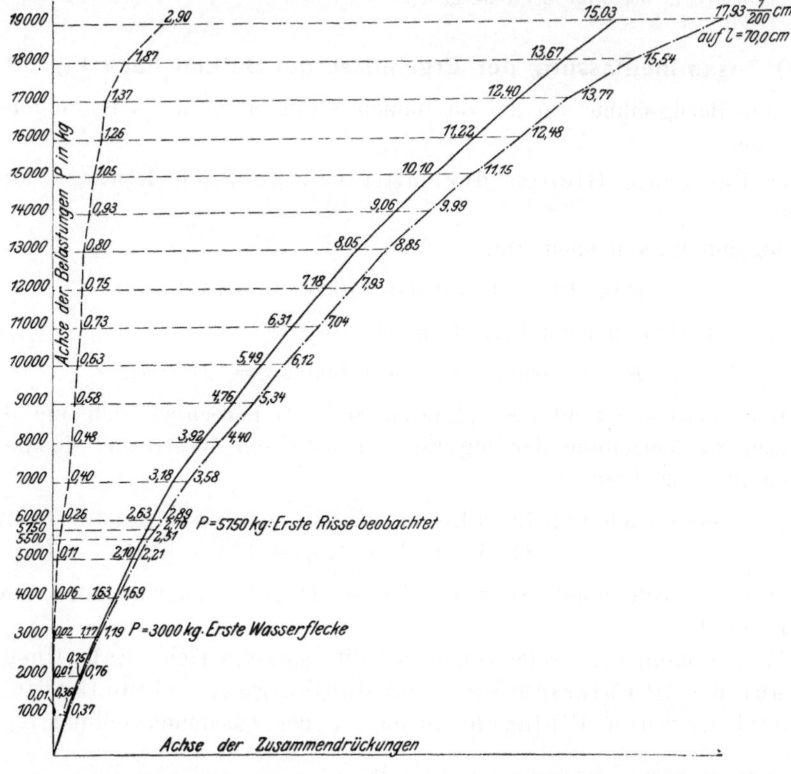

Fig. 201. Balken Nr. 54 (Bauart nach Fig. 82). Zusammendrückungen auf der oberen Balkenfläche.

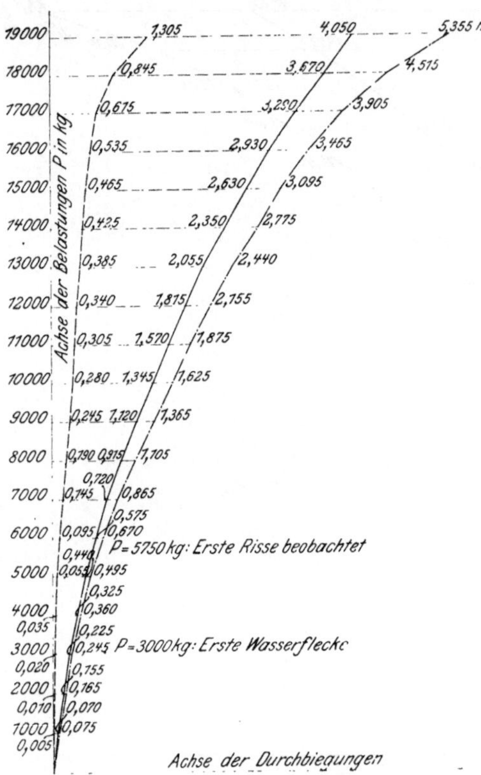

Fig. 202. Balken Nr. 54 (Bauart nach Fig. 82).
Durchbiegungen in der Mitte der Balkenlänge.

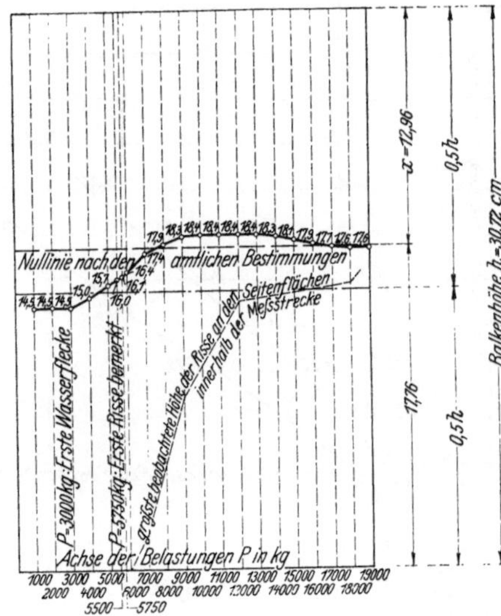

Fig. 203. Lage der Nullinie mit steigender
Belastung für Balken Nr 54 (Bauart nach
Fig. 82).

XXXV) Zusammenfassung der Ergebnisse der Balken nach Fig. 79 bis 82.

Unter Bezugnahme auf die Zusammenstellungen 29 bis 33 ist Folgendes hervorzuheben.

1) Das erste Gleiten der mittleren geraden Einlage wurde gemessen

bei den Balken nach Fig. 79 unter

$$P = (12000 + 13000 + 15000) : 3 = 13333 \text{ kg,}$$

bei den Balken nach Fig. 81 unter

$$P = (12000 + 14000 + 12000) : 3 = 12667 \text{ kg.}$$

Der Gleitwiderstand des mittleren Stabes[1]) berechnet sich für diese Belastungen, bei Verteilung der Zugkraft auf alle Eisen derart, daß sie die gleiche Zugspannung erfahren,

bei den Balken nach Fig. 79 (3 Eisen) zu $(13,7 + 15,5 + 17,7) : 3 = 15,6$ kg/qcm,
»   »   »   »   » 81 (5 ») » $(15,0 + 17,1 + 15,2) : 3 = 15,8$ »   .

Der Gleitwiderstand ist somit für beide Fälle nahezu gleich, wie zu erwarten stand.

Was sodann die Größe von τ_1 betrifft, so zeigt sich, daß diese Werte sich nur wenig unterscheiden von denjenigen, welche für die Balken mit drei geraden Einlagen (Spalte 17 der Zusammenstellung 12, Balken

[1]) Vergl. Fußbemerkung unter XXX, S. 68.

Fig. 66 bis 68) gefunden worden sind. Dabei ist jedoch zu beachten, daß für die Balken der Zusammenstellung 12 der Gleitwiderstand für diejenige Last berechnet worden ist, unter welcher die Widerstandsfähigkeit der Balken infolge Ueberwindung des Gleitwiderstandes erschöpft war. Bei den Balken nach Fig. 79 und 81 dagegen erfolgte die Berechnung von τ_1 für diejenige Last, unter welcher das erste Gleiten eingetreten ist. Die vollständige Ueberwindung des Gleitwiderstandes dürfte etwas später erfolgt sein (vergl. z. B. Spalte 16 und 17 der Zusammenstellung 29 mit den Spalten 14 und 15 der Zusammenstellungen 4 bis 7), also auch der Gleitwiderstand bei den Balken Fig. 79 und 81 in Wirklichkeit etwas größer sein.

2) Die durchschnittliche Höchstbelastung beträgt bei den Balken

nach Fig. 79 (3 Eisen, mittlere Einlage ohne Haken): 17 333 kg,
» » 80 (3 » » » mit »): 21 333 » ,
» » 81 (5 » » » ohne »): 17 000 » ,
» » 82 (5 » » » mit »): 19 667 » .

Hieraus folgt, daß durch die Anbringung von Haken an der mittleren Einlage die Höchstbelastung wesentlich gesteigert worden ist.

Bemerkenswert ist das Verhalten der Balken nach Fig. 80 und 82 unter der Höchstlast (P_{max}). Bei den Balken nach Fig. 80 (2 aufgebogene Eisen) wurde unter P_{max} durch einen Haken der schrägen Eisen »3« der Beton am Balkenende abgesprengt, Fig. 186 und 187. Bei den Balken nach Fig. 82 (4 aufgebogene Eisen) war die Höchstlast mit dem Eintreten der Streckgrenze der Einlagen erreicht, Fig. 198, ein Absprengen des Betons durch die Haken der 4 aufgebogenen Eisen ist nicht bemerkt worden.

Die obere Streckgrenze der Eisen für die Balken nach Fig. 80 liegt bei 2914 kg/qcm (durch Zugversuch ermittelt, vergl. Seite 11) und für die Balken nach Fig. 82 zwischen 2506 und 2764 kg/qcm. Der Querschnitt der Eiseneinlagen beträgt

bei den Balken nach Fig. 80: 7,81 qcm,
» » » » 82: 7,57 » .

Ganz im Einklang mit diesen Zahlen ist die Höchstbelastung der Balken nach Fig. 82 kleiner ermittelt worden als für die Balken nach Fig. 80. Der Unterschied beträgt 21 333 — 19 667 = 1 666 kg, oder $\frac{1666}{19\,667} \cdot 100 =$ rund 8,5 vH.

3) Die Verlängerung des Betons, unmittelbar vor Beobachtung des ersten Risses innerhalb der Meßstrecke, wurde, umgerechnet auf 1 m Länge, ermittelt

bei den Balken nach Fig. 79 zu 0,257 mm, wobei e, Fig. 79, = 7 mm,
» » » » 80 » 0,188 » , » e, » 80, = 17 » ,
» » » » 81 » 0,242 » , » e, » 81, = 8 » ,
» » » » 82 » 0,185 » , » e, » 72, = 15 » .

Hieraus erhellt deutlich, daß der Abstand e des Eisens von der Balkenunterfläche das Maß der beobachteten Dehnung des Betons beeinflußt, derart, daß die Dehnung um so größer gemessen wird, je näher das Eisen an der Balkenunterfläche liegt.

4) Ein Vorzug der symmetrischen Armierung, Fig. 81 und 82, gegen die unsymmetrische, Fig. 79 und 80, kann aus den Ergebnissen nicht abgeleitet werden.

XXXVI) 4 Balken mit Bauart nach Fig. 83: Nr. 98 bis 101.

Die Balken sind rund 200 mm hoch und rund 150 mm breit. Die Eisen-einlage ist ein rund 7 mm starkes Eisenblech, das so ausgefräst worden war, daß 3 an den Enden verbundene Flacheisen entstehen, wie Fig. 83 zeigt. Wie bereits oben bemerkt, wurde diese Form der Eiseneinlagen gewählt, um durch die Rückwirkung des Eisens auf den Beton, soweit eine solche überhaupt vor-handen ist, einen möglichst weitgehenden Einfluß des Eisens auf die Größe der Dehnung des Betons auszuüben, welche an diesem gemessen wird, ehe Rißbil-dung eintritt. Nach außen besaß die Eiseneinlage 4 Vorsprünge C zu dem Zweck, die Dehnung, welche das Eisen erfährt, durch unmittelbare Messung zu be-stimmen [1]).

Die Balken lagerten unmittelbar nach der Herstellung rund 70 Stunden an der Luft (in der Form, mit nassen Säcken bedeckt), zwei von ihnen (Nr. 100 und 101) wurden sodann unter Wasser gesetzt und verblieben hier bis zur Prü-fung; die beiden andern (Nr. 98 und 99) wurden auf feuchtem Sand gelagert und bis zur Untersuchung mit Säcken, die feucht erhalten wurden, bedeckt.

Die Zusammensetzung dieser vier Körper, welche für sich hergestellt wur-den, betrug, abweichend von den übrigen Balken:

> 1 Raumteil Portlandzement »A«,
> 1 Raumteil Sand,
> 2 Raumteile Kies,
> 8 vH Wasser (vH des Gewichts der trockenen Materialien).

Zement, Sand und Kies waren von derselben Beschaffenheit wie bei den übrigen Versuchskörpern (vergl. unter XII).

Das Alter der Balken war rund 100 Tage.

Gemessen wurden:

1) die Verlängerungen des Betons an der untern Balkenfläche mit zwei Instrumenten (vergl. Fig. 21 bis 26 in Heft 39) auf die Erstreckung von rund 65 cm (Fig. 83);

2) die Verlängerungen der Eiseneinlage, ebenfalls mit 2 Instrumenten; zum Aufsetzen der Meßeinrichtung dienten die Vorsprünge C, Fig. 83.

Ein in die Versuchsmaschine eingebauter Balken mit den so angesetzten Instrumenten ist in Fig. 204 abgebildet.

Die Ergebnisse der Untersuchung sind in den Zusammenstellungen 34 und 35 enthalten.

Greifen wir den Balken Nr. 98 heraus, so erkennen wir Folgendes:

1) Die Dehnung des Betons wird, sofern nur Messungen vor Eintritt der Rißbildung in betracht gezogen werden, größer als diejenige der Eiseneinlage ermittelt, so z. B.

$$\text{unter } P = 500 \text{ kg zu } 0{,}33 \text{ gegen } 0{,}29, \text{ d. i. } 1{,}14 : 1,$$
$$\text{» } P = 2000 \text{ » » } 2{,}09 \text{ » } 1{,}84, \text{ » } 1{,}14 : 1,$$
$$\text{» } P = 3000 \text{ » » } 4{,}54 \text{ » } 4{,}00, \text{ » } 1{,}135 : 1.$$

Die Betonschicht, deren Verlängerung gemessen wurde, liegt auf der Unter-fläche des 203,6 mm hohen Balkens, während die Eisenfläche, auf welcher sich die Schneiden der Meßinstrumente befinden, um $7{,}5 + 7{,}1 = 14{,}6$ mm von der

---

[1]) Die Messungen ergaben natürlich die Dehnung der Eiseneinlagen zuverlässiger, als wenn Stifte in die Eiseneinlagen eingeschraubt und deren Bewegungen als Dehnung der letzteren ange-sehen werden.

Balkenfläche abstand (Spalten 11 und 25 der Zusammenstellung 34). Dem Verhältnis 1 : 1,14 würde eine Lage der Nullachse im Abstand z von der Balkenunterfläche entsprechen, die sich berechnet aus

$$z : (z - 14{,}6) = 1{,}14 : 1 \text{ zu } z = 119 \text{ mm,}$$

was der tatsächlichen Lage der Nullinie in dem 203,6 mm hohen Balken mit ziemlicher Annäherung entsprechen dürfte, so daß also hier gleiche Dehnung des Eisens und des Betons nachgewiesen erscheint.

2) Nach eingetretener Rißbildung nähert sich die gemessene Verlängerung des Betons trotz des Unterschiedes der Abstände von der Nullachse derjenigen des Eisens mehr und mehr und überschreitet sie gegen den Schluß um geringe

Fig. 204. Versuchsanordnung für die Balken mit Bauart nach Fig. 83.

Beträge, deren Größe übrigens als innerhalb der durch Beobachtungsunvollkommenheiten gelegenen Genauigkeitsgrenze liegend angesehen werden muß.

3) Für beispielsweise $P = 3000$ kg beträgt die gesamte Verlängerung des Eisens (auf die Längeneinheit) im Schwerpunkt des Eisenquerschnitts

$$\frac{4{,}00}{200 \cdot 65{,}2} \cdot \frac{119 - \left(7{,}5 + \dfrac{7{,}1}{2}\right)}{119 - (7{,}5 + 7{,}1)} = 0{,}000317 \text{ cm.}$$

Derselben entspricht eine Spannung von rund $0{,}000317 \cdot 2\,100\,000 = 666$ kg/qcm.

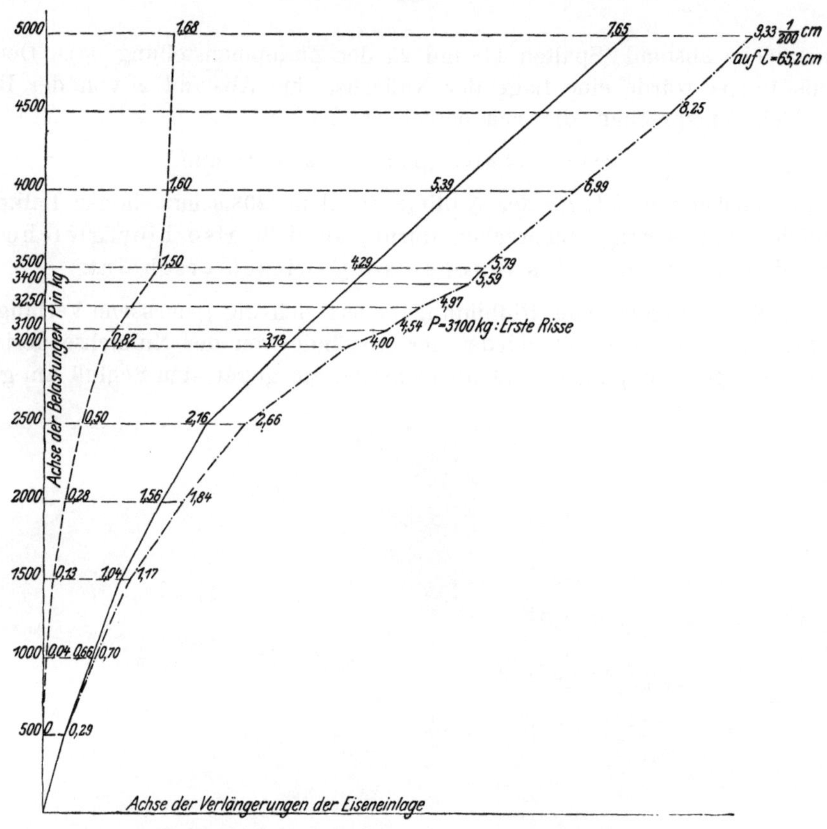

Fig. 205   Balken Nr. 98 (Bauart nach Fig. 83).   Verlängerungen der Eiseneinlage.

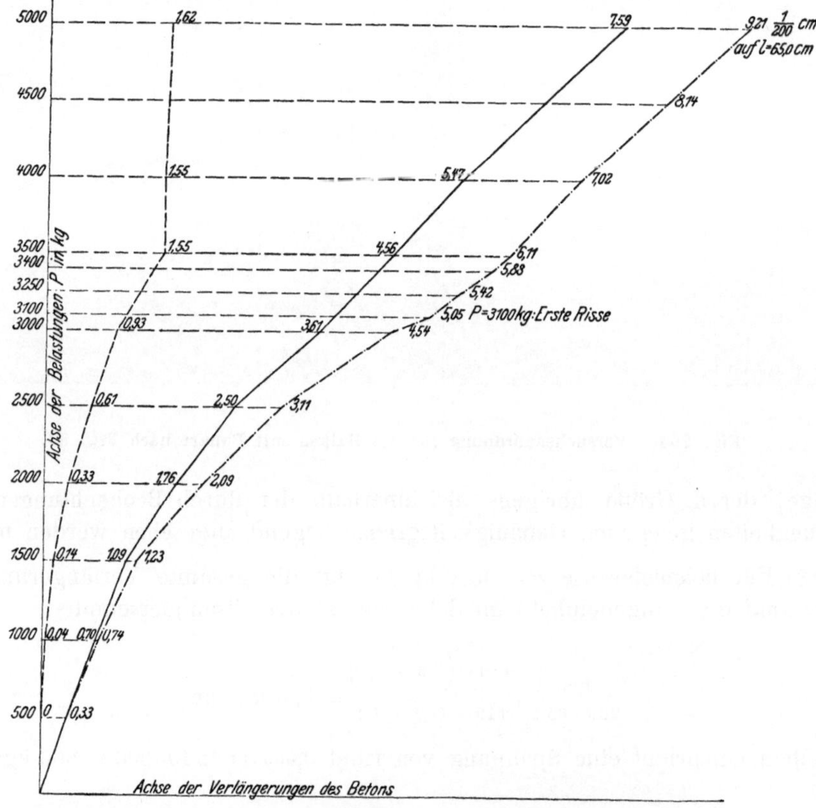

Fig. 206.   Balken Nr. 98 (Bauart nach Fig. 83).   Verlängerungen des Betons auf der
unteren Balkenfläche.

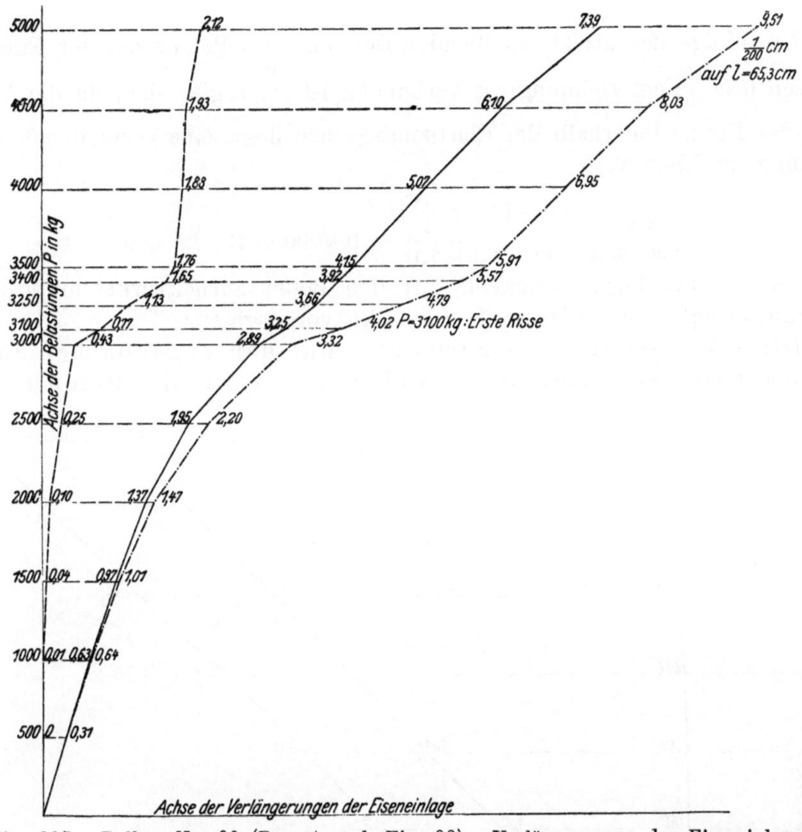

Fig. 207. Balken Nr. 99 (Bauart nach Fig. 83). Verlängerungen der Eiseneinlage.

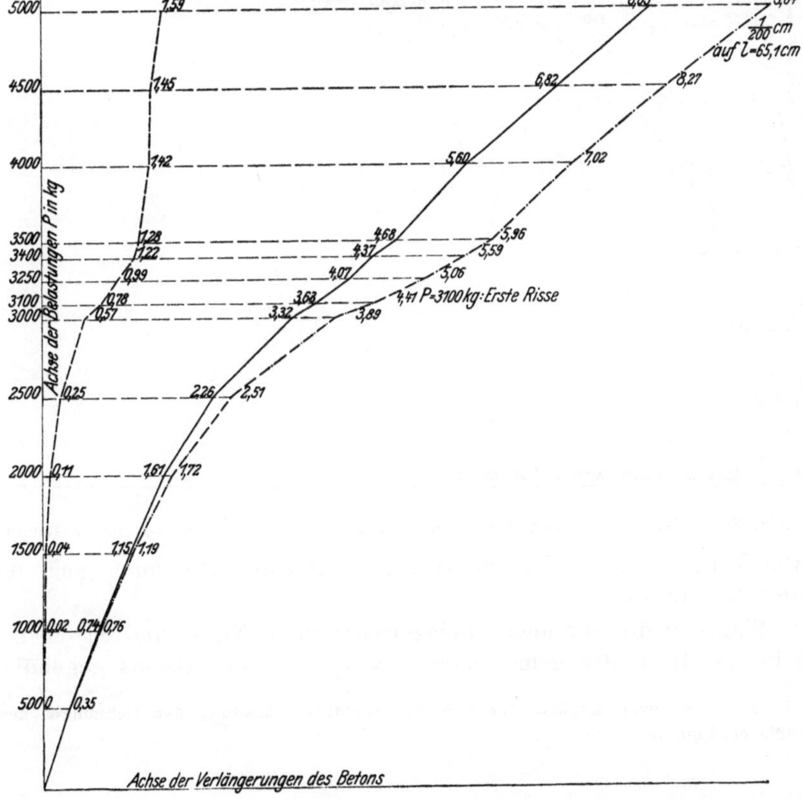

Fig. 208. Balken Nr. 99 (Bauart nach Fig. 83). Verlängerungen des Betons auf der unteren Balkenfläche.

Da infolge der großen bleibenden Dehnung des Betons bei der Entlastung in Eisen $0{,}82\frac{1}{200}$ cm Dehnungrest vorhanden ist, so ergibt sich, da die Anstrengung des Eisens innerhalb der Elastizitätsgrenze liegt, eine verbleibende Gegenspannung im Eisen von

$$\frac{0{,}82}{200\cdot 65{,}2}\cdot\frac{119-\left(7{,}5+\frac{7{,}1}{2}\right)}{119-(7{,}5+7{,}1)}\cdot 2\,100\,000 = 137 \text{ kg/qcm},$$

mit welcher das Eisen drückend auf den Beton zurückwirkt, ursprüngliche Spannungslosigkeit des Eisens für $P=0$ kg vorausgesetzt.

Diese Feststellung ist gemacht, ohne daß angenommen zu werden brauchte, das Eisen dehne sich genau so wie der Beton[1]).

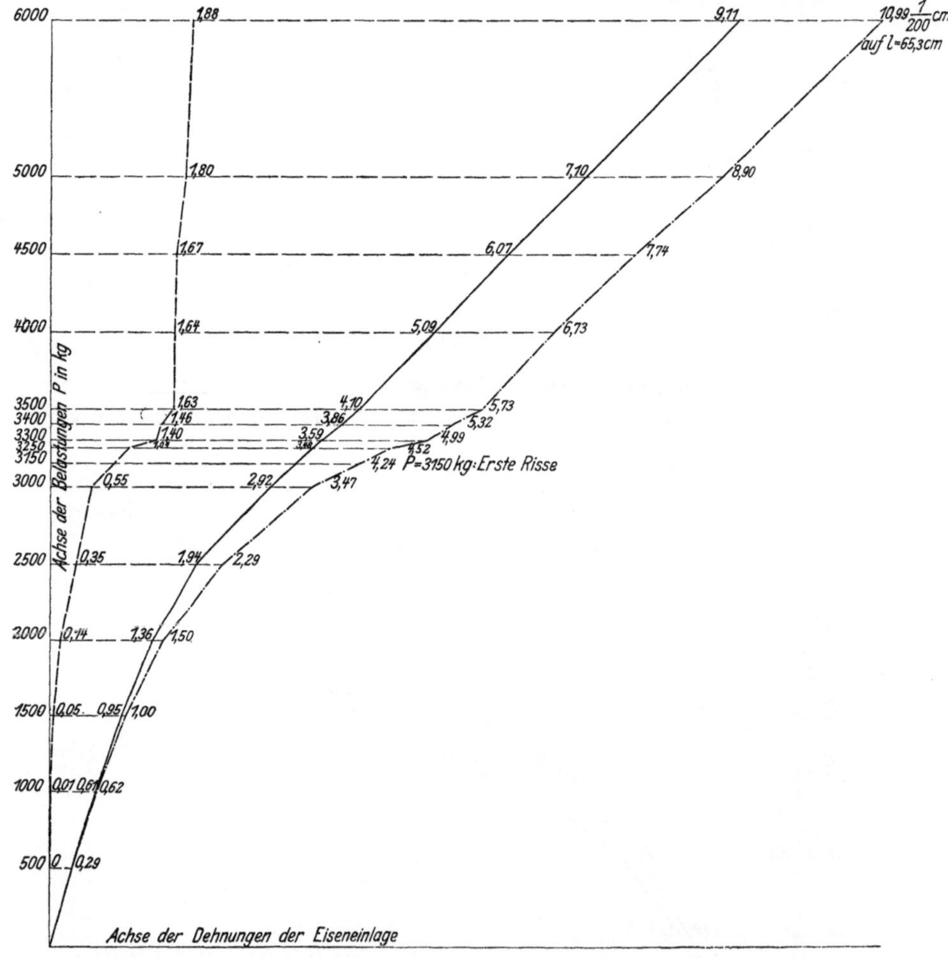

Fig. 209. Balken Nr. 100 (Bauart nach Fig. 83). Verlängerungen der Eiseneinlage.

Der Vergleich der 4 Balken Nr. 98, 99, 100 und 101 unter sich führt zu folgenden Ergebnissen.

1) Während die nur feucht gelagerten Balken Nr. 98 und 99 einen Unterschied bis 14 vH in der gemessenen Verlängerung des Betons gegenüber der-

---

[1]) Ueber die Zuverlässigkeit der hier durchgeführten Messung der Dehnungen des Eisens siehe Fußbemerkung Seite 90.

jenigen des der Nullachse näher gelegenen Eisens aufweisen, steigt derselbe bei den unter Wasser gelagerten Balken Nr. 100 und 101 bis 29 vH (Balken Nr. 100 unter $P = 2000$ kg).

2) Der größere Unterschied bleibt auch nach eingetretener Rißbildung bestehen.

3) Die Dehnung des Betons, unmittelbar vor Beobachtung der ersten Risse, wurde ermittelt zu

$(0{,}349 + 0{,}299) : 2 = \mathbf{0{,}324}$ mm für die Balken Nr. 98 und 99 (Lagerung auf feuchtem Sand),

$(0{,}328 + 0{,}407) : 2 = \mathbf{0{,}367}$ mm für die Balken Nr. 100 und 101 (Lagerung unter Wasser).

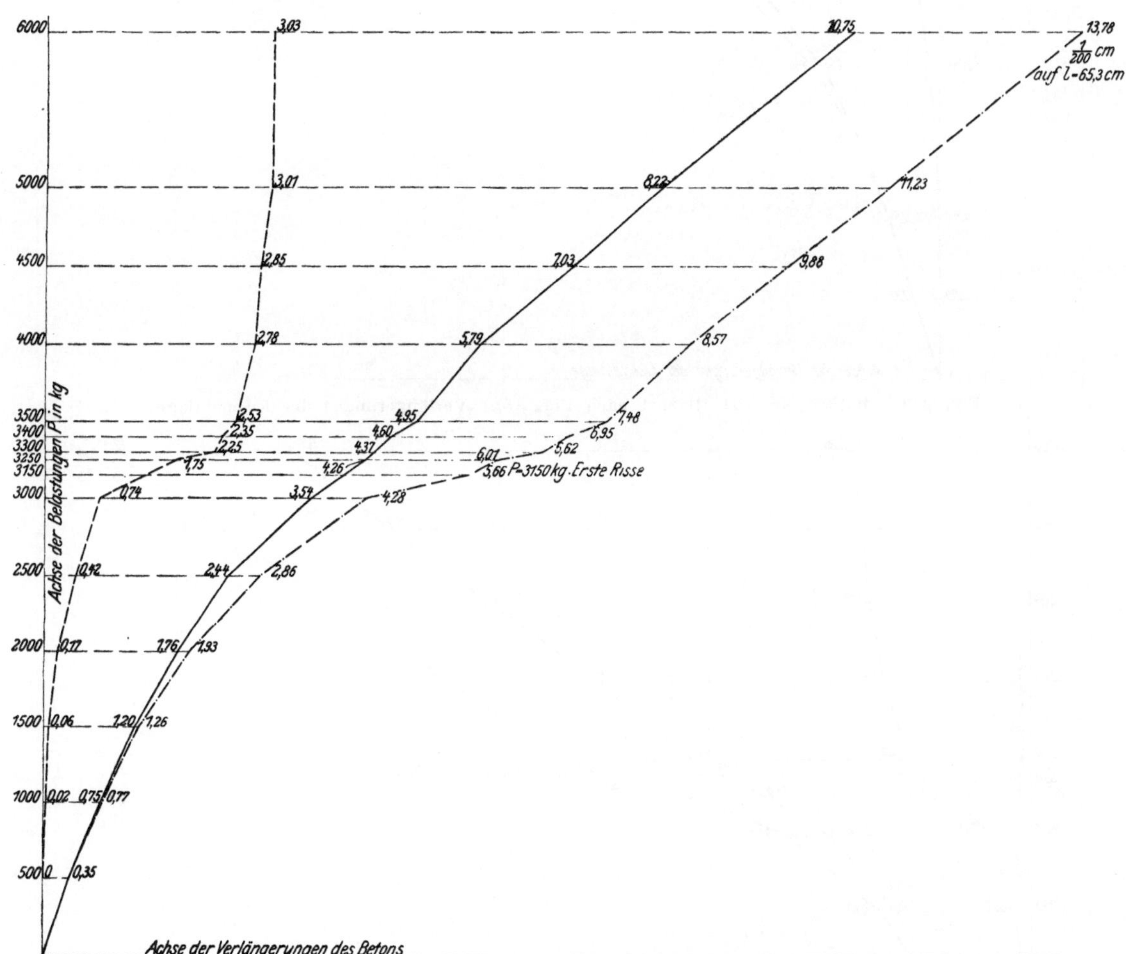

Fig. 210. Balken Nr. 100 (Bauart nach Fig. 83). Verlängerungen des Betons auf der unteren Balkenfläche.

Für die Balken Nr. 100 und 101, welche unter Wasser gelagert haben, ist somit die Verlängerung vor der Rißbildung im Durchschnitt etwas größer als für die Balken Nr. 98 und 99, deren Lagerung auf nassem Sand erfolgte. Dieser Unterschied erklärt sich dadurch, daß der Beton unter Wasser eine größere Volumenzunahme erfährt als derjenige, welcher auf feuchtem Sand gelagert ist und mit feuchten Säcken bedeckt war.

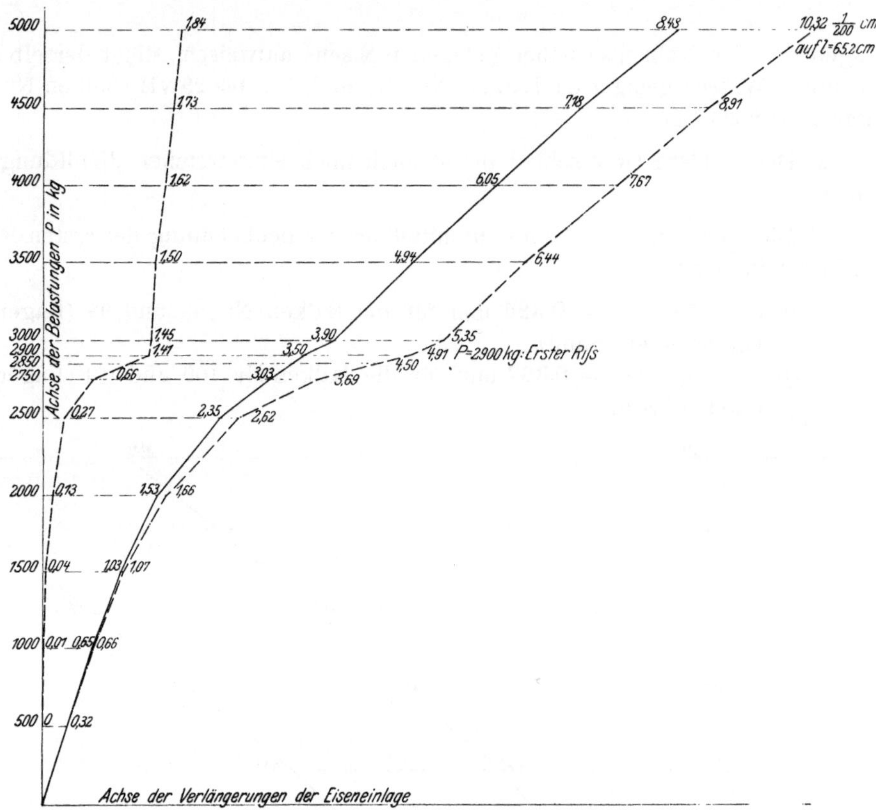

Fig. 211. Balken Nr. 101 (Bauart nach Fig. 83). Verlängerungen der Eiseneinlage.

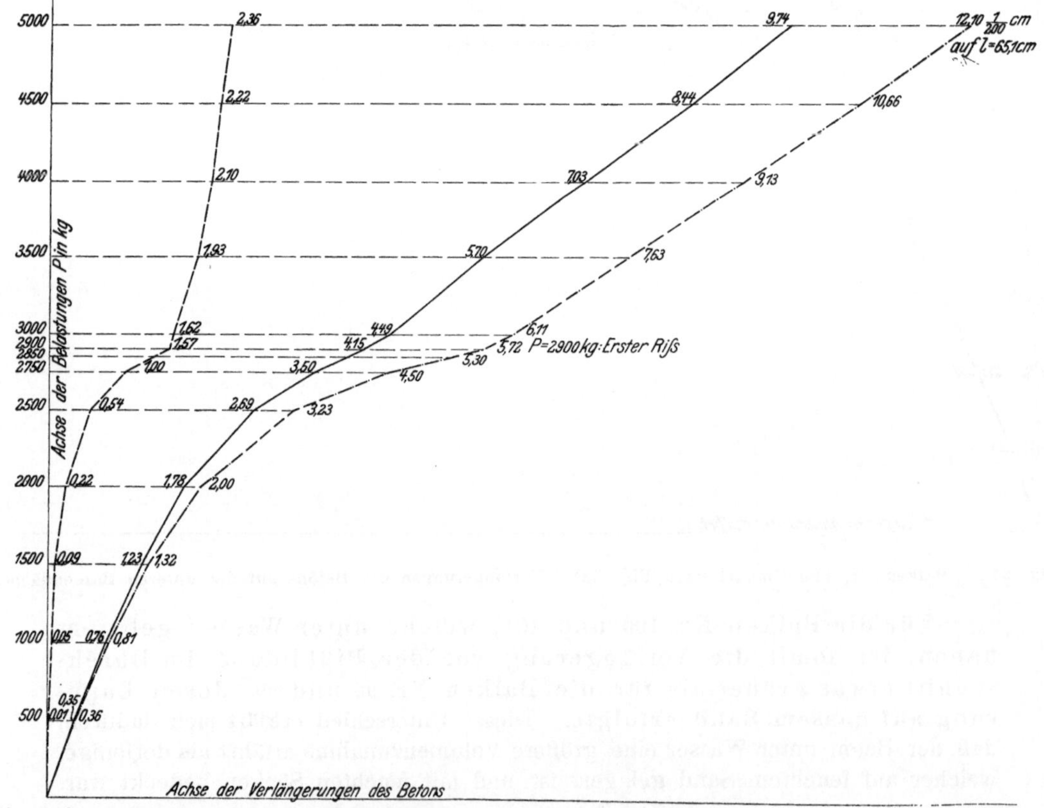

Fig. 212. Balken Nr. 101 (Bauart nach Fig. 83). Verlängerungen des Betons auf der unteren Balkenfläche.

Um die bei den Balken Nr. 98 bis 101 (mit möglichst wirksamer Eiseneinlage) erhaltenen Dehnungen des Betons mit den Dehnungen zu vergleichen, welche ein gleich zusammengesetzter Balken, jedoch ohne Eiseneinlagen, ergibt, wurde ein Balken nach Fig. 213 aus demselben Beton wie die Balken nach Fig. 83 hergestellt, in feuchtem Sand gelagert, und nach 172 Tagen der Prüfung unterworfen. Die Ergebnisse der Dehnungsmessungen sind in Fig. 214 dargestellt. Der Bruch erfolgte unter $P = 2300$ kg.

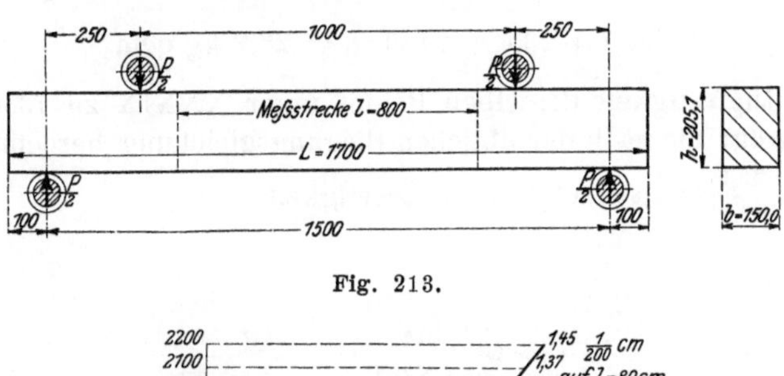

Fig. 213.

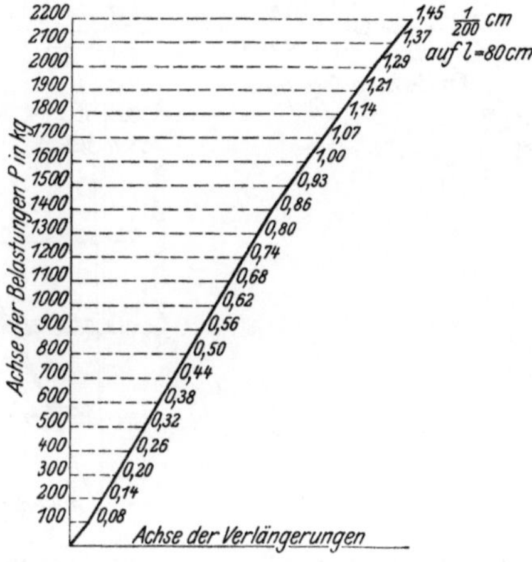

Fig. 214. Balken Nr. 102 (Bauart nach Fig. 213). Verlängerungen auf der unteren Balkenfläche.

Hiernach fand sich die Verlängerung des Betons ohne Einlagen kurz vor dem Bruch zu

$$1{,}45\ \frac{1}{200}\ \text{cm auf } l = 80{,}0\ \text{cm,}$$

$$= \mathbf{0{,}091}\ \text{mm auf 1 m Länge,}$$

d. i. rund ein Viertel des oben angegebenen Wertes für Beton mit besonders wirksamer Eiseneinlage.

4) Die Ergebnisse der Dehnungsmessungen an den 4 Balken sind in den Fig. 205 bis 212 zeichnerisch dargestellt. Wie bereits früher (Seite 21 im Heft 39) festgestellt wurde, fallen die ersten Risse in das Gebiet der stärksten Krümmung der Dehnungslinien, so daß die ersten Risse entdeckt wurden, kurz bevor die Linien zum zweiten Male den einer Geraden sich nähernden Verlauf nehmen.

Ueber die weitere Verwendung der Versuchsergebnisse vergl. unter LX.

XXXVII) 3 Balken mit Bauart nach Fig. 84: Nr. 66, 67 und 69.

Diese Balken sind rund 150 mm breit und besitzen keine Eiseneinlage.

Die Ergebnisse der Prüfung sind in den Zusammenstellungen 36 und 37 wiedergegeben.

Für den Balken Nr. 66 sind in den Fig. 215 bis 217 die Ergebnisse der Dehnungsmessungen und die für die Mitte der Balkenlänge ermittelten Durchbiegungen zeichnerisch dargestellt.

In Fig. 218 ist für denselben Balken die Lage der Nullinie unter den einzelnen Belastungsstufen angegeben.

Die in den Zusammenstellungen 36 und 37 angegebene Biegungsfestigkeit K_b des Betons beträgt unter Berücksichtigung des Eigengewichts

$$(24{,}1 + 23{,}0 + 24{,}7) : 3 = \mathbf{23{,}9} \text{ kg/qcm.}$$

Da die Zugfestigkeit desselben Betons unter XXXIX zu 13,0 kg/qcm sich ergibt, so beträgt die nach der üblichen Biegungsgleichung berechnete Biegungsfestigkeit das $\dfrac{23{,}9}{13{,}0} = 1{,}84$-fache der Zugfestigkeit.

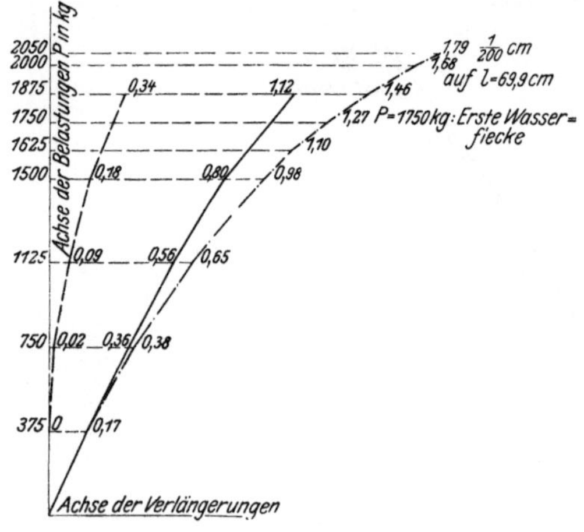

Fig. 215. Balken Nr. 66 (Bauart nach Fig. 84).
Verlängerungen auf der unteren Balkenfläche.

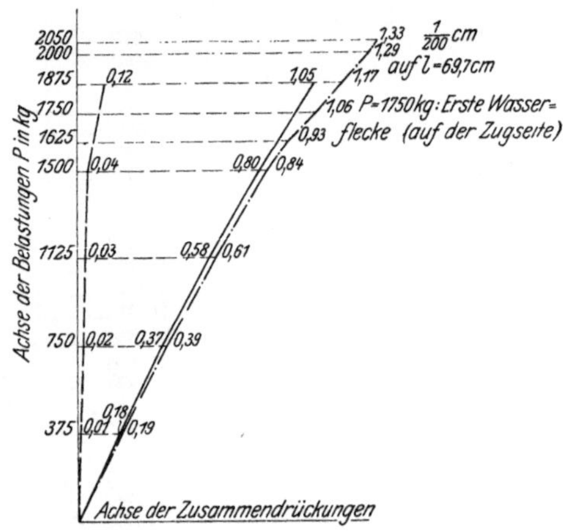

Fig. 216. Balken Nr. 66 (Bauart nach Fig. 84).
Zusammendrückungen auf der oberen Balkenfläche.

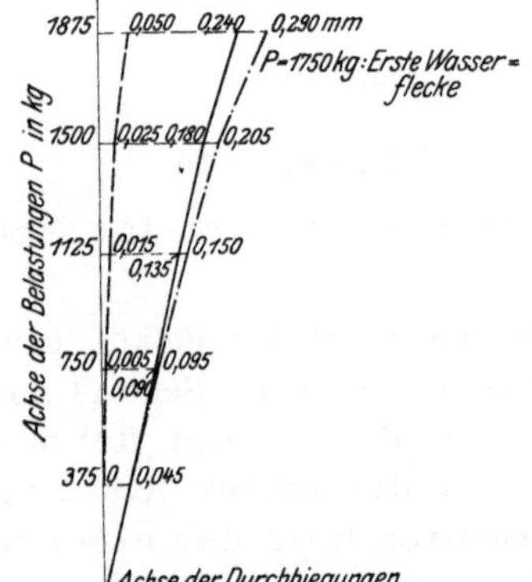

Fig. 217. Balken Nr. 66 (Bauart nach Fig. 84).
Durchbiegungen in der Mitte der Balkenlänge.

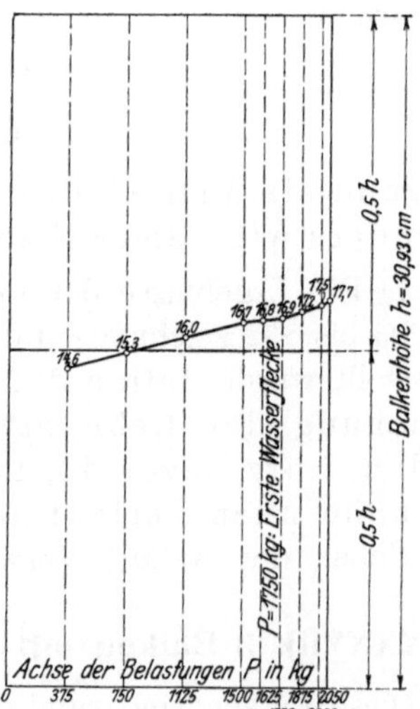

Fig. 218. Lage der Nullinie mit steigender Belastung
für Balken Nr. 66 (Bauart nach Fig. 84).

Die bei diesen Balken ohne Eiseneinlage beobachteten Wasserflecke[1]) traten bei einer Verlängerung des Betons von durchschnittlich 0,08 mm auf 1 m Länge auf. Sie wurden bemerkt unter

$$P = (1750 + 1625 + 1625) : 3 = 1667 \text{ kg.}$$

Die durchschnittliche Bruchbelastung derselben Balken beläuft sich auf

$$P_{max} = (2100 + 2000 + 2150) : 3 = 2083 \text{ kg.}$$

Die Verlängerungen des Betons, kurz vor dem Bruch gemessen, und zwar unter $P = 2050$, 1875 und 2150 kg, sind

$$(0{,}128 + 0{,}120 + 0{,}127) : 3 = \mathbf{0{,}125} \text{ mm auf 1 m Länge,}$$

d. i. um die Hälfte mehr als die Dehnung betrug, unter welcher die ersten Wasserflecke beobachten wurden[1]).

XXXVIII) Versuche zur Ermittlung der Druckfestigkeit, sowie der Druckelastizität des Betons. Größe der Zahl n (Verhältnis des Dehnungskoeffizienten von Beton zu demjenigen des Eisens) mit steigender Druckspannung.

Für die Druckfestigkeit des Betons, ermittelt an Würfeln von 30 cm Kantenlänge, ergaben sich die in der Zusammenstellung 38 enthaltenen Werte. Die Herstellung erfolgte in eisernen Formen und auf möglichst gleiche Weise wie bei den Balken. Das Zerdrücken geschah senkrecht zur Stampfrichtung.

Nach Zusammenstellung 38 beträgt die Druckfestigkeit im Mittel

$$\mathbf{228} \text{ kg/qcm}\,{}^{2}).$$

Zusammenstellung 38.

Bezeichnung	Prüfungs-tag	Alter	Ge-wicht G	Abmessungen			Vo-lumen $a\,b\,h$	Raum-gewicht $\dfrac{1000\,G}{a\,b\,h}$	Quer-schnitt $a\,b$	Bruchbelastung	
				Seite a	Seite b	Höhe h				beob-achtet	auf 1 qcm
		Tage	kg	cm	cm	cm	ccm		qcm	kg	kg
1	3. 10. 07	193	63,35	30,28	30,08	30,03	27 351	2,32	910,8	214 500	236
2	3. 10. 07	193	63,85	30,06	30,41	30,06	27 478	2,32	914,1	210 700	230
3	3. 10. 07	193	62,65	30,05	30,05	30,05	27 135	2,31	903,0	194 200	215
4	3. 10. 07	193	62,55	30,05	30,08	30,06	27 171	2,30	903,9	204 500	226
5	22. 12. 06	213	63,50	30,47	30,04	30,06	27 514	2,31	915,3	224 500	245
6	22. 12. 06	213	63,55	30,44	30,08	30,03	27 497	2,31	915,6	213 200	233
7	22. 12. 06	213	63,90	30,62	30,06	30,07	27 678	2,31	920,4	224 500	244
8	30. 1. 07	230	63,40	30,16	30,07	30,07	27 270	2,32	906,9	212 000	234
9	30. 1. 07	230	64,10	30,08	30.59	30,05	27 649	2,32	920,1	214 500	233
10	30. 1. 07	230	63,80	30,10	30,50	30,05	27 586	2,31	918,0	218 200	238
11	6. 4. 07	221	63,10	30,06	30,18	30,07	27 280	2,31	907,2	182 400	201
12	6. 4. 07	221	63,15	30,06	30,21	30,05	27 288	2,31	908,1	182 400	201
Durchschnitt		212	—	—	—	—	—	2,31	—	—	228

[1]) Diesen Feststellungen gegenüber müssen die Mitteilungen Turneaures hervorgehoben werden. Dieser schreibt in Engineering News 1904 Band 52 Seite 214: »In the plain concrete no watermarks or cracks were observed before rupture.« Turneaure ist deshalb der Ansicht, daß der Wasserfleck einen feinen Riß in sich schließe, und führt als Beweis an, daß ein aus dem Balken an einer Stelle, an der vorher ein Wasserfleck aufgetreten ist, herausgesägtes Betonstück an dieser Stelle zerfiel. Vergl. hierzu auch die Darlegungen Seite 156 u. f. (Anhang).

[2]) Als zulässige Druckspannung im gebogenen Balken ist nach den amtlichen »Bestimmungen« vom Jahre 1904 ein Fünftel der Druckfestigkeit gestattet, d. i. im vorliegenden Falle $\frac{1}{5} \cdot 228 = 45{,}6$ kg/qcm.

Die »Bestimmungen« vom Jahre 1907 erlauben ein Sechstel der Druckfestigkeit als zulässige Druckspannung bei Biegung, d. i. $\frac{1}{6} \cdot 228 = 38$ kg qcm.

Zur Bestimmung der gesamten, bleibenden und federnden Zusammendrückungen des Betons wurden Prismen nach Fig. 91 verwendet.
Sie sind rd. 100 cm hoch und besitzen einen quadratischen Querschnitt von rd.
20 cm Seite.

Vor der Prüfung, die in einer stehenden Maschine erfolgte, waren die Versuchskörper durch Hobeln mit ebenen und parallelen Stirnflächen versehen
worden.

Die benutzte Meßvorrichtung zur Ermittlung der Zusammendrückungen
findet sich beschrieben in der Zeitschrift des Vereines deutscher Ingenieure 1895
Seite 489 u. f, sowie in derselben Zeitschrift 1898 Seite 35 u. f., oder in C. Bach,
»Elastizität und Festigkeit« 4. Auflage Seite 111 u. f., 5. Auflage Seite 115 u. f.

Als geringste Belastung (Anfangslast P_a) wird für den mittleren Querschnitt des Körpers erhalten: das halbe Eigengewicht, vermehrt um das Gewicht
der angebrachten Instrumente mit dem oberen Bügel.

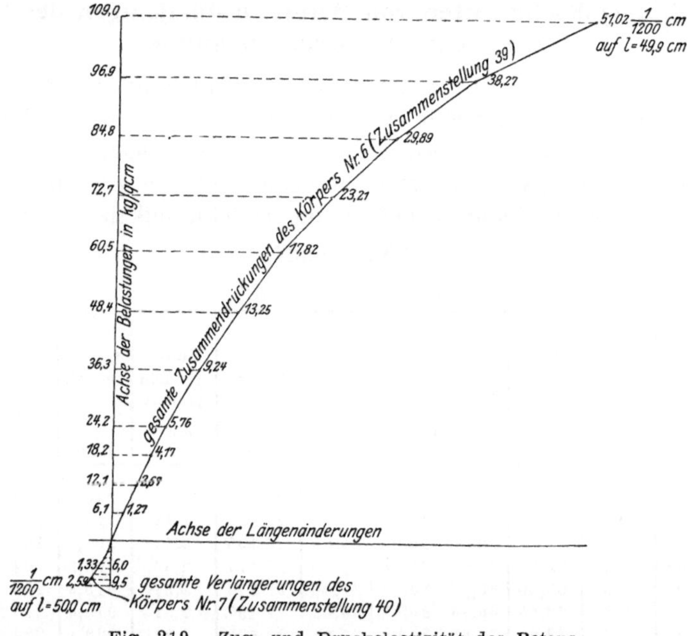

Fig. 219. Zug- und Druckelastizität des Betons.

Die Belastungsweise war folgende: unter P_a Ablesung der Instrumente,
dann Belastung mit $P = 2500$ kg, nach 3 Minuten Ablesen der Instrumente;
hierauf Entlasten auf P_a, dort wieder nach 3 Minuten Ablesen der Instrumente;
nun folgt $P = 5000$ kg, P_a u. s. f. Die Zusammendrückungen wurden demnach
für jede Belastungsstufe nur einmal bestimmt, ganz entsprechend dem Vorgang
bei der Prüfung der Balken (vergl. unter III, Seite 12 in Heft 39).

Die Versuchsergebnisse sind in der Zusammenstellung 39 enthalten. Fig. 219
zeigt im oberen Teile die gesamten Zusammendrückungen für den Körper Nr. 6,
während im unteren Teile die gesamten Verlängerungen des unter XXXIX besprochenen Zugkörpers Nr. 7 eingetragen sind.

Nach Beendigung der Untersuchungen, in der Regel reichend bis rund
110 kg/qcm, wurde an den Prismen die Bruchbelastung ermittelt. Sie beträgt

$$(155 + 143 + 145 + 142) : 4 = 146 \text{ kg/qcm},$$

d. i. $\dfrac{146}{228} \cdot 100 = 64$ vH der oben gefundenen Würfelfestigkeit[1]). Dabei ist die Länge der Prismen gleich dem Fünffachen der Seite des Querschnitts.

Die geprüften Körper sind in Fig. 220 abgebildet.

Das Verhältnis des Dehnungskoeffizienten der federnden Zusammendrückungen des Betons zu demjenigen des Eisens, der zu $\dfrac{1}{2\,100\,000}$ angenommen werden kann, beträgt, wenn Körper Nr. 6 herausgegriffen wird, auf der Belastungsstufe von

$$0{,}2 \text{ bis } 6{,}1 \text{ kg/qcm} \quad \ldots \quad \dfrac{2\,100\,000}{280\,400} = 7{,}5,$$

$$0{,}2 \;\text{»}\; 36{,}3 \;\text{»} \quad \ldots \quad \dfrac{2\,100\,000}{239\,400} = 8{,}8,$$

$$0{,}2 \;\text{»}\; 72{,}7 \;\text{»} \quad \ldots \quad \dfrac{2\,100\,000}{196\,100} = 10{,}7,$$

$$0{,}2 \;\text{»}\; 109{,}0 \;\text{»} \quad \ldots \quad \dfrac{2\,100\,000}{145\,000} = 14{,}5.$$

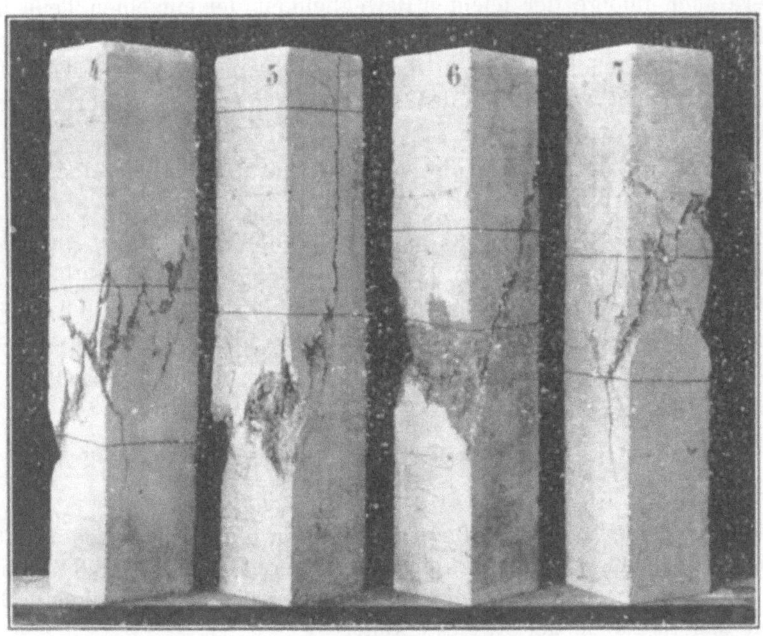

Fig. 220. Körper nach Fig. 91 zur Ermittlung der Druckelastizität.

Wenn in den amtlichen Bestimmungen gesagt ist: »Das Elastizitätsmaß des Eisens ist zu dem Fünfzehnfachen von dem des Betons anzunehmen, wenn nicht ein anderes Elastizitätsmaß nachgewiesen wird«, so erkennt man deutlich, daß dieses Verhältnis erst bei sehr hohen Belastungen erreicht wird, worauf auch die Ermittlungen, betreffend die Lage der Nullachse in Fig. 100, 106, 112, 139, 145, 153, 170, 182 bis 184, 194 und 203 hindeuten.

Die übrigen Körper der Zusammenstellung 39 liefern ähnliche Ergebnisse.

---

[1]) Versuche gleicher Art finden sich auch in Heft 29 der Mitteilungen über Forschungsarbeiten, Druckversuche A mit Eisenbetonkörpern, Seite 18 und 27: Würfelfestigkeit nach 90 Tagen 159 kg/qcm, Druckfestigkeit von Säulen mit **25** cm Seitenlänge und 1 m Länge (Länge = dem Vierfachen der Seite des Querschnitts) 141 kg/qcm, d. i: $\dfrac{141}{159} \cdot 100 = 89$ vH der Würfelfestigkeit.

XXXIX) Versuche zur Ermittlung der Zugelastizität und Zugfestigkeit des Betons.

Vergleich des Dehnungskoeffizienten α für Zug und Druck.

Zur Bestimmung der gesamten, bleibenden und federnden Verlängerungen des Betons sind Körper nach Fig. 92 hergestellt worden. Der Querschnitt dieser Körper im mittleren prismatischen Teil beträgt rund $20 \cdot 20 = 400$ qcm. Die Flächen $a\,a, a\,a$ sind mit einem dünnen Ueberzug aus reinem Zement versehen und vor der Prüfung derartig durch Hobeln bearbeitet worden, daß die Achse des Versuchskörpers genau in die Mitte zwischen diese Flächen $a\,a, a\,a$ zu liegen kommt.

Die Versuchseinrichtung ist in Fig. 221 abgebildet. Gegen die Flächen $a\,a, a\,a$, Fig. 92, werden gezahnte Laschen durch Schrauben angepreßt, welche die kopfförmigen Enden des Körpers durchdringen. Die Einrichtung bietet, insbesondere auch infolge der leichten Beweglichkeit der einzelnen Teile in Zapfen und Schneiden, die Möglichkeit, den Körper so einzubauen, daß die Zugrichtung mit größerer Wahrscheinlichkeit in die Achse des prismatischen Teiles fällt, als wohl sonst erreicht wird. Bei den früher[1] angewendeten Körperformen ließ sich dies nur schwer erreichen.

Die Meßeinrichtung sowie die Art der Belastung ist dieselbe wie bei den unter XXXVIII besprochenen Druckversuchen.

Die Versuchsergebnisse sind in der Zusammenstellung 40 enthalten. Die Dehnungsmessungen reichen bis zu Spannungen von rund 9,5 kg/qcm. Die Ergebnisse der Messungen an Körper Nr. 7 sind in Fig. 219 unten zeichnerisch dargestellt. Wie ersichtlich, ist der Anschluß an die Druckkurve stetig.

Nach Beendigung der Dehnungsmessungen wurde an denselben Körpern die Zugfestigkeit des Betons ermittelt. Sie ergab sich zu

$$(13,4 + 13,6 + 13,8 + 11,8 + 12,6) : 5 = \mathbf{13,0} \text{ kg/qcm.}$$

Drei der geprüften Körper sind in Fig. 222 abgebildet.

Die Biegungsfestigkeit des Betons wurde für die Balken nach Fig. 84 unter XXXVII angegeben zu 23,9 kg/qcm. Wie bereits unter XXXVII hervorgehoben, beträgt die nach der üblichen Biegungsgleichung berechnete Biegungsfestigkeit das 1,84 fache der Zugfestigkeit.

Im Vergleich mit der Würfelfestigkeit ergibt sich, daß im vorliegenden Falle die Druckfestigkeit das $\dfrac{238}{13} = 18,3$ fache der Zugfestigkeit beträgt[2].

Interessant ist ein Vergleich der Zug- und Druckelastizität des Betons, wobei wegen der Veränderlichkeit von α mit der Spannungszunahme nur solche Werte miteinander verglichen werden dürfen, welche mit Annäherung zu derselben Spannungsstufe gehören.

Es beträgt bei Körper

---

[1] Vergl. Seite 3 in Heft 29 der Mitteilungen über Forschungsarbeiten.

[2] Zugfestigkeiten von Beton, wie sie in den amtlichen Bestimmungen 1907 $\left(\dfrac{1}{10}\right.$ Druckfestigkeit = zulässige Zugspannung = $\dfrac{2}{3}$ Zugfestigkeit) angegeben werden, sind in dieser Höhe dem Verfasser nicht bekannt.

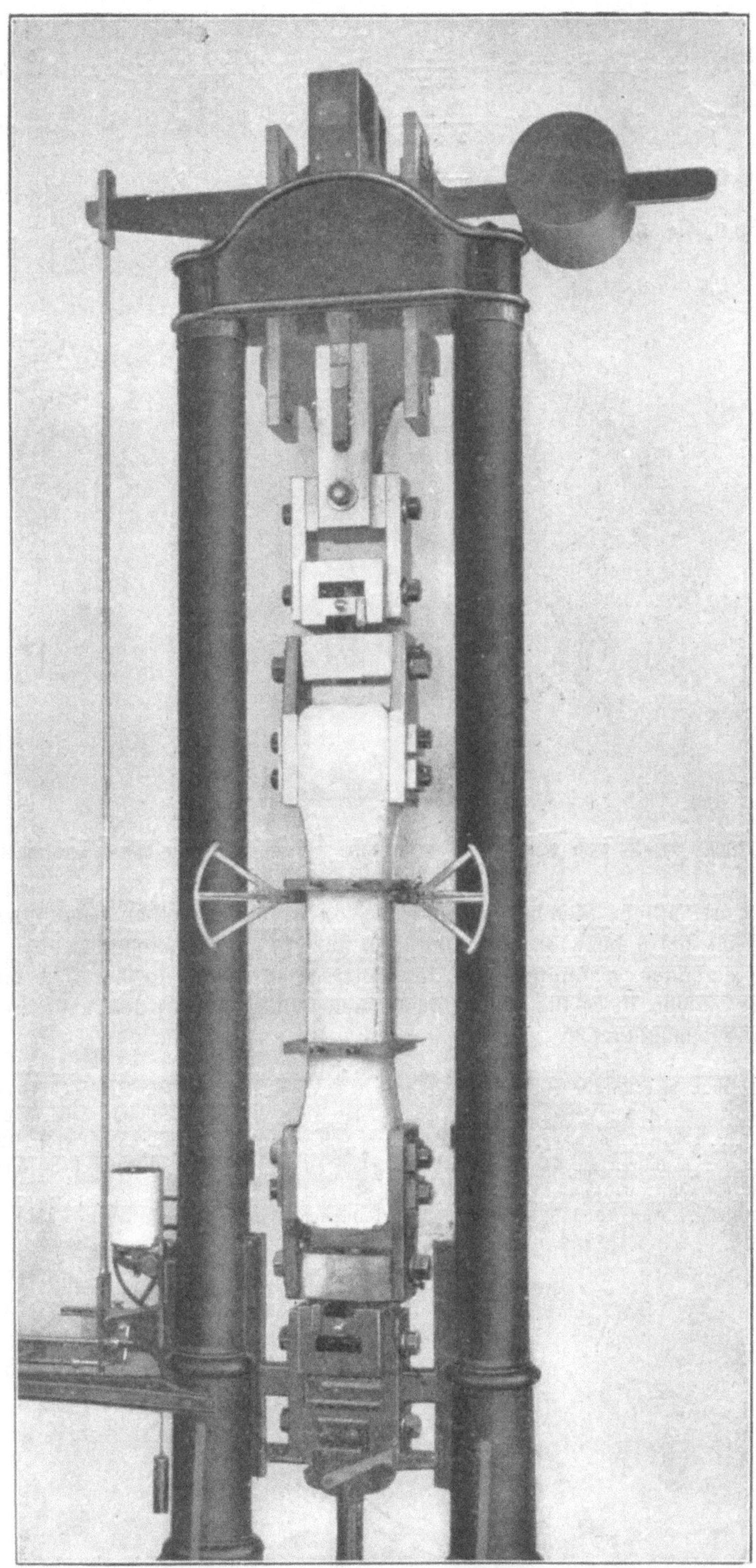

Fig. 221. Versuchseinrichtung zur Bestimmung der Zugelastizität und Zugfestigkeit des Betons.

ZugDruck

Nr. 5 für 0,5 bis 6,1 kg/qcm $\alpha = \dfrac{1}{268\,200}$, Nr. 4 für 0,2 bis 6,0 kg/qcm $\alpha = \dfrac{1}{264\,000}$,

» 7 » 0,5 » 6,0 » $\alpha = \dfrac{1}{280\,200}$, » 5 » 0,2 » 6,1 » $\alpha = \dfrac{1}{257\,000}$,

» 8 » 0,5 » 6,0 » $\alpha = \dfrac{1}{267\,600}$, » 6 » 0,2 » 6,1 » $\alpha = \dfrac{1}{280\,400}$,

» 11 » 0,5 » 5,9 » $\alpha = \dfrac{1}{280\,400}$, » 7 » 0,2 » 6,0 » $\alpha = \dfrac{1}{284\,100}$.

» 12 » 0,5 » 6,0 » $\alpha = \dfrac{1}{275\,000}$.

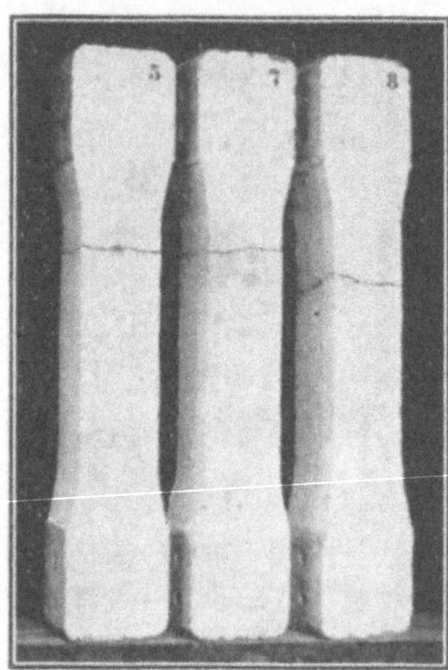

Fig. 222. Körper nach Fig. 92 zur Ermittlung der Zugelastizität und Zugfestigkeit
des Betons (nach dem Bruch).

Wie ersichtlich, weichen die Werte von α auf derselben Spannungsstufe von rund 0,5 bis 6 bezw. 0,2 bis 6 kg/qcm nur wenig von einander ab.

Mit steigender Spannung wird der Unterschied jedoch größer, wie ein Vergleich der Zahlen in Spalte 12 der Zusammenstellung 40 mit denen in Spalte 14 der Zusammenstellung 39 zeigt[1]).

---

[1]) Es muß hier darauf hingewiesen werden, daß, wenn z. B. im Betonkalender 1907 Teil I S. 187 gesagt ist, daß »Versuchsergebnisse, welche über die Zugelastizität Aufschluß geben könnten, nicht bekannt geworden sind«, dies nicht zutreffend ist. Dahingehende Ermittlungen sind schon vor 6 Jahren in der Materialprüfungsanstalt der Königl. Technischen Hochschule Stuttgart durchgeführt worden. Vergl. Mörsch-Wayß und Freytag, der Eisenbetonbau, 1. Aufl. 1902 S. 54 u. f., 2. Aufl. 1906 S. 25 u. f., und Mitteilungen über Forschungsarbeiten 1905 Heft 29 Seite 30.

B) Balken mit T-förmigem Querschnitt.

XL) Bauart der Versuchskörper, Fig. 223 bis 236.

Der Querschnitt der Balken und der Gesamtquerschnitt der Eiseneinlagen sind für alle Versuchskörper annähernd gleich groß.

Fig. 223.

3 Balken mit 3 geraden Einlagen: die mittlere von 32 mm, die beiden seitlichen von 25 mm Dmr.

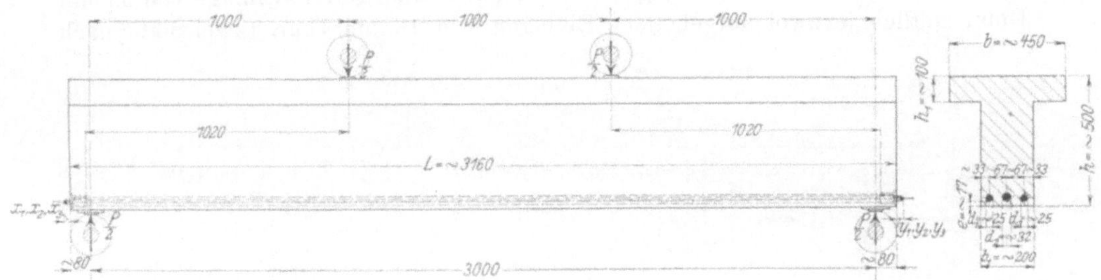

Fig. 223.

Um das Gleiten der Eisen verfolgen zu können, war die in Fig. 223 angegebene und durch Fig. 6 und 7 (Heft 39) näher dargestellte und daselbst besprochene Einrichtung getroffen worden.

Fig. 224.

3 Balken mit 3 geraden Einlagen wie bei den Balken nach Fig. 223. In den äußeren Balkenteilen sind außerdem noch je 12 Bügel aus 7 mm starkem

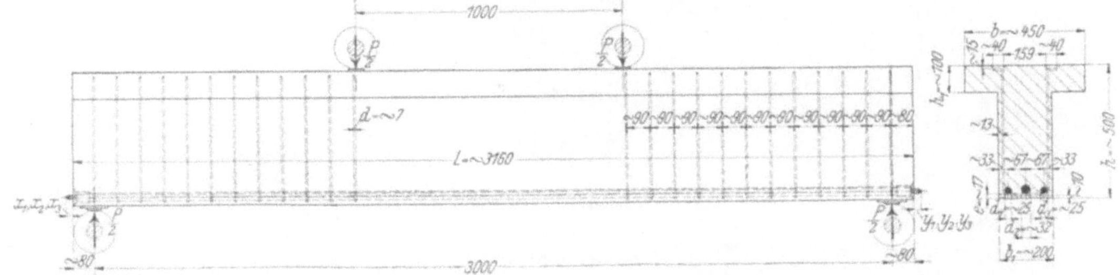

Fig. 224.

Rundeisen, Fig. 230, einbetoniert worden. Die Verbindung der Bügel mit den geraden Rundstäben erfolgte durch 2 mm starken Bindedraht.

Fig. 225.

3 Balken mit 3 geraden Einlagen wie bei den Balken nach Fig. 223 und
224. In den äußeren Balkenteilen sind zusammen 48 Bügel aus Flacheisen,
Fig. 231 und 232, einbetoniert worden.

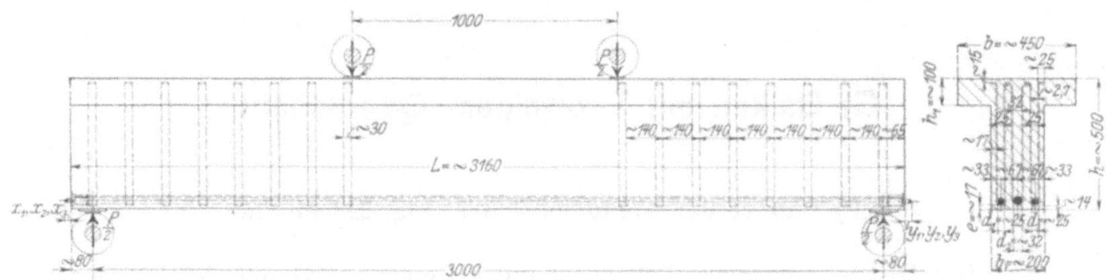

Fig. 225.

Fig. 226.|

3 Balken mit 5 Eiseneinlagen: in der Mitte eine gerade Einlage von 32 mm
Dmr., seitlich je zwei aufgebogene Einlagen von 18 mm Dmr. (zwei Stäbe nach

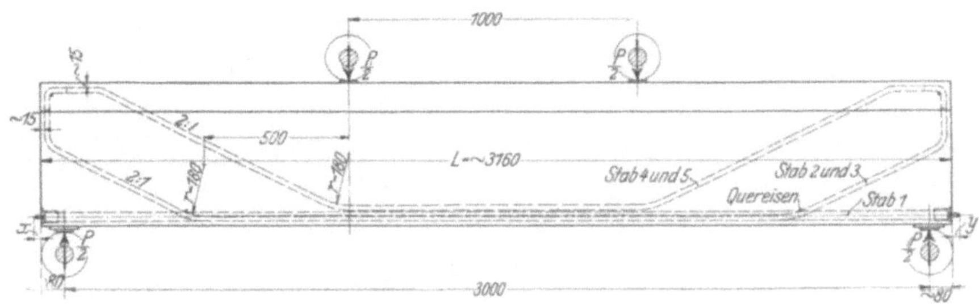

Fig. 226.

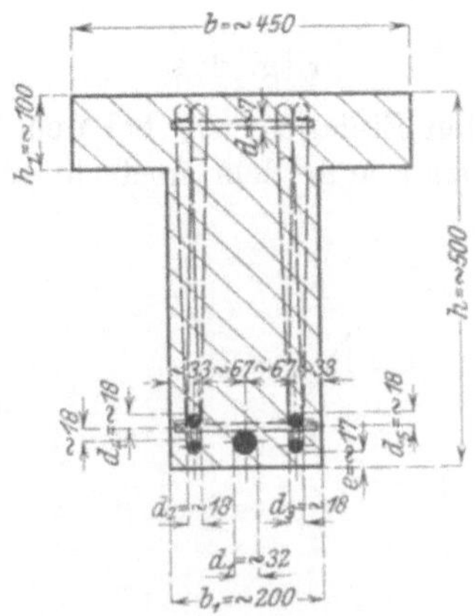

Zu Fig. 226.

Fig. 233, im Balken oben gelegen, zwei andere nach Fig. 234, im Balken unten
gelegen).

Fig. 227.

3 Balken mit 5 Eiseneinlagen wie bei den Balken nach Fig. 226. Außerdem sind noch 24 Bügel aus 7 mm Rundeisen (nach Fig. 230) einbetoniert worden, in gleicher Weise wie bei den Balken nach Fig. 224.

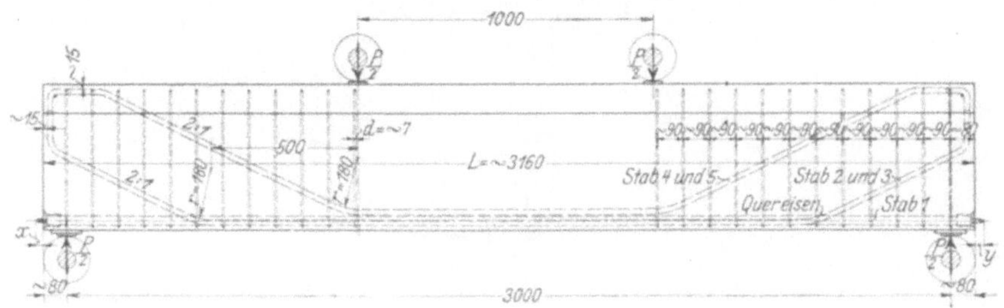

Fig. 227.

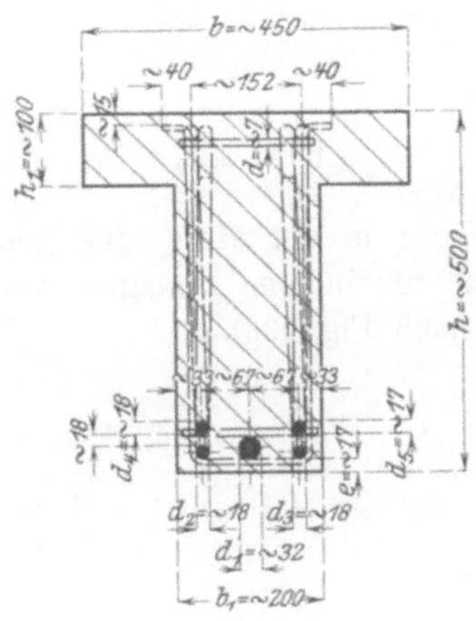

Zu Fig. 227.

Um den Eiseneinlagen ihre Form und ihre Lage sowohl zueinander als auch im Beton, so wie gewollt, nach Möglichkeit zu sichern, erweisen sich die Bügel als gutes Hilfsmittel; sie werden mit den Einlagen durch kräftigen Draht sorgfältig verbunden und verleihen dann der gesamten Armierung eine gewisse Widerstandsfähigkeit gegen Verschiebung während des Stampfens.

Fig. 228.

Die Anordnung der Einlagen ist dieselbe wie bei den Balken nach Fig. 227. Der einzige Unterschied ist das Vorhandensein von Haken an der mittleren Einlage.

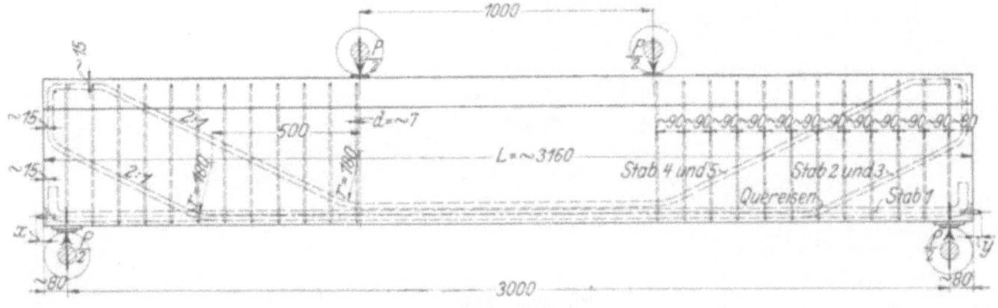

Fig. 228.

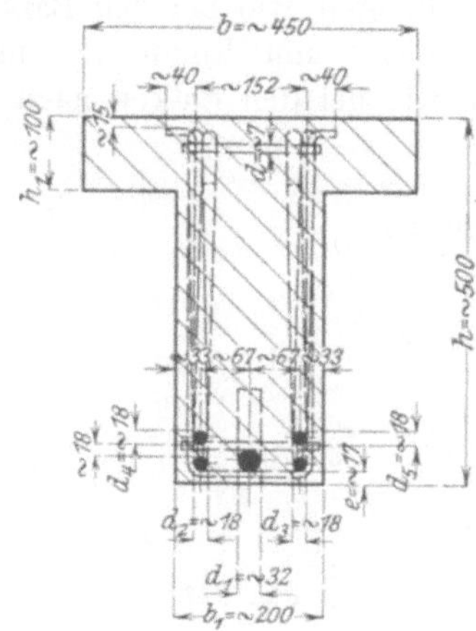

Fig. 229.

3 Balken mit 5 Einlagen: in der Mitte eine gerade Einlage von 32 mm Dmr., seitlich je zwei steiler aufgebogene Einlagen von 18 mm Dmr. (zwei Stäbe nach Fig. 235, zwei Stäbe nach Fig. 236).

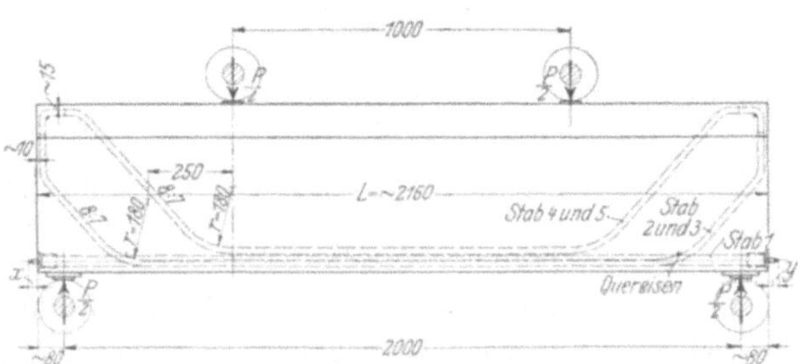

Fig. 229.

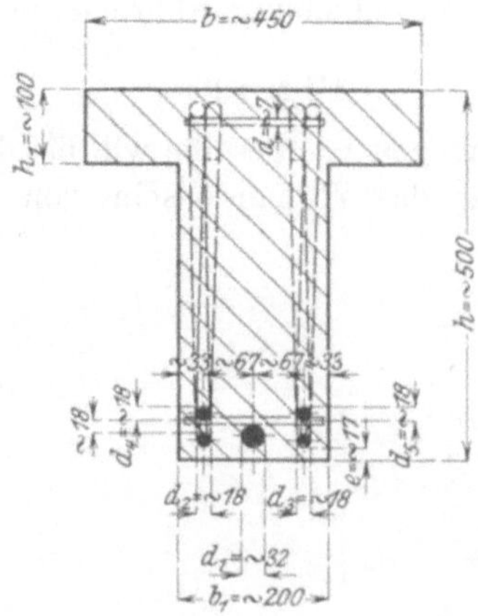

Zu Fig. 229.

Im Gegensatz zu den Balken nach Fig. 223 bis 228 haben die Balken nach Fig. 229 2 m Auflagerentfernung, bei den Balken nach Fig. 223 bis 228 beträgt diese 3 m.

Die Anordnung der Armierung ist ähnlicher Art wie in Fig. 226.

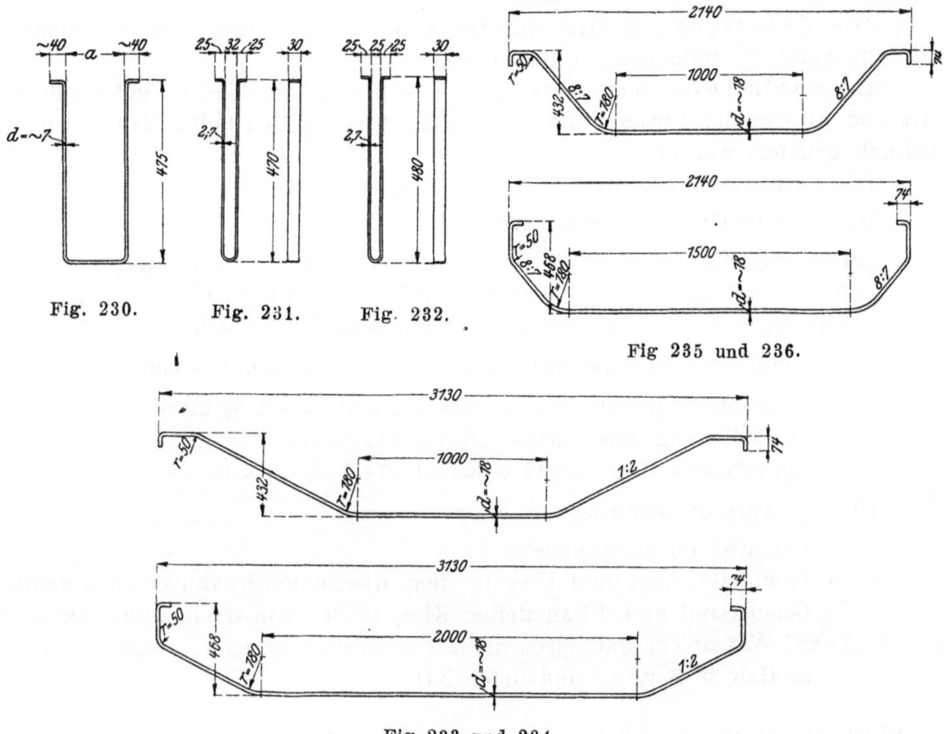

Fig. 230.   Fig. 231.   Fig. 232.

Fig 235 und 236.

Fig 233 und 234.

Zu Fig. 230: Maß $a = 152$ bei Balken nach Fig. 227 und 228, Maß $a = 159$ bei Balken nach Fig. 224.

Weitere Versuchskörper.

Es wurden noch hergestellt und geprüft:

10 Würfel von 30 cm Kantenlänge zur Ermittlung der Druckfestigkeit des Betons in Würfelform. Das Zerdrücken der Würfel erfolgte senkrecht zur Stampfrichtung, entsprechend der bei den Balken auftretenden Beanspruchungsweise des Betons.

3 Prismen nach Fig. 91 zur Ermittlung der gesamten, bleibenden und federnden Zusammendrückungen unter verschiedenen Belastungen, sowie zur Bestimmung der Druckfestigkeit des Betons bei einer Länge der Prismen gleich dem Fünffachen der Seite des Querschnitts.

4 Körper nach Fig. 92 zur Ermittlung der gesamten, bleibenden und federnden Verlängerungen unter verschiedenen Belastungen. Außerdem wurde an diesen Körpern die Zugfestigkeit des Betons bestimmt.

XLI) Material und Zusammensetzung der Versuchskörper.

Die Materialien:

Zement, von den Portlandzementwerken Heidelberg & Mannheim A.-G. in Heidelberg,

Sand und Kies (nach Angabe »Rheinkies aus der Nähe von Speyer«), von Wayß & Freytag A.-G. in Neustadt a/Haardt, geliefert, je unentgeltlich, sind dieselben wie diejenigen, welche zu den Versuchen unter **A)** verwendet worden waren, mit dem Unterschied, daß hier nur Zement »B« Verwendung fand (vergl. unter XII).

Ueber die Untersuchung des Portlandzements (»B«) ist in Anlage 5 berichtet worden (vergl. unter XII).

Die Untersuchung des Sandes und Kieses ergab die in Anlage 3 (Heft 39 Seite 47) enthaltenen Ergebnisse.

Das zur Einbetonierung verwendete Eisen war Handelseisen gewöhnlicher Art und ist von der Firma Wayß & Freytag A.-G. in Neustadt a/Haardt unentgeltlich geliefert worden.

Die Untersuchung dieses Eisens ergab Folgendes:

Bei 18 mm Dmr. (4 Versuchstäbe):

$$\text{obere Streckgrenze} \quad (2889 + 2945 + 3189 + 2863) : 4 = 2972 \text{ kg/qcm,}$$
$$\text{untere Streckgrenze} \quad (2849 + 2882 + 3157 + 2817) : 4 = 2926 \quad » \quad ,$$
$$\text{Zugfestigkeit} \qquad (4073 + 4028 + 4488 + 4085) : 4 = 4169 \quad » \quad .$$

Bei 32 mm Dmr. (3 Versuchstäbe, die beiden letzten auf 28 mm abgedreht):

$$\text{obere Streckgrenze} \quad (2343 + 2386 + 2460) : 3 = 2396 \text{ kg/qcm,}$$
$$\text{untere Streckgrenze} \quad (2343 + 2338 + 2427) : 3 = 2369 \quad » \quad ,$$
$$\text{Zugfestigkeit} \qquad (3589 + 3575 + 3742) : 3 = 3635 \quad » \quad .$$

Die Zusammensetzung der Körper betrug:

1 Raumteil Portlandzement,

4 Raumteile Sand und Kies in dem Mischungsverhältnis von 3 Raumteilen Sand und 2 Raumteilen Kies, beides vollständig lufttrocken,

14 vH Wasser (14 Raumprozente = 7,36 Gewichtprozente, vergl. Anlage 3 in Heft 39 Seite 49 und unter XII).

XLII) Herstellung und Lagerung der Versuchskörper. Temperaturerhöhung der Balken während des Abbindens.

Die Herstellung der Versuchskörper erfolgte in der Zeit vom 13. Juli bis 23. August 1906 in einem Kellerraum der Materialprüfungsanstalt an der Kgl. Technischen Hochschule zu Stuttgart durch Arbeiter, welche unter steter Aufsicht standen. Während dieser Zeit herrschte in dem Raume, der auch als Lagerraum diente, eine Temperatur von rund 17 bis 20° C.

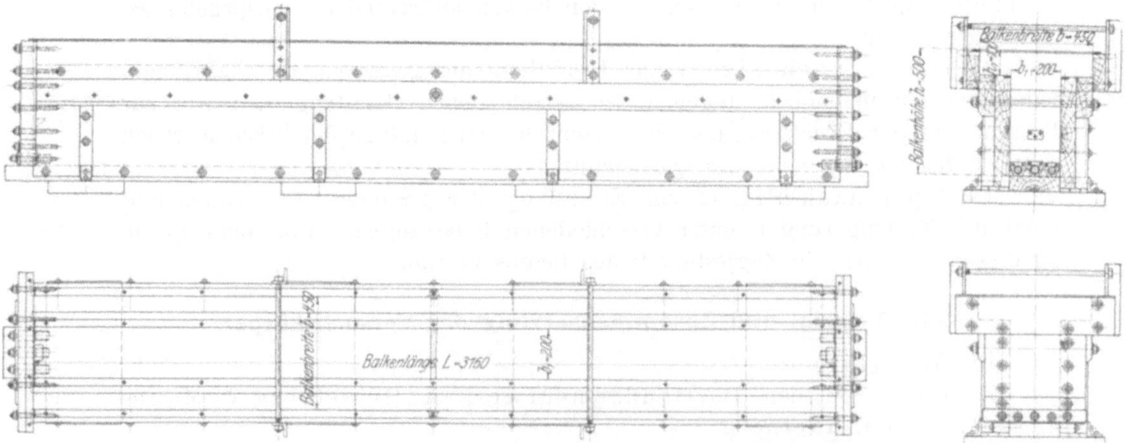

Fig. 237 bis 240. Form zur Herstellung der Balken mit T-förmigem Querschnitt.

Die Verarbeitung der Materialien (jedesmal **ausreichend** für die Hälfte eines Balkens, d. i. rund 480 kg), sowie die Behandlung der Eiseneinlagen war dieselbe wie im »Ersten Teil« (Heft 39, Seite 4) angegeben worden ist.

Zur Herstellung der Balken dienten wagerecht liegende Formen aus Tannenholz, Fig. 237 bis 240. (Vergl. auch unter II in Heft 39.)

Das Stampfen des Materials erfolgte in sieben gleich hohen Schichten. Vor dem Feststampfen der ersten Schicht wurden die Eiseneinlagen sorgfältig unterstopft. Als Stampfer wurden, soweit der Zwischenraum der Eisen unter sich und mit der Wand gestattete, solche von 12 kg Gewicht verwendet. Die zum Einstampfen erforderliche Zeit betrug je nach der Beschaffenheit der Einlagen etwa $1^3/_4$ bis $2^1/_4$ Stunden.

Das Material wurde kräftig gestampft, solange bis Wasseraustritt deutlich festgestellt werden konnte; in den oberen Stampfschichten erlangte es dabei eine weiche, d. h. plastische Beschaffenheit.

Die Balken verblieben mindestens 2 Tage in der Form; alsdann wurden die Seitenwandungen entfernt und frühestens nach weiteren 6 Tagen der Formboden herausgezogen. Bis zur Prüfung, im Alter von rund 7 Monaten, lagerten sämtliche Balken auf feuchtem Sand und waren mit Säcken bedeckt, die dauernd feucht gehalten wurden.

An 4 Balken Nr. 80, 83, 86 und 89 wurden nach dem Stampfen des Betons die Temperaturerhöhungen festgestellt (vergl. unter XIII). Sie betragen durchschnittlich

$$(5{,}4 + 5{,}0 + 6{,}0 + 4{,}8) : 4 = 5{,}3\,^0\,\text{C}.$$

XLIII) Durchführung der Versuche im Allgemeinen.

Die Prüfungsmaschine mit eingebautem Balken[1]) und den angesetzten Instrumenten zeigt Fig. 241.

Der Balken ist an den Enden auf Rollen gelagert und wird durch zwei nach innen gelegene Rollen belastet. Zwischen dem Balken und den Widerlagsrollen sind zur besseren Verteilung der dort auftretenden Kräfte 10 mm starke Flußeisenplatten gelegt. Die Belastungsrollen ruhen, unter Zwischenschaltung von Pappe von 200 mm Länge auf dem Balken, vergl. Fig. 242, belasten somit den Druckgurt nur auf eine Breite gleich derjenigen des Steges.

Der Abstand der Widerlagsrollen beträgt 3000 mm (bei 3160 mm Balkenlänge), derjenige der Belastungsrollen 1000 mm. (Vergl. dazu unter III in Heft 39, Seite 7.)

Die Art der Durchführung der Versuche ist in Heft 39, S. 7 u. f. eingehend beschrieben. Das dort Gesagte hat auch hier seine Gültigkeit und kann deshalb darauf verwiesen werden.

Beobachtet wurden:

1) Die Belastung, unter welcher Wasserflecke und Risse (vergl. Heft 39, Seite 12 u. f.) zuerst gesehen wurden; ferner das Fortschreiten der Risse mit steigender Belastung;

2) die Verschiebung der Eiseneinlagen gegenüber dem Beton an den Balkenenden, d. s. die Aenderungen der Strecken x und y, Fig. 223 bis 229;

3) die gesamten, bleibenden und federnden Durchbiegungen der oberen Fläche des Balkens an 7, Fig. 243 und 244, bezw. 5, Fig. 19, Punkten der Mittelebene;

---

[1]) Balken Nr. 90 nach Fig. 228 am Schluß des Versuchs.

4) die gesamten, bleibenden und federnden Verlängerungen des Betons an der unteren Fläche des Balkens (gemessen über die ganze Breite des Steges) auf die Erstreckung von rund 60 cm (vergl. Fig. 243 und 21 bis 25 in Heft 39);

5) die gesamten, bleibenden und federnden Zusammendrückungen des Be-

Fig. 241. Prüfungsmaschine.

tons an der oberen Fläche des Balkens auf dieselbe Erstreckung, vergl. Fig. 243, und über die Stegbreite von 200 mm [1]).

6) die Höchstbelastung.

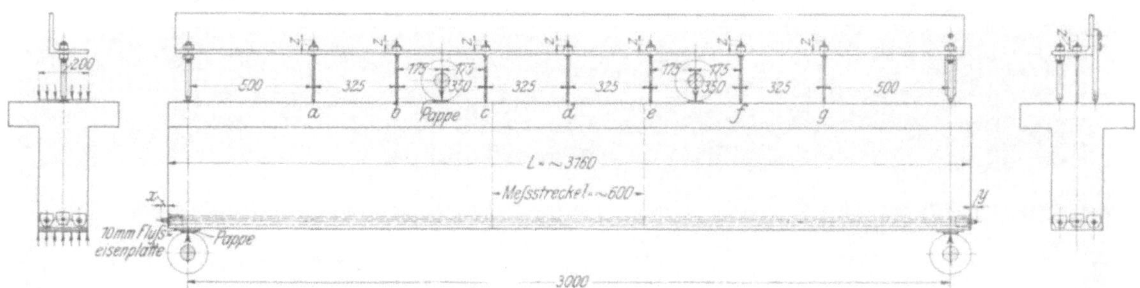

Fig. 242.   Fig. 243.   Fig. 244.

Ueber die Untersuchungen mit den weiteren, Seite 109, aufgeführten Körpern wird unter LI und LII berichtet werden.

Versuchsergebnisse.

XLIV) 3 Balken mit Bauart nach Fig. 223: Nr. 71, 72 und 87.

Die Ergebnisse der Prüfung sind in den Zusammenstellungen 41 und 48 niedergelegt.

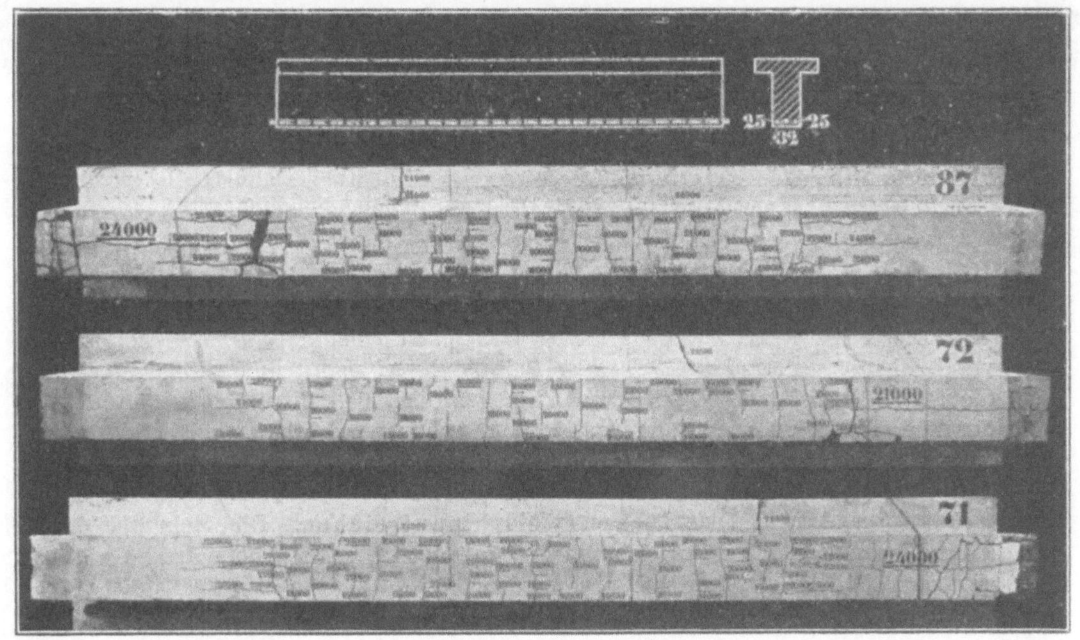

Fig. 245.   Untere Flächen der Balken mit Bauart nach Fig. 223.

---

[1]) Der Instrumententräger (A_1 in Fig. 21, Forschungsheft 39) berührt unter Anpressung nur den mittleren Teil des Druckgurtes von 200 mm Breite, ganz wie die Belastungsrollen nach Fig. 242 tun.

Die Fig. 245 und 246 zeigen die unteren Flächen der Balken und von jedem Balken eine Seitenfläche. Sämtliche beobachteten Risse sind auf den Balkenflächen eingetragen. Die unter den einzelnen Belastungen gefundenen

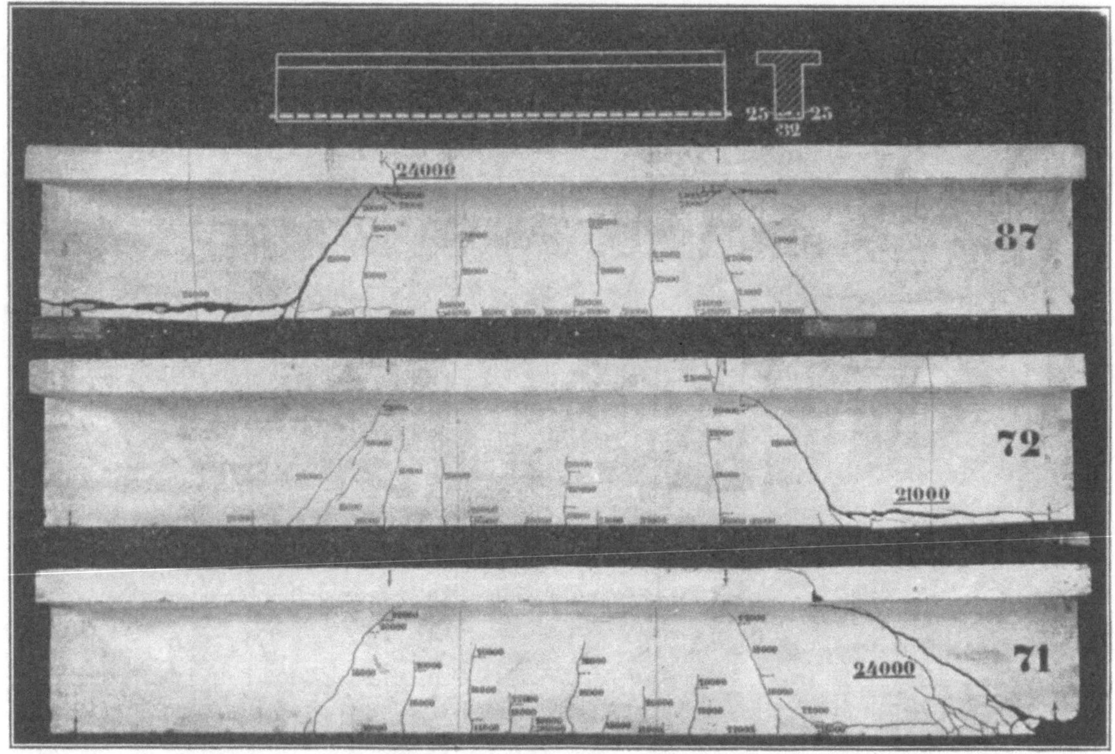

Fig. 246   Seitenflächen der Balken mit Bauart nach Fig. 223.

Rißstrecken sind durch gestrichelte Begrenzungslinien bezeichnet; die zugehörige Belastung ist zwischen diesen Begrenzungslinien angegeben.

Balken Nr. 71.

Die ersten Risse werden unter $P = 13000$ kg bemerkt (kurze Kantenrisse, vergl. Fig. 245). Mit fortschreitender Belastung verlängern und vermehren sich die Risse. Dabei wird die Beobachtung gemacht, daß die Risse in der Nähe der Eisen, d. i. unten und an den Kanten, schwerer sichtbar sind als an den Seitenflächen oberhalb der Einlagen. Ferner ist die Zahl der Risse an der Unterfläche und an den Kanten eine größere als diejenige der Risse, welche an den Seitenflächen weit hinaufreichen. Die Mehrzahl der zuletzt genannten Risse hat sich unter $P = 16000$ kg seitlich bedeutend verlängert und sind dabei gut sichtbar geworden.

Unter $P = 22000$ kg werden an beiden Balkenenden unter den Eiseneinlagen Längsrisse entdeckt. Mit steigender Belastung verlängerten sich diese Längsrisse, hinsichtlich deren Entstehung Folgendes bemerkt sei. Mit dem fortschreitenden Wachsen der Risse, welche gegen die Belastungsrollen hin verlaufen, ist eine Drehung und Verschiebung der äußeren Balkenteile verbunden. Dadurch wird ein Pressen der Eiseneinlagen gegen den Beton nach unten her-

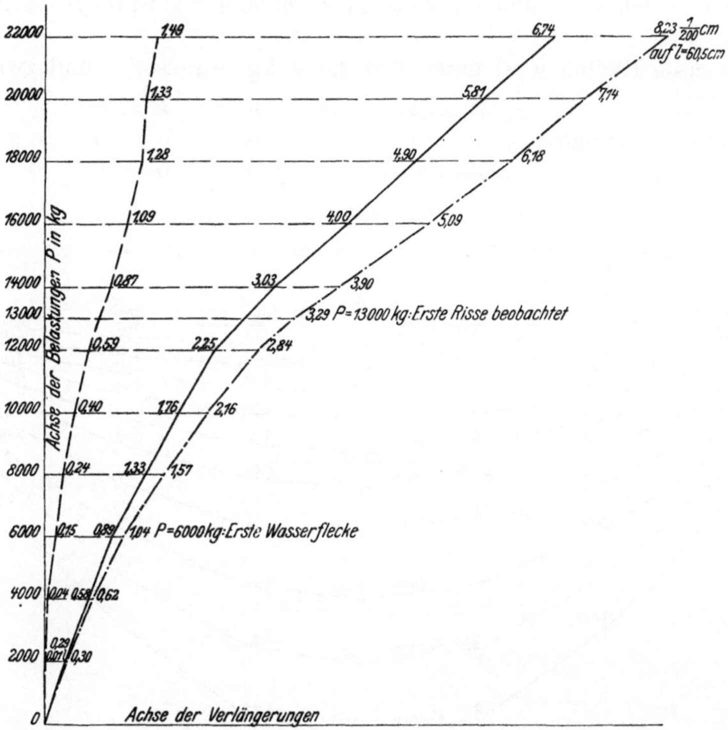

Fig. 247. Balken Nr. 71 (Bauart nach Fig. 223). Verlängerungen auf der unteren Balkenfläche.

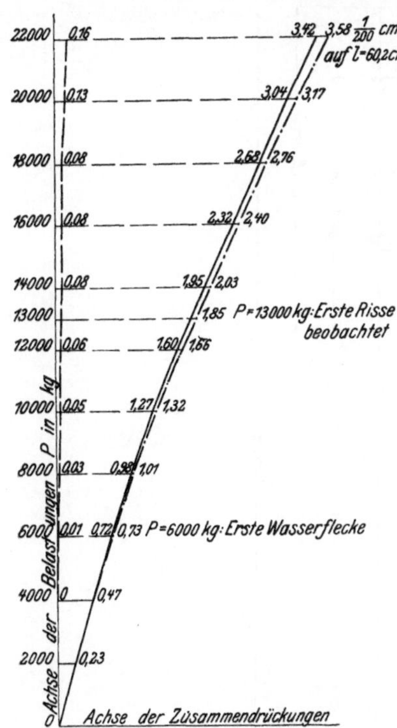

Fig. 248. Balken Nr. 71 (Bauart nach Fig. 223). Zusammendrückungen auf der oberen Balkenfläche.

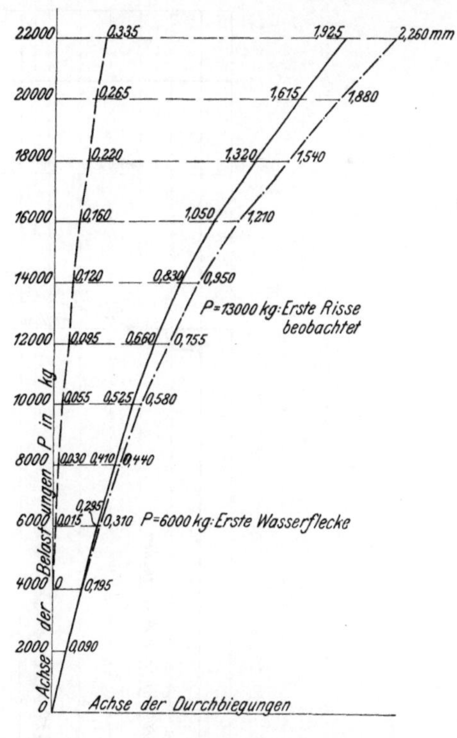

Fig. 249. Balken Nr. 71 (Bauart nach Fig. 223). Durchbiegungen in der Mitte der Balkenlänge.

8*

vorgerufen, welches die dünne Betonschicht schließlich aufsprengt (vergl. Heft 39, Seite 15).

Das erste Gleiten wird unter $P = 22\,000$ kg festgestellt, und zwar

	bei x_1	x_2	x_3	y_1	y_2	y_3
nach 15 Minuten . . .	0	0,015	0	0	0	0 mm,
» 25 » . . .	0	0,015	0	0	0	0 ».

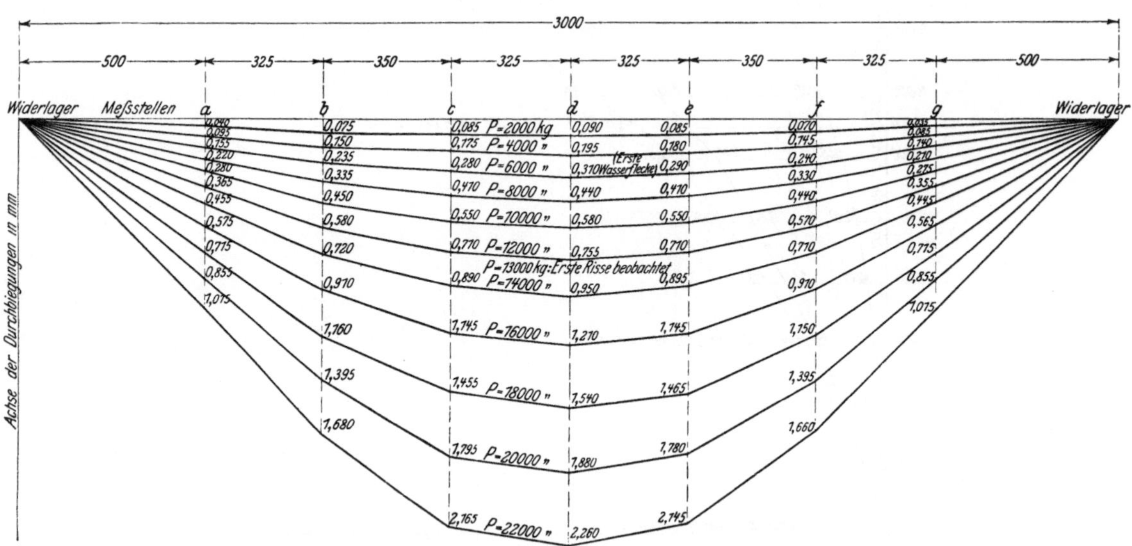

Fig. 250. Gesamte Durchbiegungen des Balkens Nr. 71 (Bauart nach Fig. 223).

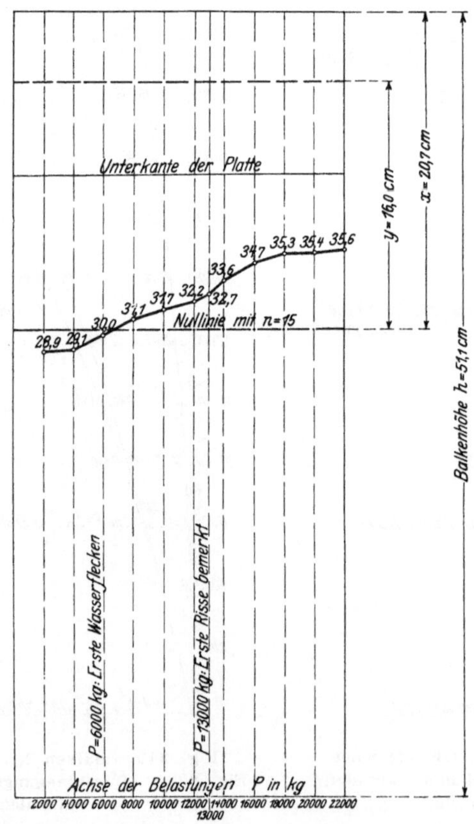

Fig. 251. Lage der Nullinie mit steigender Belastung für Balken Nr. 71 (Bauart nach Fig. 223).

Eine Gleitbewegung an den Balkenenden hat demnach nur bei x_2 (mittlerer Stab) stattgefunden.

Die Belastung wird auf $P = 24\,000$ kg gesteigert. Nachdem diese Last rund 5 Minuten gewirkt hat, bricht der Körper plötzlich auf der rechten Seite d. i. die Seite der y, ohne daß vorher Gleiten der Eisen an diesem Balkenende bemerkt wird. Der Bruchriß verläuft vom rechten Widerlager in der Richtung gegen die Belastungsrolle, vergl. Fig. 246.

In Fig. 247 bis 250 sind die Ergebnisse der Dehnungsmessungen und die ermittelten Durchbiegungen zeichnerisch dargestellt. Die Gestalt der Linienzüge in Fig. 247 bis 249 entspricht vollständig den früheren Darlegungen (Heft 39, Seite 21).

Die Dehnung des Betons bei Beobachtung der ersten Wasserfleckes belief sich auf 0,09 mm für 1 m Länge, diejenige unmittelbar vor Beobachtung der ersten Risse beträgt

$$2{,}84\,\frac{1}{200}\ \text{cm auf die Länge}\ l = 60{,}5\ \text{cm,}$$

oder umgerechnet

$$0{,}235\ \text{mm auf 1 m Länge.}$$

Die Lage der Nullinie mit steigender Belastung ist in Fig. 251 dargestellt. Ueber die Voraussetzungen, welche dabei gemacht sind, vergl. Fig. 41 und 42 (Heft 39, Seite 26 und 29).

Werden die Untersuchungsergebnisse in Vergleich gestellt mit den amtlichen »Bestimmungen für die Ausführung von Konstruktionen aus Eisenbeton bei Hochbauten«[1]), so ergibt sich Folgendes.

Die Bestimmungen enthalten unter Bezugnahme auf Fig. 252 und im Anschluß an das S. 17 bis 19 in Heft 39 für rechteckige Balken Gesagte das Folgende:

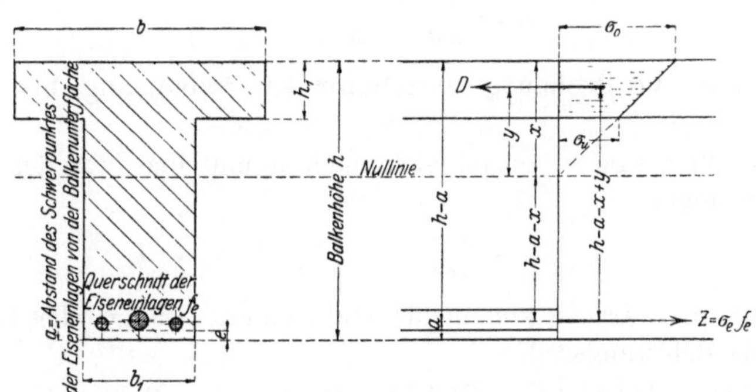

Fig. 252. (Nach den amtlichen Bestimmungen).

Bei ⊤-förmigen Querschnitten, sogenannten Plattenbalken, unterscheidet sich die Berechnung nicht von derjenigen für Balken mit rechteckigem Querschnitt, wenn die Nullinie in die Platte selbst oder in die Unterkante der Platte fällt.

Geht die Nullinie durch den Steg, so können die geringen im Steg auftretenden Druckspannungen vernachlässigt werden.

Dann ist

$$\sigma_u = \frac{x - h_1}{x}\,\sigma_o \cdot \quad \ldots \ldots \ldots \ldots \quad (6),$$

---

[1]) Erlaß des kgl. preußischen Ministers der öffentlichen Arbeiten vom 16. April 1904 und 24. Mai 1907.

$$\sigma_e = n \frac{h - a - x}{x} \sigma_o \quad \cdots \cdots \cdots \quad (7),$$

$$\frac{\sigma_o + \sigma_u}{2} b\, h_1 = \sigma_e f_e \quad \cdots \cdots \cdots \quad (8).$$

oder nach Einsetzen der Werte von σ_u und σ_e aus den Gleichungen (6) und (7) in Gleichung (8):

$$x = \frac{\dfrac{b h_1{}^2}{2} + n f_e (h - a)}{b h_1 + n f_e} \quad \cdots \cdots \cdots \quad (9).$$

Da der Abstand des Schwerpunktes des Drucktrapezes von der Oberkante

$$x - y = \frac{h_1}{3} \frac{\sigma_o + 2 \sigma_u}{\sigma_o + \sigma_u}$$

ist, so wird nach Einsetzen des Wertes σ_u in Gl. 6

$$y = x - \frac{h_1}{2} + \frac{h_1{}^2}{6 (2 x - h_1)} = \frac{2}{3} \left(x + \frac{(x - h_1)^2}{2 x - h_1} \right) \quad \cdots \cdots \quad (10),$$

$$\sigma_e = \frac{M}{f_e (h - a - x + y)} \quad \cdots \cdots \cdots \quad (11),$$

$$\sigma_o = \frac{x}{n (h - a - x)} \sigma_e \quad \cdots \cdots \cdots \quad (12).$$

Wird die Querkraft am Auflager mit V bezeichnet, so ist die Schubspannung des Betons in den äußeren Balkenteilen, Fig. 223,

$$\tau_0 = \frac{V}{t_1 (h - a - x + y)} \quad \cdots \cdots \cdots \quad (13),$$

während die auf Gleiten der Eisen hinwirkende Spannung für die Flächeneinheit der Eisenoberfläche, d. h. die Gleitspannung an der Eiseneinlage, beträgt

$$\tau_1 = \frac{b_1 \tau_0}{\pi d} = \frac{V}{(h - a - x + y) \pi d} \quad \cdots \cdots \cdots \quad (14),$$

worin πd den in die Rechnung einzuführenden Stabumfang bedeutet (hierzu vergl. Seite 119).

Derselbe Wert von τ_1 ergibt sich auch unmittelbar aus der Anschauung durch die Gleichung

$$\tau_1 = \frac{f_e \sigma_e}{\pi d l} \quad \cdots \cdots \cdots \cdots \quad (15);$$

l ist dabei die in Betracht kommende einbetonierte Länge der Einlage (vom Widerlager bis Belastungsrolle).

Behufs Anwendung dieser Gleichungen auf den Balken Nr. 71 sind zunächst folgende Zahlen zu ermitteln.

Der Abstand der Oberfläche der Eiseneinlagen von der unteren Balkenfläche wurde im mittleren Balkenteil, an der Stelle eines ersten Risses, ermittelt zu

$$e = (1{,}4 + 1{,}6 + 1{,}5) : 3 = 1{,}5 \text{ cm}$$

(vergl. Zusammenstellung 41 Spalte 46).

Die Durchmesser der Eisen betragen (Spalten 10 bis 12 der Zusammenstellung 41)

$$2{,}50 \qquad 3{,}18 \quad \text{und} \quad 2{,}50 \text{ cm}.$$

Damit wird der Schwerpunktabstand des Querschnitts der Eiseneinlagen von der Balkenunterfläche

$$a = \frac{\left(1,4 + \frac{2,50}{2}\right) \cdot 2,50^2 + \left(1,6 + \frac{3,18}{2}\right) \cdot 3,18^2 + \left(1,5 + \frac{2,50}{2}\right) \cdot 2,50^2}{2,5^2 + 3,18^2 + 2,5^2} = 2,87 = \infty \ 2,9 \text{ cm.}$$

Die übrigen zur Berechnung notwendigen Zahlen können ohne weiteres der Zusammenstellung 41 entnommen werden.

Hiernach ergibt sich für den Balken Nr. 71, ohne Rücksicht auf den Einfluß der Eigengewichte, für die Höchstbelastung $P_{max} = 24\,000$ kg, unter Zugrundelegung des in den amtlichen Bestimmungen gewählten Wertes $n = 15$:

Der Abstand der Nullinie von der Balkenoberfläche

$$x = \frac{\dfrac{45,1 \cdot 10,5^2}{2} + 15 \cdot 17,76 \ (51,1 - 2,9)}{45,1 \cdot 10,5 + 15 \cdot 17,76} = 20,7 \text{ cm,}$$

der Abstand der Nullinie vom Schwerpunkt des Drucktrapezes

$$y = 20,7 - \frac{10,5}{2} + \frac{10,5^2}{6 \ (2 \cdot 20,7 - 10,5)} = 16,0 \text{ cm,}$$

und hiermit die Spannung des Eisens

$$\sigma_e = \frac{100 \cdot \dfrac{24\,000}{2}}{17,76 \ (51,1 - 2,9 - 20,7 + 16,0)} = 1553 \text{ kg/qcm,}$$

die Druckspannung des Betons an der oberen Balkenfläche

$$\sigma_o = \frac{20,7}{15 \ (51,1 - 2,9 - 20,7)} \cdot 1553 = 77,9 \text{ kg/qcm,}$$

die Druckspannung des Betons an der unteren Fläche der Platte

$$\sigma_u = \frac{20,7 - 10,5}{20,7} \cdot 77,9 = 38,4 \text{ kg/qcm,}$$

die Schubspannung des Betons

$$\tau_0 = \frac{\dfrac{24\,000}{2}}{20,1 \ (51,1 - 2,9 - 20,7 + 16,0)} = \mathbf{13,7} \text{ kg/qcm.}$$

Die Gleitspannung ist für den mittleren, stärksten Stab am größten, wenn vorausgesetzt wird, daß die drei Einlagen derselben Zugspannung unterworfen sind. Die Berechnung kann auf folgende Weise geschehen.

Die Zugkraft Z der drei Stäbe ist nach Gl. 11

$$Z = \frac{M}{h - a - x + y} = \frac{100 \cdot \dfrac{24\,000}{2}}{51,1 - 2,9 - 20,7 + 16,0} = 27\,586 \text{ kg.}$$

Davon entfallen auf das mittlere Eisen

$$27\,586 \cdot \frac{3,18^2}{(3,18^2 + 2 \cdot 2,50^2)} = 12\,333 \text{ kg.}$$

Der Rest wirkt in den beiden seitlichen Einlagen

$$27\,586 - 12\,333 = 15\,253 \text{ kg.}$$

Diese Zugkräfte rufen an der Oberfläche ihrer Einlagen Gleitspannungen hervor; damit ergibt sich, wenn als einbetonierte Länge des Stabes 100 cm (Widerlager bis Belastungsrolle) eingeführt wird,

a) für den mittleren Stab

$$\tau_1 = \frac{12\,333}{3{,}18\,\pi\,.\,100} = \mathbf{12{,}3}\ \text{kg/qcm,}$$

b) an den beiden seitlichen Einlagen

$$\tau_1 = \frac{15\,253}{2\,.\,2{,}50\,\pi\,.\,100} = 9{,}7\ \text{kg/qcm.}$$

Hiernach ist τ_1 erheblich größer am mittleren Stab als an den beiden anderen, aber schwächeren Einlagen (vergl. Fußbemerkung unter XXX). Dabei ist vorausgesetzt, wie schon oben angegeben, daß in allen drei Eisen die gleiche Zugspannung herrscht.

An der Uebertragung der Zugkraft ist in Wirklichkeit nicht die Länge von 100 cm (wie dies oben benutzt worden ist), sondern 102 cm beteiligt. Mit diesem Wert wird τ_1 am mittleren Stab

$$\tau_1 = \frac{100}{102}\cdot 12{,}3 = 12{,}1\ \text{kg/qcm.}$$

Werden die Eigengewichte des Balkens berücksichtigt, so vermehren sich die oben berechneten Werte der Spannungen; die Zunahme beträgt

$$\sigma_o = 2{,}3\ \text{kg/qcm,}$$
$$\sigma_u = 1{,}1\ \ \text{»}\ \ ,$$
$$\sigma_e = 45\ \ \text{»}\ \ ,$$
$$\tau_0 = 0{,}6\ \ \text{»}\ \ ,$$
$$\tau_1 = 0{,}4\ \ \text{»}\ \ .$$

Da diese Spannungen von geringer Größe sind, so können sie für die Mehrzahl der Fälle als weit zurücktretend angesehen werden[1]).

Balken Nr. 72 und 87.

Der Verlauf des Bruches ist für diese Balken etwas verschieden von dem des Balkens Nr. 71 und sei deshalb für Balken Nr. 87 eingehender geschildert.

Der äußerste Riß links in Fig. 246 wird unter $P = 18\,000$ kg entdeckt und hat bereits eine bedeutende Länge.

Unter $P = 20\,000$ kg verlängert sich dieser Riß bis zur Platte. Auf der unteren Balkenfläche kommen (links und rechts) kurze Längsrisse zum Vorschein. Gleiten der Einlagen an den Balkenenden ist noch nicht eingetreten.

Unter $P = 21\,000$ kg wachsen die Längsrisse auf der unteren Balkenfläche (links), ein neuer Längsriß (links) kommt zum Vorschein. An der Seitenfläche verläuft der spätere Bruchriß eine kleine Strecke in der Ecke von Platte und Steg.

Unter $P = 22\,000$ kg wird eine kurze Verlängerung des genannten Risses in der Ecke von Platte und Steg und eines Längsrisses auf der unteren Balkenfläche (links) bemerkt. Ein neuer Längsriß zeigt sich rechts unter der mittleren Einlage.

Unter $P = 23\,000$ kg verlängern sich alle bisher genannten Risse, mit Ausnahme des unter $P = 22\,000$ kg entstandenen Längsrisses (rechts). Der Bruchriß wandert an der unteren Fläche der Platte entlang.

Gleichzeitig wird das erste Gleiten der Einlagen festgestellt, und zwar

	bei x_1	x_2	x_3	y_1	y_2	y_3	
nach 6 Minuten	0,010	0,025	0	0	0,015	0	mm
» 12 »	0,010	0,025	0	0	0,015	0	»

Wie ersichtlich erfolgt das Gleiten ungleich (vergl. unter XV, Seite 13).

---

[1]) In den Zusammenstellungen gelten die angegebenen berechneten Spannungen ohne Rücksicht auf das Eigengewicht (vergl. hierüber auch Heft 39, S. 11 und S. 20).

Unter $P = 24000$ kg gleiten die Eisen weiter. Die Messung ergibt

bei	x_1	x_2	x_3	y_1	y_2	y_3
nach 6 Minuten	0,020	0,065	0	0,015	0,050	0,005 mm,
» 12 »	0,030	0,090	0,010	0,015	0,065	0,005 » ,
» 18 »	0,035	0,125	0,010	0,015	0,080	0,005 » .

Nach 21 Minuten erfolgt der plötzliche Bruch des Balkens auf der linken Seite, d i. die Seite der x. Der Beton wird in den Querschnitten $a\,a$, Fig. 253,

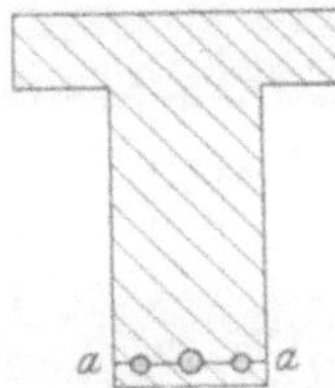

Fig. 253.

abgesprengt. Die Ursache dieser Art der Sprengung ist die bereits beim Balken Nr. 71 besprochene Drehung des äußeren Balkenteils (vergl. oben bei Balken Nr. 71 S. 114).

Den Bruchquerschnitt zeigt Fig. 254. Beachtenswert ist die Gestalt der Bruchfläche im oberen Teil des Querschnitts.

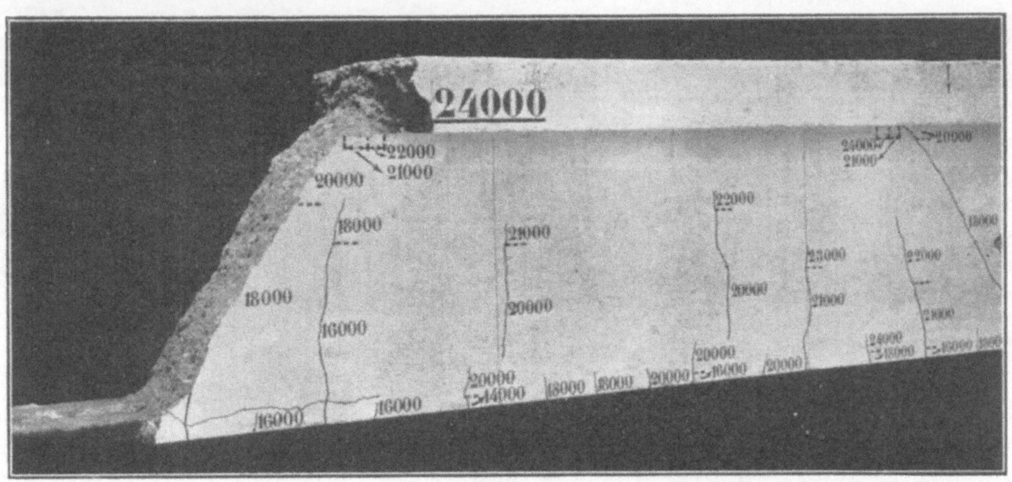

Fig. 254. Balken Nr. 87 (Bauart nach Fig. 223).

Unter Bezugnahme auf die Zusammenstellung 48 sei hier für die drei Balken Nr. 71, 72 und 87 noch Folgendes hervorgehoben.

Die Gleitspannung am mittleren Stab beträgt beim Eintritt des ersten Gleitens

$$\tau_1 = (11{,}3 + 10{,}4 + 11{,}7) : 3 = \mathbf{11{,}1} \text{ kg/qcm};$$

unter der Höchstlast

$$\tau_1 = (12{,}3 + 10{,}9 + 12{,}2) : 3 = \mathbf{11{,}8} \text{ kg/qcm};$$

ferner

$$\tau_0 = (13{,}7 + 12{,}2 + 13{,}5) : 3 = \mathbf{13{,}1} \text{ kg/qcm}.$$

Durch das Entstehen von Längsrissen wird der Gleitwiderstand mehr oder minder stark herabgesetzt werden. Nach Eintritt des oben besprochenen Drehens des Balkenendes (vergl. Fig. 246, Balken 87 links) und des Absprengens des Betons hat der Gleitwiderstand aufgehört.

XLV) 3 Balken mit Bauart nach Fig. 224: Nr. 74, 75 und 88.

Die Eiseneinlagen sind drei gerade Rundeisen. In den äußeren Balkenteilen sind außerdem noch je 12 Bügel aus 7 mm Rundeisen (nach Fig. 230) einbetoniert worden.

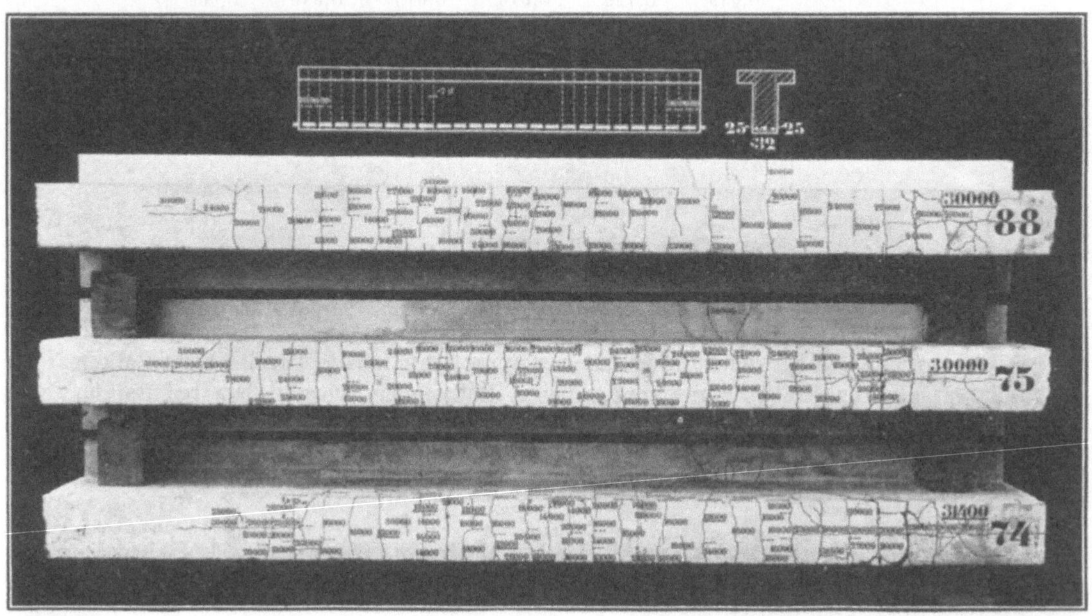

Fig. 255. Untere Flächen der Balken mit Bauart nach Fig. 224.

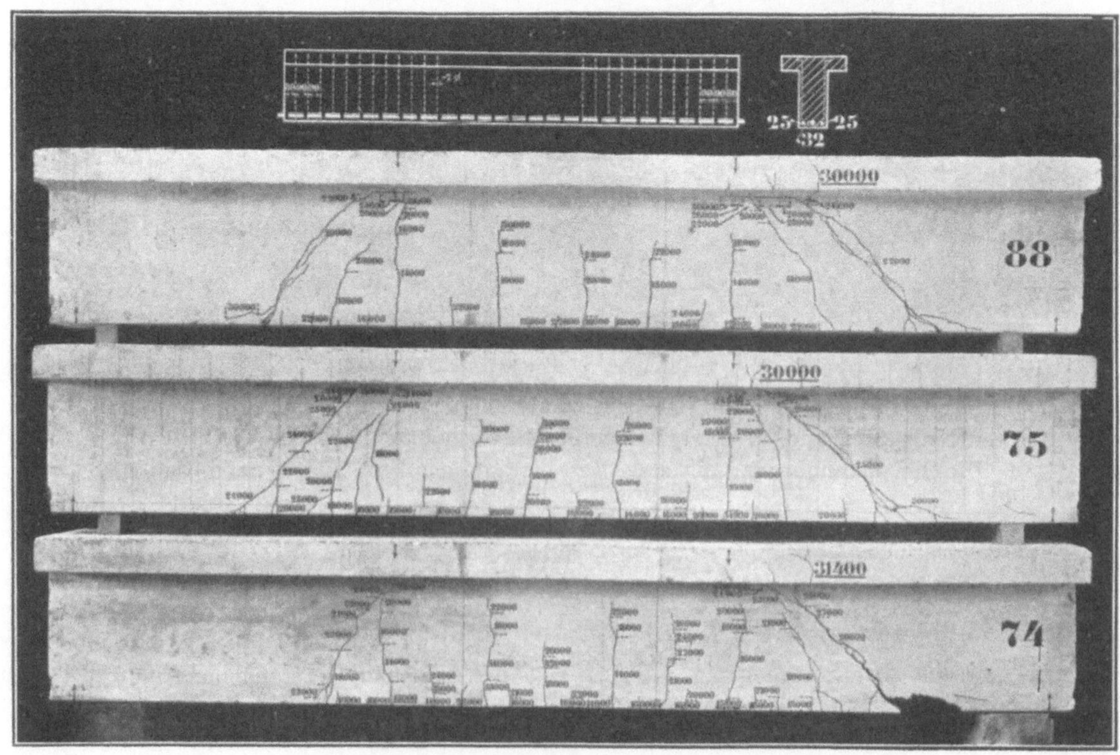

Fig. 256. Seitenflächen der Balken mit Bauart nach Fig. 224.

Die Ergebnisse der Untersuchung enthalten die Zusammenstellungen 42 und 48. Wie hieraus ersichtlich, gleiten die Eisen ungleich, der mittlere Stab weist in der Regel die größte Gleitbewegung auf (vergl. unter XV und XLIV).

Die Fig. 255 und 256 zeigen die unteren Flächen und je eine Seitenfläche der Balken. Die ersten Risse und alle Risse in den äußern Balkenteilen entstanden an Stellen, bei welchen Bügel einbetoniert sind (vergl. unter XXV). Die Stärke der Betonschicht zwischen Bügel und Balkenaußenfläche beträgt rund 13 mm. In Fig. 256 sind die Bügel durch senkrechte Striche auf der Seitenfläche des Balkens Nr. 75 angedeutet.

Ueber den Vergleich der Ergebnisse mit denen der Balken nach Fig. 223 vergl. unter XLVI.

XLVI) 3 Balken mit Bauart nach Fig. 225: Nr. 76, 77 und 89. Vergleich der Ergebnisse mit denen der Balken nach Fig. 223 und 224.

Die Eiseneinlagen sind drei gerade Rundeisen. In den äußeren Balkenteilen befinden sich außerdem noch je 24 Bügel aus Flacheisen (2,7 mm stark, 30,2 mm breit, vergl. Fig. 231 und 232).

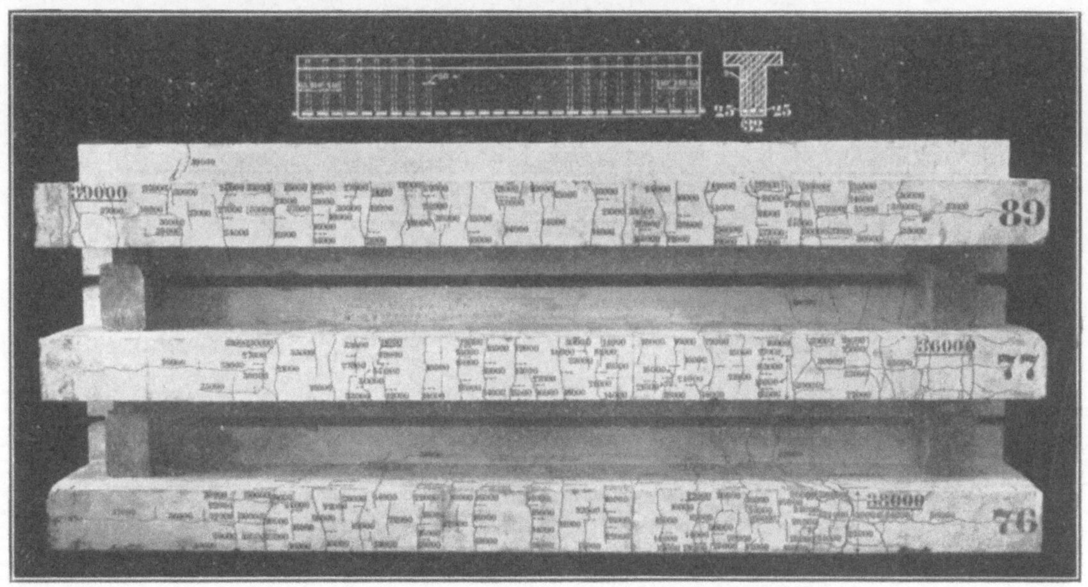

Fig. 257.   Untere Flächen der Balken mit Bauart nach Fig 225

Die Ergebnisse der Prüfung sind in den Zusammenstellungen 43 und 48 niedergelegt. Wie hieraus ersichtlich (Spalten 18 bis 23 der Zusammenstellung 43) gleiten die Eisen ungleich, der mittlere Stab weist in den meisten Fällen die größte Gleitbewegung auf (vergl. unter XV, XLIV, XLV).

In den Fig. 257 und 258 sind die unteren Flächen und von jedem Balken eine Seitenfläche abgebildet. Die ersten Risse und alle Risse in den äußeren Balkenteilen entstanden an Stellen, bei welchen Bügel einbetoniert sind, ganz wie bei den Balken nach Fig. 73 (unter XXV) und Fig. 224 (unter XLV). Der Abstand der Bügeloberfläche von der Außenfläche des Balkens beträgt unten rund 14 mm und seitlich rund 17 mm. Die Lage der Bügel ist auf der Seitenfläche des Balkens Nr. 77 in Fig. 258 durch senkrechte Striche angedeutet.

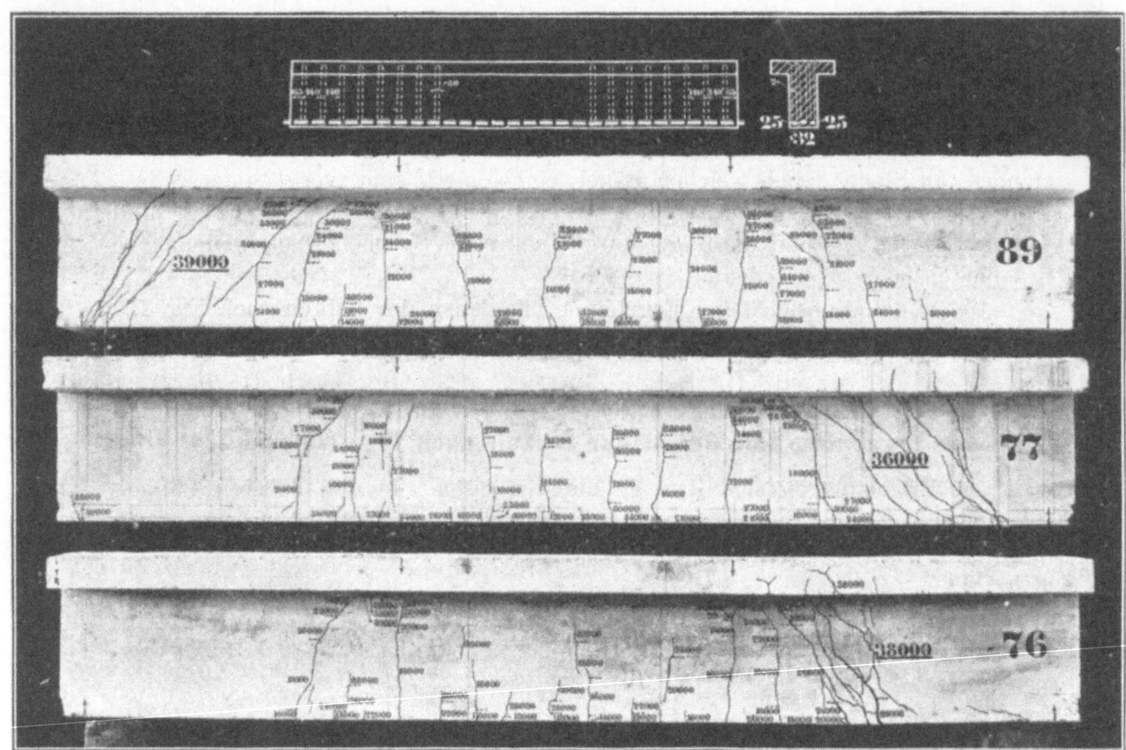

Fig. 258. Seitenflächen der Balken mit Bauart nach 225.

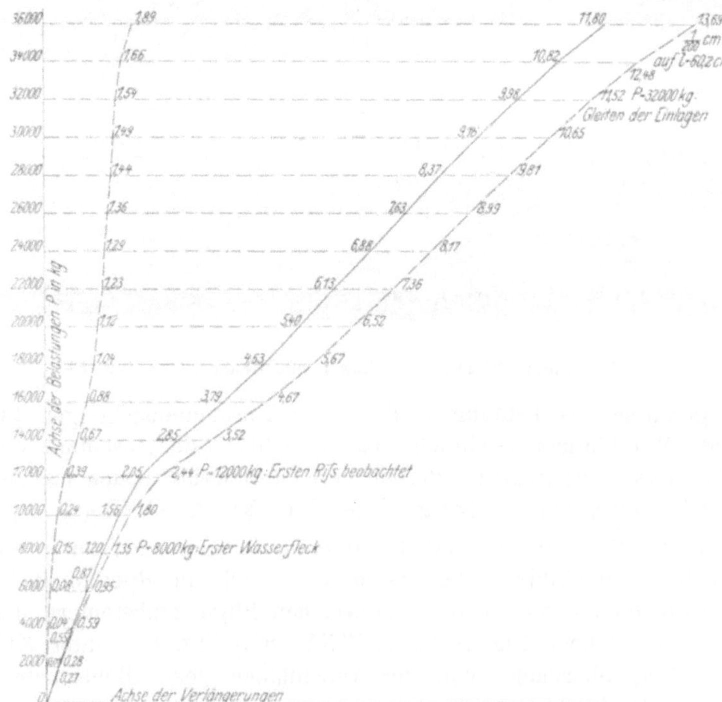

Fig. 259. Balken Nr. 76 (Bauart nach Fig. 225). Verlängerungen auf der unteren Balkenfläche.

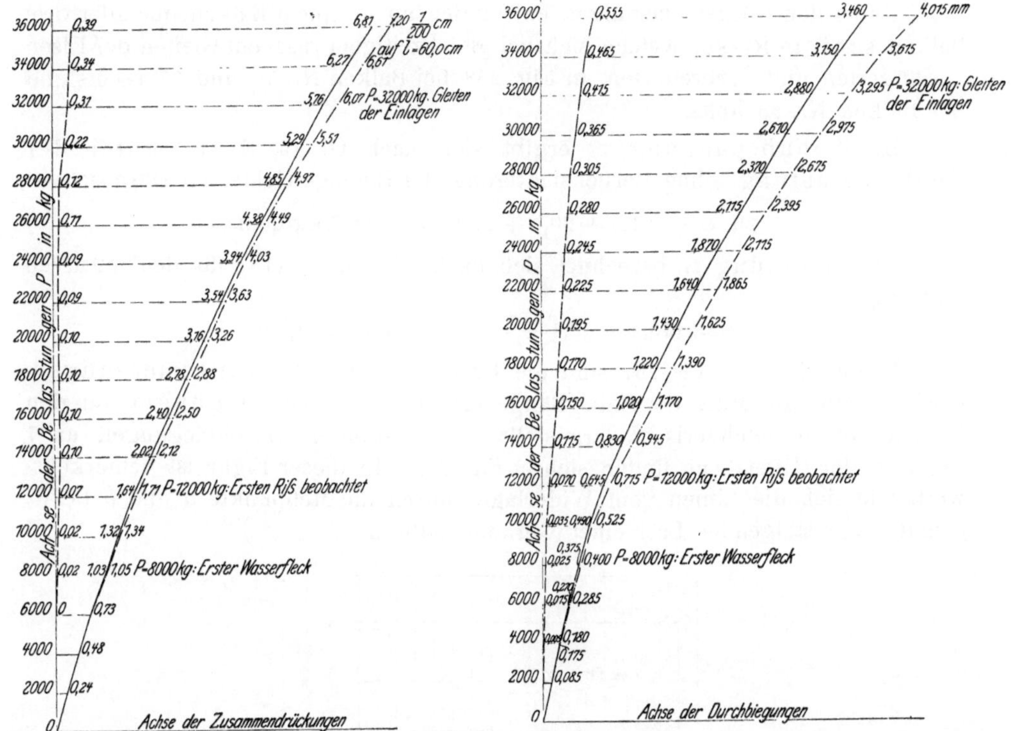

Fig. 260. Balken Nr. 76 (Bauart nach Fig. 225).
Zusammendrückungen auf der oberen Balkenfläche.

Fig. 261. Balken Nr. 76 (Bauart nach Fig. 225).
Durchbiegungen in der Mitte der Balkenlänge.

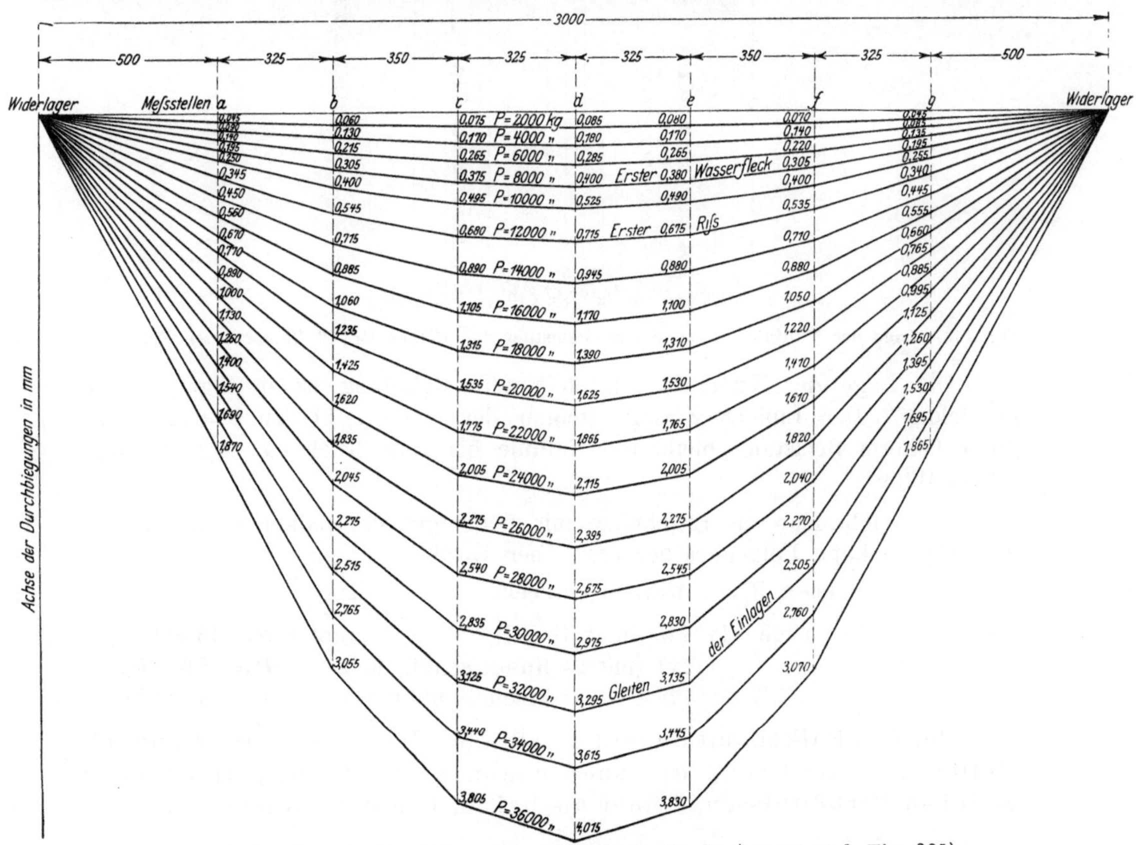

Fig. 262. Gesamte Durchbiegungen des Balkens Nr. 76 (Bauart nach Fig. 225)

Unter den Höchstbelastungen entstanden an je einem Balkenende aller drei Balken schiefe Risse, welche sich bei gleichzeitigem raschem Gleiten der Eisen verlängerten und verbreiterten, in Fig. 258 bei Balken Nr. 76 und 77 rechts und bei Balken Nr. 89 links.

Die Schubspannung τ_0 ergibt sich nach Gl. 13, S. 118, unter der Höchstbelastung, ohne Berücksichtigung der Eigengewichte, im Durchschnitt

$$\text{zu } \tau_0 = (21,6 + 20,6 + 22,0) : 3 = \mathbf{21,4} \text{ kg/qcm.}$$

Die Spannung τ_1 berechnet sich nach Gl. 15, S. 118, für den mittleren Stab zu

$$\tau_1 = (19,6 + 18,4 + 19,8) : 3 = \mathbf{19,3} \text{ kg/qcm.}$$

In den Fig. 259 bis 261 sind die Ergebnisse der Dehnungsmessungen, sowie die für die Mitte der Balkenlänge ermittelten Durchbiegungen für den Balken Nr. 76 zeichnerisch dargestellt. Die gesamten Durchbiegungen an 7 Punkten der Mittelebene finden sich in Fig. 262. In dieser Figur ist bemerkenswert, wie sich die Linien vom Widerlager durch die Meßpunkte a und b bezw. g und f mit steigender Last einer Geraden nähern.

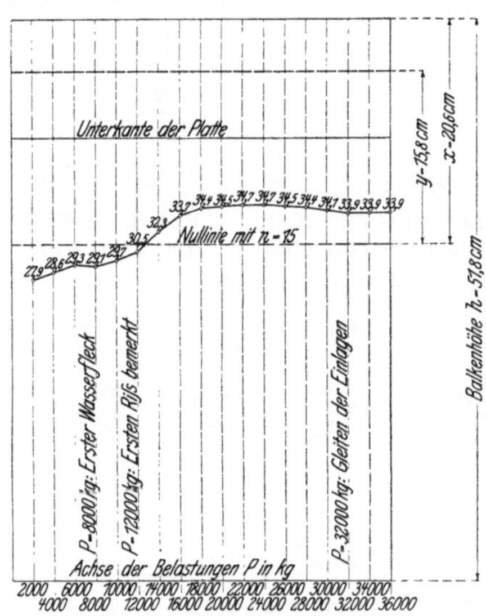

Fig. 263. Lage der Nullinie mit steigender Belastung für Balken Nr. 76 (Bauart nach Fig. 225).

Die Lage der Nullinie mit steigender Belastung ist in Fig. 263 aufgezeichnet. Der Linienzug zeigt Steigen der Nullinie bis zu $P = 22000$ kg; unter höherer Belastung bleibt die Nullinie bis zum Bruch auf ungefähr derselben Höhe.

Vergleicht man die Ergebnisse mit denjenigen der Balken nach Fig. 223 und 224, so kann Folgendes hervorgehoben werden.

a) Die ersten Risse wurden entdeckt

bei den Balken nach Fig. 223 (ohne Bügel)   unter $P = 13000$ kg,
»   »   224 (mit 24 Rundeisenbügeln)   » $P = 12667$ kg,
»   »   225 (» 48 Flacheisenbügeln)   » $P = 11333$ kg.

Bei den Balken mit Bügeln entstanden die ersten Risse an Bügelstellen und auf Grund der soeben genannten Zahlen, unter sonst gleichen Verhältnissen, früher als bei Balken ohne Bügel.

b) Die ersten Längsrisse auf der unteren Balkenfläche kamen zum Vorschein bei den Balken nach

Fig. 223 (ohne Bügel) unter durchschnittlich $P = 20\,667$ kg,
» 224 (mit 24 Rundeisenbügeln) » » $P = 24\,000$ kg,
  225 (mit 48 Flacheisenbügeln) $P = 30\,000$ kg.

Die Flacheisenbügel in Fig. 225 haben demnach die Entstehung von Längsrissen am wirkungsvollsten verzögert. Sie umfassen jede Einlage getrennt und bringen insbesondere auch den mittleren Stab auf dem kürzesten Weg in Verbindung mit dem Druckgurt des Balkens.

c) Das erste Gleiten der Einlagen wurde gemessen bei den Balken nach

Fig. 223 (ohne Bügel) unter durchschnittlich $P = 21\,667$ kg,
» 224 (mit 24 Rundeisenbügeln) » » $P = 25\,000$ kg,
» 225 (mit 48 Flacheisenbügeln) » » $P = 28\,667$ kg.

Das Eintreten des Gleitens ist beim Vorhandensein von Bügeln später eingetreten als beim Nichtvorhandensein solcher und dabei durch die Flacheisenbügel in Fig. 225 am meisten hinausgeschoben worden.

d) Die Höchstbelastung beträgt

bei den Balken nach Fig. 223 (ohne Bügel) im Durchschnitt $23\,000$ kg,
» » » » » 224 (mit 24 Rundeisenbügeln) » $30\,467$ kg,
» » » » » 225 (mit 48 Flacheisenbügeln) » $37\,667$ kg.

Hieraus folgt, daß die Höchstbelastung durch die Bügel wesentlich gesteigert worden ist.

Die Zunahme der Höchstbelastungen gegenüber den Balken ohne Bügel (Fig. 223) beträgt

bei den Balken nach Fig. 224 7467 kg,
» » » » » 225 14667 kg.

Das Gewicht der einbetonierten Bügel ist

für die Balken nach Fig. 224 im Durchschnitt 8,3 kg (24 Rundeisenbügel),
» » » » » 225 » » 29,4 kg (48 Flacheisenbügel).

Wird die Zunahme der Widerstandsfähigkeit der Balken mit Bügeln gegenüber denen ohne Bügel umgerechnet auf 1 kg Bügel, so findet sich

für die Balken nach Fig. 224 $\dfrac{7467}{8,3} = \mathbf{900}$ kg,

» » » » 225 $\dfrac{14667}{29,4} = \mathbf{499}$ kg

Zunahme für 1 kg Eisen in den Bügeln.

XLVII) 3 Balken mit Bauart nach Fig. 226: Nr. 79, 80 und 81.
Vergleich der Ergebnisse mit denjenigen der Balken nach Fig. 223.

Die Balken besitzen 5 Eiseneinlagen: einen geraden Stab von 32 mm Durchmesser in der Mitte, seitlich je zwei aufgebogene Eisen von 18 mm Durchmesser, eines nach Fig. 233, das andere nach Fig. 234.

Die Ergebnisse der Untersuchung sind in den Zusammenstellungen 44 und 48 niedergelegt.

Die Fig. 264 und 265 zeigen die unteren Flächen und je eine Seitenfläche der Balken.

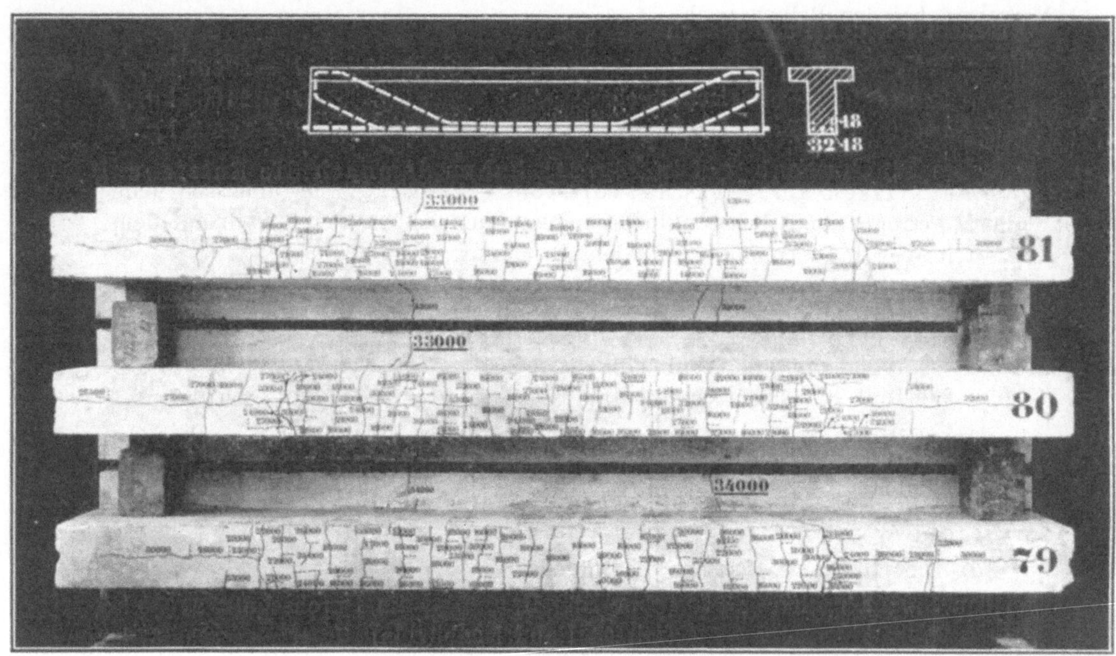

Fig. 264. Untere Flächen der Balken mit Bauart nach Fig. 226.

Fig. 265. Seitenflächen der Balken mit Bauart nach Fig. 226.

Das erste Gleiten der mittleren, geraden, Einlage wurde unter

$$P = (26\,000 + 24\,000 + 24\,000) : 3 = 24\,667 \text{ kg}$$

beobachtet. Berechnet man für diese Belastungen nach Gl. 15 (Seite 118) die Gleitspannung am mittleren Stab unter der Voraussetzung, daß sämtliche Eisen an der Uebertragung derart beteiligt sind, daß in ihnen die gleiche Zug-spannung eintritt (vergl. unter XLIV), so ergibt sich

$$\tau_1 = (12,8 + 11,8 + 11,9) : 3 = \mathbf{12,2} \text{ kg/qcm}[1]).$$

Mit Steigerung der Belastung gleitet die mittlere Einlage mehr und mehr, so daß angenommen werden kann, daß dieser Stab schließlich an der Kraftüber-tragung in den äußeren Balkenteilen nicht mehr beteiligt ist, die Last wird dort von den aufgebogenen Eisen mit ihren Haken getragen.

Die unter den einzelnen Belastungen erreichten Gleitbewegungen des mitt-leren Stabes sind in Fig. 266 zeichnerisch dargestellt.

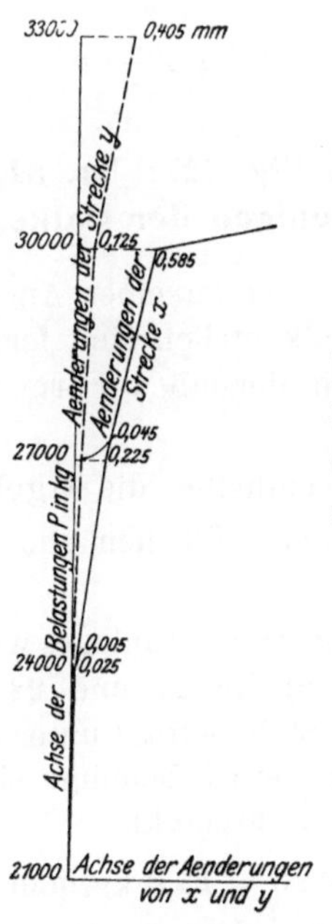

Fig. 266.

Balken Nr. 80 (Bauart nach Fig 226). Aenderungen der Strecken x und y mit stei-gender Belastung (Gleiten der mittleren, geraden, Einlage).

Unter den Höchstbelastungen von $P = 34\,000$, $33\,000$ und $33\,000$ kg, im Durchschnitt $P = 33\,333$ kg, verbreitert sich in der Nähe der Belastungsrollen bei allen drei Balken je ein Riß ganz bedeutend; gleichzeitig wird an dem Balkenende, bei welchem dieser Riß sich erweitert, eine rasche Zunahme der Gleitbewegung des mittleren Eisens festgestellt. Nach dem Versuch zeigten die aufgebogenen Eisen an dem breiten Riß losen Zunder, ihre Spannung hat demnach die Streckgrenze überschritten.

Werden die Ergebnisse mit denjenigen der Balken nach Fig. 223 in Ver-gleich gestellt, so ist Folgendes zu bemerken.

Das Gewicht der Eiseneinlagen beträgt

bei den Balken nach Fig. 223 (3 gerade Eisen, Eisenquerschnitt zusammen 17,79 qcm) im Durchschnitt 43,7 kg,

---

[1]) Die vollständige Ueberwindung des Gleitwiderstands wird erst unter etwas höherer Be-lastung eintreten, vergl. die Werte in Spalte 21 und 22 der Zusammenstellung 44 mit den Werten in Spalte 14 und 15 der Zusammenstellung 4.

bei den Balken nach Fig. 226 (5 Eisen, dabei 4 aufgebogene, Eisenquerschnitt zusammen 18,64 qcm) im Durchschnitt 49,1 kg.

Die Balken nach Fig. 226 enthalten somit 49,1—43,7 = 5,4 kg mehr Eisen als die Balken nach Fig. 223.

Die Höchstbelastung beträgt

bei den Balken nach Fig. 223 (gerade Eisen) im Durchschnitt . . 23000 kg,
» » » » » 226 (aufgebogene Eisen) im Durchschnitt 33333 kg.

Die Höchstbelastung ist somit durch die Anordnung der aufgebogenen Eisen bedeutend gesteigert worden. Der Unterschied beträgt 33333 — 23000 = 10333 kg.

Wird dieses Mehr bezogen auf das Mehrgewicht der Eiseneinlagen, so ergibt sich

$$\frac{10333}{5,4} = \mathbf{1914}\ \mathbf{kg}$$

Zunahme der Höchstbelastung durch 1 kg Eisen.

IIL) 3 Balken mit Bauart nach Fig. 227: Nr. 82, 83 und 84.
Vergleich der Ergebnisse mit denjenigen der Balken nach Fig. 226.

Die Balken besitzen 5 Eiseneinlagen von derselben Anordnung wie bei den Balken nach Fig. 226. In den äußeren Balkenteilen sind ferner je 12 Bügel aus 7 mm Rundeisen einbetoniert worden, von derselben Form wie bei den Balken nach Fig. 224.

Die Zusammenstellungen 45 und 48 enthalten die Ergebnisse der Prüfung.

Die Fig. 267 und 268 zeigen die unteren Flächen und je eine Seitenfläche der Balken.

Das erste Gleiten der mittleren geraden Einlage wurde bei allen drei Balken unter $P = 30000$ kg festgestellt (Spalte 21 und 22 der Zusammenstellung 45); die Gleitspannung am mittleren Stab beträgt unter der Voraussetzung, daß sämtliche Eisen an der Uebertragung derart beteiligt sind, daß in ihnen die gleiche Zugspannung eintritt, unter $P = 30000$ kg

$$\tau_1 = (15,3 + 15,4 + 14,9) : 3 = \mathbf{15,2}\ \mathbf{kg/qcm}.$$

Mit steigender Belastung gleitet die mittlere Einlage mehr und mehr und übergibt ihren Anteil an der Kraftübertragung allmählich den vier aufgebogenen Eisen. Unter der Höchstlast (im Durchschnitt $P_{max} = 41000$ kg) erweitert sich, in der Nähe der Belastungsrolle, ein Riß ganz bedeutend, gleichzeitig wird der Beton über diesen Rissen zerstört. Die aufgebogenen Eisen tragen losen Zunder, woraus folgt, daß diese Eisen die Streckgrenze überschritten haben.

Der Vergleich mit den Ergebnissen der Balken nach Fig. 226 liefert Folgendes:

a) Die ersten Risse wurden entdeckt

bei den Balken nach Fig. 226 (ohne Bügel) . . . . . unter $P = 13000$ kg,
» » » » 227 (mit 24 Rundeisenbügeln) » $P = 11667$ ».

Bei den Balken mit Bügeln entstanden die ersten Risse an Stellen, bei welchen Bügel einbetoniert sind, Fig. 268; sie wurden ferner, wie aus obigen Zahlen hervorgeht, bei den Balken mit Bügeln früher beobachtet als bei den Balken ohne solche.

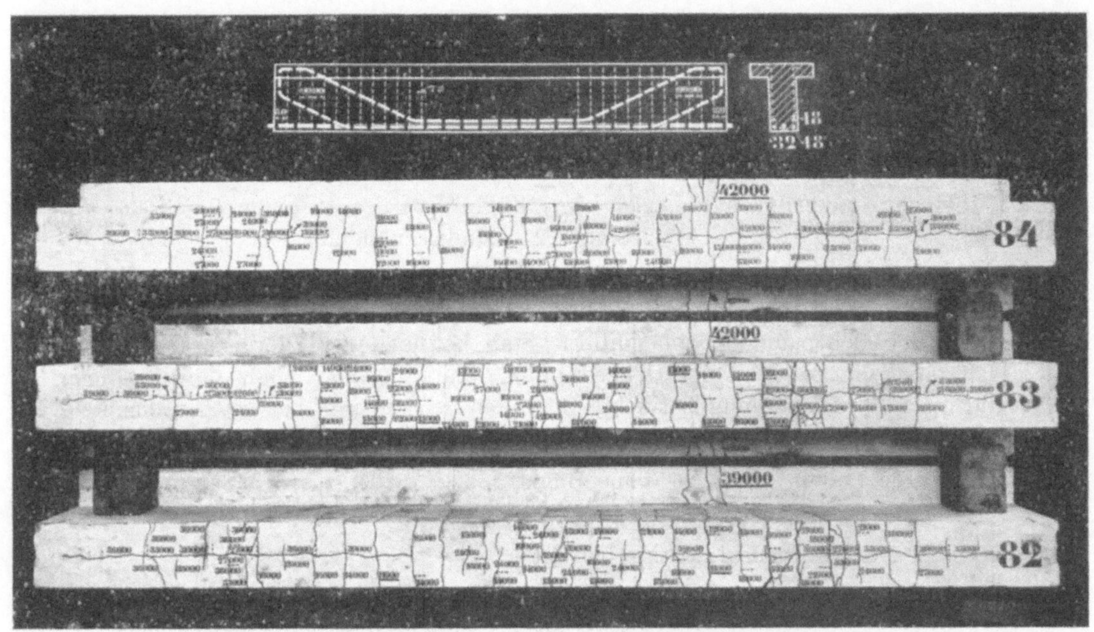

Fig. 267. Untere Flächen der Balken mit Bauart nach Fig. 227.

Fig. 268. Seitenflächen der Balken mit Bauart nach Fig. 227.

b) Die ersten Längsrisse kamen zum Vorschein

bei den Balken nach Fig. 226 (ohne Bügel) . . . . . unter $P = 24000$ kg,

» » » » » 227 (mit 24 Rundeisenbügeln) » $P = 27000$ ».

Durch die Bügel wurde somit die Entstehung von Längsrissen verzögert.

c) Das erste Gleiten wurde bemerkt

bei den Balken nach Fig. 226 (ohne Bügel) . . . . . unter $P = 24667$ kg,

» » » » » 227 (mit 24 Rundeisenbügeln) » $P = 30000$ ».

Das Gleiten ist beim Vorhandensein von Bügeln später eingetreten als beim Nichtvorhandensein solcher.

Die Gleitspannung am mittlern Stab beträgt unter der Voraussetzung, daß sämtliche Eisen an der Uebertragung derart beteiligt sind, daß in ihnen die gleiche Zugspannung herrscht, unter den Belastungen, bei welchen das erste Gleiten gemessen wurde (vergl. Zusammenstellung 45 Spalte 21 und 22)

für die Balken nach 226 (ohne Bügel) . . . . . $\tau_1 = \textbf{12,2}$ kg/qcm,

» » » » 227 (mit 24 Rundeisenbügeln) $\tau_1 = \textbf{15,2}$ » .

d) Die Höchstbelastung beträgt

bei den Balken nach Fig. 226 (ohne Bügel) . . . . . $P_{max} = 33333$ kg,

» » » » » 227 (mit 24 Rundeisenbügeln) $P_{max} = 41000$ ».

Durch die Bügel ist die Höchstbelastung um $41000 - 33333 = \textbf{7667}$ kg gesteigert worden.

Das Mehrgewicht an Eisen (Bügel) beträgt bei den Balken nach Fig. 227 $56,9 - 49,1 = 7,8$ kg (Spalte 27 der Zusammenstellung 48). Durch 1 kg Eisen (in den Bügeln) ist somit die Höchstlast um $\frac{7667}{7,8} = \textbf{983}$ kg gesteigert worden.

Bei den Balken nach Fig. 224 wurde eine Erhöhung von 900 kg durch 1 kg Eisen in den Bügeln von derselben Stärke und Form erreicht (vergl. S. 127). Es geht daraus hervor, daß sich die Wirkung der Bügel bei den Balken mit aufgebogenen Eisen (Fig. 227) in gleicher Größe gezeigt hat wie bei den Balken mit geraden Einlagen (Fig. 224).

IL) 3 Balken mit Bauart nach Fig. 228: Nr. 85, 86 und 90. Vergleich mit den Ergebnissen der Balken nach Fig. 227.

Die Anordnung der Eiseneinlagen ist dieselbe wie bei den Balken nach Fig. 227, mit dem Unterschied, daß die mittlere Einlage mit Haken versehen ist.

Die Zusammenstellungen 46 und 48 enthalten die Ergebnisse der Untersuchung.

Die Fig. 269 und 270 zeigen die unteren Flächen und je eine Seitenfläche der Balken. Die Stirnflächen sind in Fig. 271 und 272 abgebildet.

Das erste Gleiten der mittleren Einlage wurde bei den Balken Nr. 86 und 90 unter $P = 33000$ kg gemessen. Die Gleitspannung τ_1 am mittleren Stab unter derselben Voraussetzung, wie unter XLVII und IIL angegeben worden ist, beträgt bei $P = 33000$ kg, ohne Berücksichtigung des Eigengewichts

$$\tau_1 = (16,7 + 16,4) : 2 = \textbf{16,5} \text{ kg/qcm.}$$

Bei Steigerung der Last gleitet das mittlere Eisen allmählich weiter, jedoch um viel geringere Wege, als dies z. B. bei den Balken nach Fig. 226 und 227 (ohne Haken) der Fall war. Der Vergleich der Fig. 266 und 273 gibt hierüber Aufschluß und weist auch darauf hin, daß der Stab mit Haken, Fig. 273, nach dem Eintritt des Gleitens in höherem Maße zur Kraftübertragung herangezogen wird als der gerade Stab, Fig. 266.

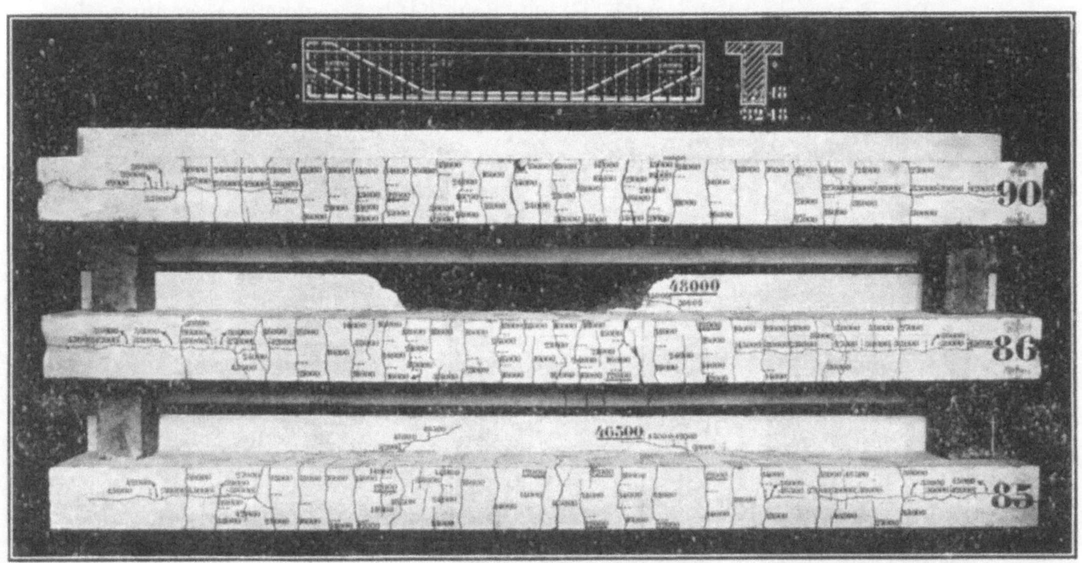

Fig. 269. Untere Flächen der Balken mit Bauart nach Fig. 228.

Fig. 270. Seitenflächen der Balken mit Bauart nach Fig. 228.

Nach Ausweis der Zusammenstellung 46 war die Höchstbelastung erreicht, nachdem die Eiseneinlagen die Streckgrenze überschritten hatten. Mit dem Strecken der Eisen öffneten sich mehrere Risse bedeutend, und hierauf erfolgte über diesen Rissen die Zerstörung des Betons im gedrückten Teile des Balkens, wie aus Fig. 270 ersichtlich ist.

Die durchschnittliche nach Gl. 11, Seite 118, berechnete Spannung des Eisens unter der Höchstbelastung beträgt

$$\sigma_e = 2958 \text{ kg/qcm.}$$

Zugversuche mit Rundstäben, welche vor dem Einbetonieren von den Eiseneinlagen abgetrennt worden waren, ergaben

Fig. 271 und 272. Stirnflächen der Balken mit
Bauart nach Fig. 228.

Fig. 273. Balken Nr. 86 (Bauart nach Fig. 228). Aenderungen der Strecken x und y mit steigender Belastung (Gleiten der mittleren Einlage).

	bei 32 mm	bei 18 mm Rundeisen
obere Streckgrenze . . .	2396	2972 kg/qcm,
untere » . . .	2369	2926 » ,
Zugfestigkeit	3635	4169 » .

Die nach Gl. 11 berechnete Spannung σ_e ist hiernach größer als die aus dem Zugversuch bestimmte, durchschnittliche, Spannung an der Streckgrenze des verwendeten Eisens; die Rechnung ergibt somit etwas zu hohe Werte.

Die Ergebnisse der Dehnungsmessungen sowie die ermittelten Durchbiegungen sind für den Balken Nr. 86 in den Figuren 274 bis 277 zeichnerisch dargestellt.

Die Lage der Nullinie mit steigender Belastung zeigt die Fig. 278 für denselben Balken. (Ueber die dabei gemachten Voraussetzungen vergl. Fig. 41 und 42.) Das Ueberschreiten der Streckgrenze bei Steigerung der Last von $P = 45\,000$ kg auf $P = 46\,500$ kg findet in der Figur seinen Ausdruck.

Der Vergleich mi$_t$ den Ergebnissen der Balken nach Fig. 227 (ohne Haken) ergibt Folgendes.

a) Das erste Gleiten wurde gemessen

bei den Balken nach Fig. 227 (ohne Haken) unter $P = 30\,000$ kg,
» » » » » 228 (mit ») » $P = 33\,000$ ».

Das Vorhandensein der Haken hat somit den Beginn des Gleitens etwas hinausgeschoben (vergl. unter XX und XXII).

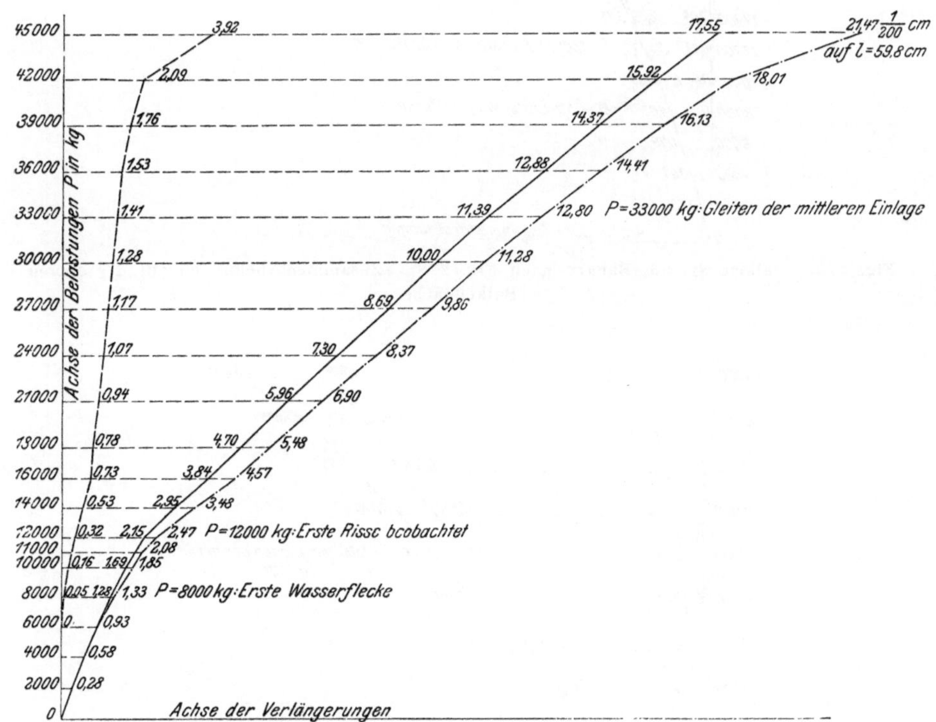

Fig. 274. Balken Nr. 86 (Bauart nach Fig. 228). Verlängerungen auf der unteren Balkenfläche.

Die Berechnung der Gleitspannung unter diesen Belastungen nach Gl. 15 (unter XLIV, S. 118) liefert

für die Balken nach Fig. 227 (ohne Haken) $\tau_1 = (15{,}3 + 15{,}4 + 14{,}9) : 3 = 15{,}2$ kg/qcm,
» » » » » 228 (mit ») $\tau_1 = (16{,}7 + 16{,}4) : 2 = 16{,}5$ kg/qcm.

Dieser Berechnung liegt die einbetonierte Länge von Belastungsrolle bis Widerlager, d. i. 100 cm zu Grunde. In Wirklichkeit beträgt jedoch diese Länge

in Fig. 227 (ohne Haken) 102 cm,

in Fig. 228 dagegen, wenn die Länge des Hakens, gemäß der Länge seiner Mittellinie bis zur Stirnfläche einbezogen wird, rund 113 cm.

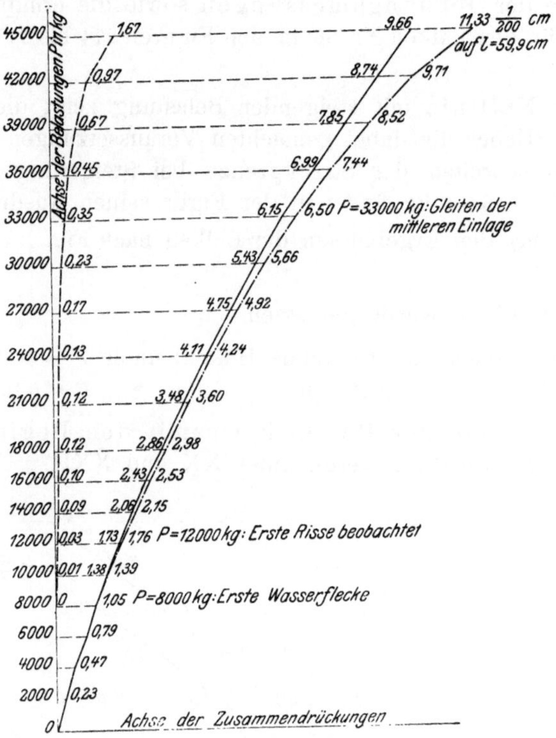

Fig. 275. Balken Nr. 86 (Bauart nach Fig. 228). Zusammendrückungen auf der oberen Balkenfläche.

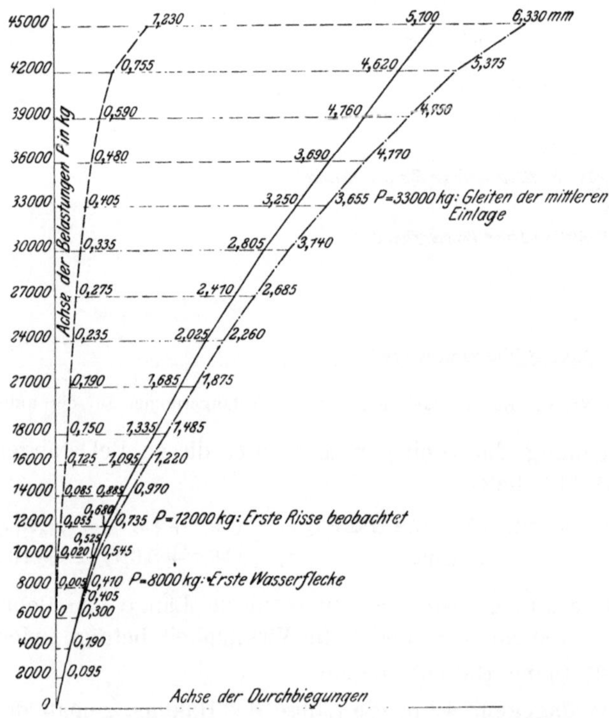

Fig. 276. Balken Nr. 86 (Bauart nach Fig. 228). Durchbiegungen in der Mitte der Balkenlänge.

Wird τ_1 auf diese Längen bezogen, so ergibt sich für die

Balken nach Fig. 227 (ohne Haken) $\tau_1 = \dfrac{100}{102} \cdot 15{,}2 = 14{,}9$ kg/qcm,

» » » 228 » » $\tau_1 = \dfrac{100}{113} \cdot 16{,}5 = 14{,}6$ » .

Hieraus erhellt, daß der Gleitwiderstand, bezogen auf das Quadratzentimeter der einbetonierten Staboberfläche, gegebenenfalls diejenigen des Hakens eingerechnet, beim Vorhandensein von Haken fast dieselbe Größe besitzt, wie 'bei Eisen ohne Haken (vergl. unter XX und XXII).

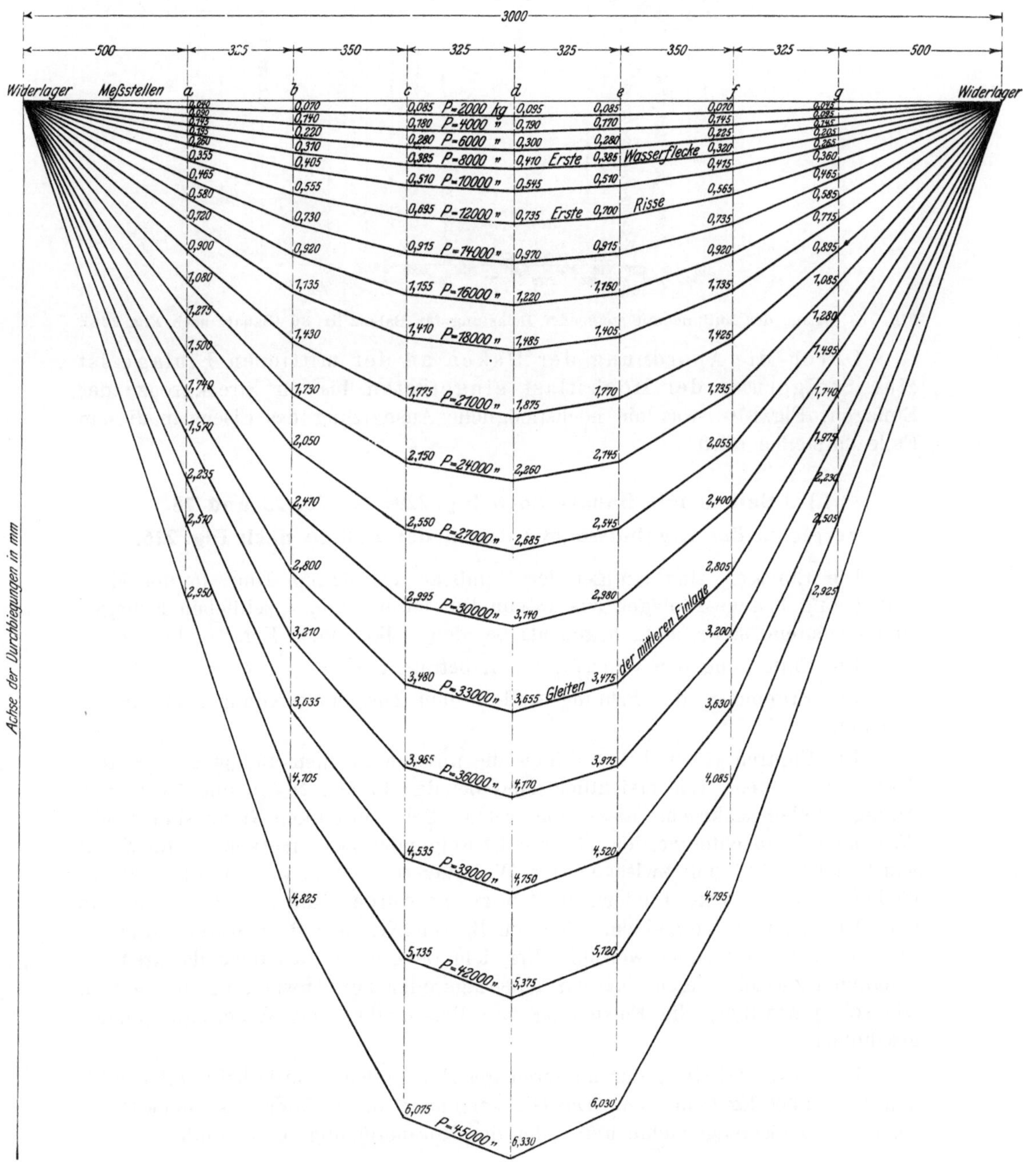

Fig. 277. Gesamte Durchbiegungen des Balkens Nr. 86 (Bauart nach Fig. 228).

b) Die durchschnittliche Höchstbelastung beträgt

bei den Balken nach Fig. 227 (ohne Haken) $P_{max} = 41\,000$ kg,

» » » » » 228 (mit ») $P_{max} = 46\,500$ ».

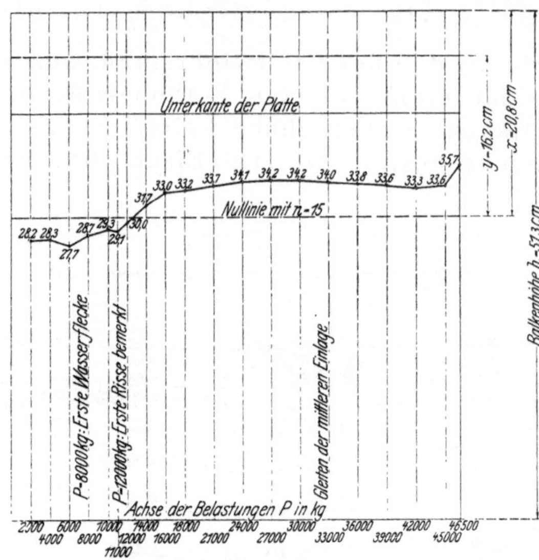

Fig. 278. Lage der Nullinie mit steigender Belastung für Balken Nr. 86 (Bauart nach Fig. 228).

Durch die Anordnung der Haken an der mittleren Einlage ist eine Steigerung der Höchstlast eingetreten bis zur Streckgrenze der Einlagen, Fig. 270, was die höchstmögliche Ausnützung des Eisens in diesem Falle darstellen dürfte.

L) 3 Balken mit Bauart nach Fig. 229: Nr. 70, 73 und 78.
Vergleich der Ergebnisse mit denen der Balken nach Fig. 226.

Die Einlagen sind ein gerader Rundstab von 32 mm Dmr. in der Mitte und 4 aufgebogene Einlagen aus 18 mm Rundeisen. Die 4 seitlichen Einlagen sind bedeutend steiler aufgebogen als bei den Balken nach Fig. 226 bis 228.

Die Entfernung der Widerlagsrollen beträgt 2 m.

Die Ergebnisse der Prüfung sind in den Zusammenstellungen 47 und 48 enthalten.

Die Figuren 279 und 280 zeigen die unteren Flächen und je eine Seitenfläche der Balken. Wie ersichtlich, sind bei den Balken Nr. 70 und 78 an den Auflagerstellen senkrechte Risse eingetreten. Bei dem Balken Nr. 73 sind solche Risse nicht beobachtet worden. Hierzu ist Folgendes zu bemerken: Unter XLIII wurde mitgeteilt, daß zwischen den Widerlagsrollen und den unteren Balkenflächen 10 mm starke Flußeisenplatten gelegt wurden, um eine Zerstörung an den Auflagern zu vermeiden. Bei den Balken Nr. 70 und 78 waren derartige Platten nicht verwendet worden. Bei dem Balken Nr. 73 kamen dagegen die genannten Zwischenlagen auf den Widerlagsrollen zur Anwendung und haben, wie schon erwähnt, die Entstehung von Rissen über dem Widerlager hinausgeschoben.

Das erste Gleiten der mittleren geraden Einlage wurde bei durchschnittlich $P = 32\,000$ kg gemessen. Die Gleitspannung unter dieser Last, ohne Rücksicht auf die Eigengewichte und unter der Voraussetzung, daß sämtliche Eisen

an der Kraftübertragung beteiligt sind, derart, daß in ihnen die gleiche Zugspannung herrscht, beträgt (nach Gl. 15) am mittleren Stab

$$\tau_1 = (15{,}2 + 16{,}0 + 16{,}8) : 3 = \mathbf{16{,}0}\ \text{kg/qcm.}$$

Bei allen drei Balken entstanden schiefe Risse, welche unter annähernd
45° geneigt in der Richtung vom Auflager zur Belastungsrolle verlaufen,
Fig. 280, und welche jedoch bei ihrer Entstehung nicht bis zur unteren Balkenfläche reichen. Die Spannung τ_0 (Schubspannung des Betons) beträgt für die
Belastungen, bei denen sich die genannten Risse gezeigt haben, nach Gl. 13
(vergl. unter XLIV)

$$\tau_0 = (22{,}6 + 24{,}0 + 22{,}2) : 3 = \mathbf{22{,}9}\ \text{kg/qcm.}$$

Eine vollständige Zerstörung der Versuchskörper war nicht möglich, da
die Maschine eine Ueberschreitung der Last von 50000 kg nicht zuläßt.

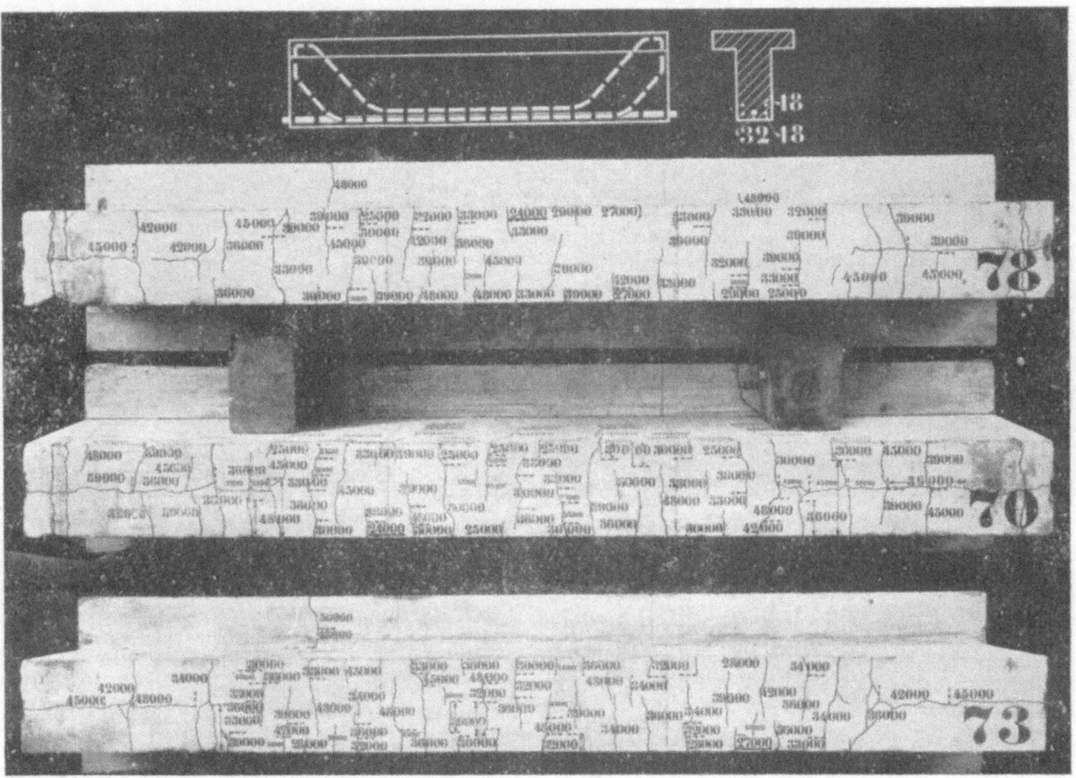

Fig. 279. Untere Flächen der Balken mit Bauart nach Fig. 229.

Beim Vergleich der Ergebnisse mit denjenigen der Balken nach
Fig. 226 ist Folgendes bemerkenswert.

Das erste Gleiten wurde gemessen

bei den Balken nach Fig. 229 $(L = 2160)$ unter $P = 32000$ kg, $\tau_1 = 16{,}0$ kg/qcm,
  »   »   »   226 $(L = 3160)$ » $P = 24667$ » $\tau_1 = 12{,}2$

Der Gleitwiderstand ist somit kleiner für die Balken nach Fig.
226, wofür die Erklärung darin gefunden werden kann, daß bei den letzteren
die Ueberwindung des Gleitwiderstandes eintrat, nachdem sich die in Fig. 265
ersichtlichen schrägen und durch ihre Stärke ausgezeichneten Risse, nach der

Belastungsrolle hin laufend, gebildet hatten. Durch diese Risse wird die einbetonierte und für das Herausziehen in Betracht kommende Länge der Einlagen ganz bedeutend vermindert. Die Gleichung, welche zur Berechnung des Gleitwiderstandes benutzt wird, setzt jedoch voraus, daß die einbetonierte Länge vom Widerlager bis zum Querschnitt, in dem die Belastung erfolgt, reicht.

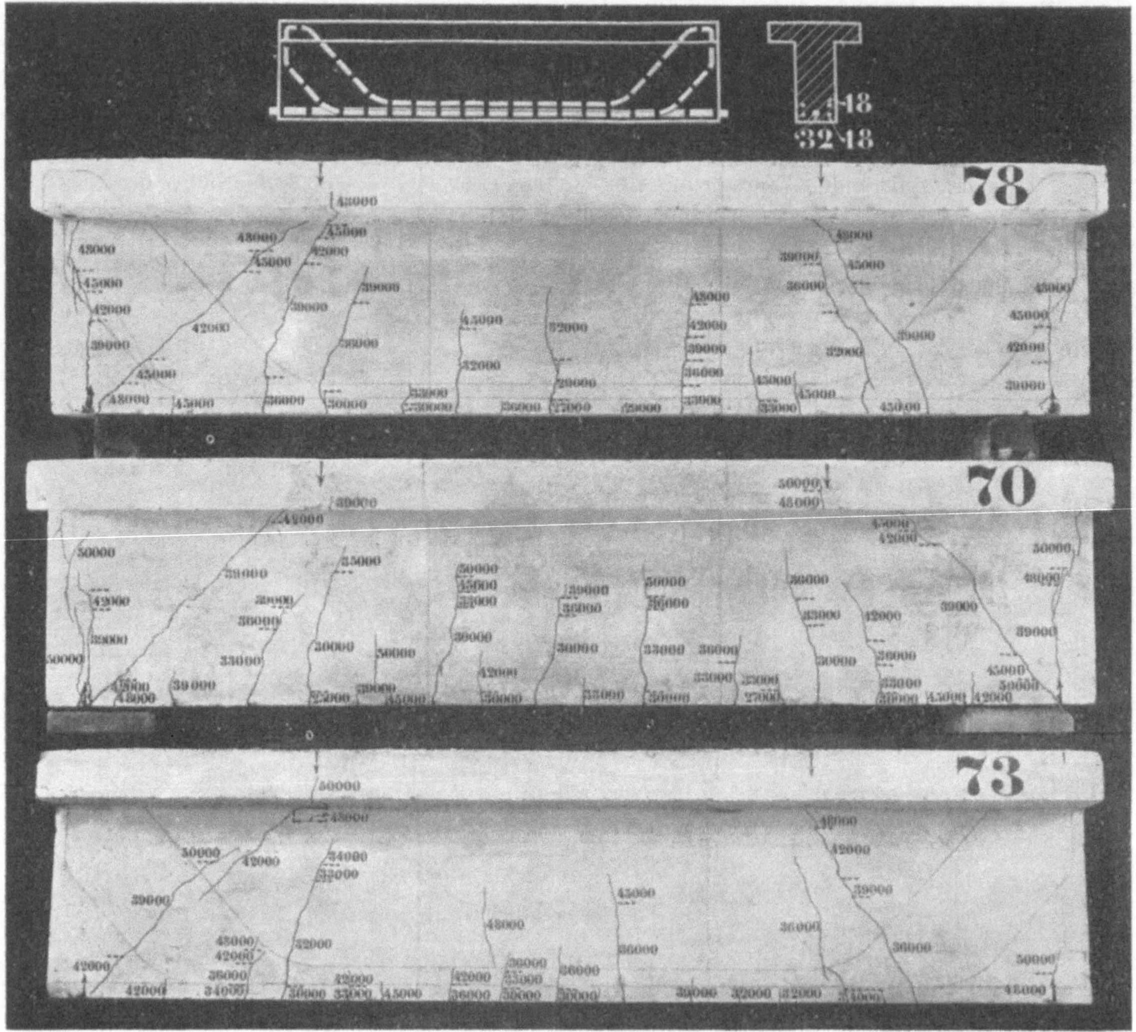

Fig. 280. Seitenflächen der Balken mit Bauart nach Fig. 229.

Die Zugspannung des Eisens σ_e beträgt beim Eintritt des ersten Gleitens

für die Balken nach Fig. 229 ($L = 2160$) $\sigma_e = 1004$ kg/qcm,

» » » » » 226 ($L = 3160$) $\sigma_e = 1534$ kg/qcm.

LI) Versuche zur Ermittlung der Druckfestigkeit, sowie der Druckelastizität des Betons. Vergleich mit den Ergebnissen unter XXXVIII.

Für die Druckfestigkeit des Betons, ermittelt an Würfeln von 30 cm Kantenlänge, ergaben sich die in der Zusammenstellung 49 enthaltenen Werte. Sie beträgt im Durchschnitt

247 kg/qcm [1]).

Die Herstellung der Würfel erfolgte in gußeisernen Formen und auf möglichst dieselbe Weise wie bei den Balken. Die Druckrichtung ist senkrecht zur Stampfrichtung.

Zusammenstellung 49.

Bezeichnung	Prüfungs-tag	Alter	Ge-wicht G	Abmessungen			Vo-lumen $a\,b\,h$	Raum-gewicht $\dfrac{1000\,G}{a\,b\,h}$	Quer-schnitt $a\,b$	Bruchbelastung	
				Seite a	Seite b	Höhe h				beob-achtet	auf 1 qcm
		Tage	kg	cm	cm	cm	ccm		qcm	kg	kg
1	22. 3. 07	224	63,70	30,07	30,27	30,05	27 351	2,33	910,2	253 300	278
2	22. 3 07	224	63,95	30,07	30,34	30,04	27 405	2,33	912,3	242 100	265
3	22. 3. 07	224	63.70	30,06	30,28	30,06	27 361	2,33	910,2	240 800	265
4	22. 3. 07	224	63,50	30,07	30,10	30,07	27 216	2,33	905,1	242 100	267
5	22. 3. 07	224	63,85	30,26	30,07	30,07	27 361	2,33	909,9	235 800	259
6	22. 3 07	224	62.80	30,08	29,79	30,07	26 946	2,33	896,1	228 200	255
7	28. 3. 07	216	63,65	30,43	30,06	30,06	27 496	2,31	914,7	215 700	236
8	28. 3. 07	216	63,20	30,34	30,06	30,05	27 406	2,31	912,0	203 200	223
9	28. 3. 07	216	63,30	30,07	30,24	30,06	27 334	2,32	909,3	192 900	212
10	28. 3. 07	216	62,10	30,06	29.81	30,05	26 928	2,31	896,1	189 000	211
Durchschnitt		221	—	—	—	—	—	2,32	—	—	**247**

Zur Bestimmung der gesamten bleibenden und federnden Zusammendrückungen des Betons wurden Prismen nach Fig. 91 verwendet. Sie sind rund 100 cm hoch und besitzen einen quadratischen Querschnitt von rund 20 cm Seitenlänge.

Ueber die Durchführung solcher Versuche ist unter XXXVIII berichtet worden, und kann auf das dort Gesagte verwiesen werden.

Die Versuchsergebnisse sind in der Zusammenstellung 50 enthalten.

Die Bruchbelastung ergab sich zu

$$(190 + 183 + 176) : 3 = \mathbf{183} \text{ kg/qcm,}$$

$$\text{d. i. } \frac{183}{247} \cdot 100 = \text{rund } 74 \text{ vH.}$$

der Würfelfestigkeit (vergl. hierzu unter XXXVIII).

Die Zahl n, d. i. das Verhältnis der Dehnungskoeffizienten der federnden Zusammendrückungen des Betons zu demjenigen des Eisens findet sich z. B. für den Körper Nr. 2 (Zusammenstellung 50), wenn für Flußeisen $\alpha = \dfrac{1}{2100000}$ angenommen wird,

beim Spannungsunterschied 0,2 bis 6,1 kg/qcm zu $n = 7,2$,

» » 0,2 » 49,1 » » $n = 8,1$,

» » 0,2 » 98,1 » » $n = 9,7$.

Ueber Versuche mit Körpern, welche sich von den vorstehenden nur dadurch unterscheiden, daß hier Zement »*B*«, dort Zement »*A*« verwendet wurde (vergl. Anlage 4 und 5), ist unter XXXVIII berichtet worden. Der Vergleich liefert Folgendes.

Der Beton mit Zement »*B*« hat eine etwas größere Würfelfestigkeit (247 gegen 228 kg/qcm) und eine höhere Druckfestigkeit der Prismen nach Fig. 91 (183 gegen 146 kg/qcm) ergeben als der Beton mit Zement »*A*«. Ferner zeigen die Werte der Spalten 14 der Zusammenstellungen 39 und 50 für Beton mit

---

[1]) Die zulässige Druckspannung bei Biegung nach den amtlichen » Bestimmungen« vom Jahr 1907 beträgt somit im vorliegenden Falle

$$\frac{1}{6} \cdot 247 = \text{rund } \mathbf{41} \text{ kg/qcm.}$$

Zement »*B*« die kleineren Werte des Dehnungskoeffizienten α, entsprechend der höheren Druckfestigkeit dieses Betons[1]).

LII) Versuche zur Ermittlung der Zugelastizität und Zugfestigkeit des Betons. Vergleich des Dehnungskoeffizienten α für Zug und Druck.

Zur Bestimmung der gesamten, bleibenden und federnden Verlängerungen des Betons, sowie zur Ermittlung der Zugfestigkeit, sind 4 Körper nach Fig. 92 hergestellt worden.

Ueber Versuche mit solchen Körpern ist bereits unter XXXIX berichtet, und hat das dort über die Versuchsdurchführung Gesagte auch hier seine Giltigkeit.

Die Ergebnisse sind in Zusammenstellung 51 enthalten. Die geprüften Körper sind in Fig. 281 abgebildet.

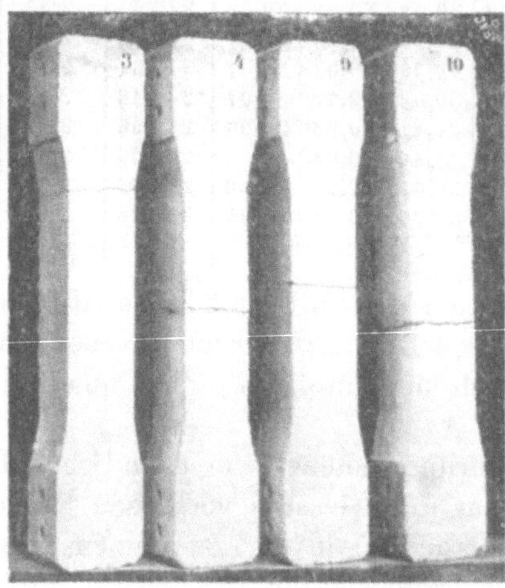

Fig 281.   Körper nach Fig. 92 zur Ermittlung der Zugelastizität und Zugfestigkeit des Betons (nach dem Bruch).

Ein Vergleich der Zug- und Druckelastizität desselben Betons liefert Folgendes, wenn als Beispiele die Körper Nr. 3 der Zusammenstellung 51 (Zug) und Nr. 2 der Zusammenstellung 50 (Druck) gewählt werden. Der Dehnungskoeffizient α fand sich für Zug (Zusammenstellung 51)

$$\text{bei } 0{,}5 \text{ bis } 2{,}4 \text{ kg/qcm zu } \frac{1}{341200},$$

$$0{,}5 \qquad 6{,}1 \qquad » \qquad » \quad \frac{1}{295800},$$

$$0{,}5 \quad » \quad 8{,}5 \qquad » \qquad » \quad \frac{1}{269400};$$

für Druck (Zusammenstellung 50):

$$\text{bei } 0{,}2 \text{ bis } 6{,}1 \text{ kg/qcm zu } \frac{1}{291100},$$

$$0{,}2 \quad » \quad 12{,}3 \qquad\qquad » \quad \frac{1}{291300},$$

$$0{,}2 \quad » \quad 18{,}4 \qquad » \qquad \frac{1}{283000}.$$

Der Dehnungskoeffizient ändert sich demnach für Zug bedeutend rascher als für Druck, für die Spannung von rund 6 kg/qcm sind beide annähernd gleich groß (vergl. dazu unter XXXIX).

---

[1]) In Uebereinstimmung mit früheren Versuchen (Mitteilungen über die Druckelastizität und Druckfestigkeit von Betonkörpern mit verschiedenem Wasserzusatz, I. Teil, Tafel 1 bis 4).

C) Zusammenfassung der Versuchsergebnisse des ersten und zweiten Teiles.

Das Nachstehende faßt die wesentlichen Ergebnisse zusammen, ohne die Sache damit erschöpfen zu wollen. Es muß vielmehr ausdrücklich vorbehalten bleiben, die Einzelheiten später weiter zu verfolgen[1]).

LIII) Einfluß der Anzahl der geraden Eiseneinlagen.

a) Größe des Gleitwiderstandes.

α) Balken mit **einer** Eiseneinlage (mit Walzhaut).

Es wurde ermittelt

Balken	Alter	τ_1	σ_e (nach Gl. 3)
Fig. 2 (vergl. unter VI)	6 Monate	22,0 kg/qcm	1760 kg/qcm
» 3 (» » VII)	6 »	21,1 »	2348 »
» 4 (» » VIII)	6 »	19,1 »	1753 »
» 5 (» » IX)	6 »	19,8 »	1239 »

Durchschnitt 20,5 kg/qcm.

β) Balken mit **drei** Eiseneinlagen (mit Walzhaut).

Balken	Alter	τ_1	σ_e (nach Gl. 3)
Fig. 66 (vergl. unter XV)	7 Monate	16,3 kg/qcm	3243 kg/qcm
» 67 (» » XVI)	6 »	17,2 »	3363 »
» 68 (» » XVII)	3 »	15,6 »	2206 »

Hiernach ist der Gleitwiderstand bei drei Eisen geringer als bei einem Eisen. Wird die letzte Balkengruppe nach Fig. 68, welche nur ein Alter von 3 Monaten besaß, ausgeschieden, so ergibt sich der Unterschied zu

$$\frac{20,5 - 16,7}{20,5} \cdot 100 = \text{rund } 19 \text{ vH.}$$

Dieses Weniger erklärt sich ohne weiteres aus der folgenden, unter b) angeführten Feststellung. Auch die höhere Eisenbeanspruchung wird Einfluß genommen haben[2]) (vergl. auch unter XVIII, Ziffer 2).

---

[1]) Zu möglichst rascher Veröffentlichung der Versuchsergebnisse nötigte der Umstand, daß der deutsche Ausschuß für Eisenbeton mit dem Sitze im Königl. Preußischen Ministerium der öffentlichen Arbeiten in Berlin bei seinem Vorgehen naturgemäß das Bedürfnis hatte, die Ergebnisse der Versuche zu kennen, welche vom Eisenbetonausschuß der Jubiläumsstiftung der deutschen Industrie veranlaßt worden waren, um sie bei der Aufstellung seines Arbeitsprogrammes berücksichtigen zu können. Jede Verzögerung in der Veröffentlichung mußte somit zu einer Verzögerung in der Aufnahme der in Betracht kommenden Untersuchungen des Deutschen Ausschusses für Eisenbeton führen, was zu vermeiden war. Bei dieser Sachlage war es auch nicht möglich, in dem vorliegenden Bericht, der lediglich über das durch die Versuche Gefundene Auskunft geben soll, in eine Würdigung der vielen Arbeiten einzutreten, die auf dem Gebiete des Eisenbetons erschienen sind.

[2]) Wenn die Eisenanstrengung, welche sich nach Gl. 3 der amtlichen Bestimmungen (vergl. S. 18, Heft 39) zu 3243 bezw. 3363 kg/qcm berechnet, tatsächlich diese Größe besessen

b) Ungleichmäßigkeit des Gleitens.

Das Gleiten der drei Eisen gegenüber den Stirnflächen des Balkens erfolgt ungleich, wie die Spalten 16 bis 21 der Zusammenstellungen 9, 10 und 11 sowie die Spalten 18 bis 23 der Zusammenstellungen 41, 42 und 43 erkennen lassen (vergl. auch XVIII), und wie sich überdies erwarten läßt.

c) Rißbildung[1].

Für die Größe der Verlängerung des Betons, gemessen unmittelbar vor der Beobachtung des ersten Risses, wurde Folgendes gefunden:

α) Balken mit einer geraden Einlage (Zusammenstellung 8, Heft 39):

Balken	Breite mm	Einlage mm Dmr.	σ_e kg/qcm	Verlängerung in mm auf 1 m
Fig. 2	300	25	1015	0,132
» 4	150	22	905	0,176

Die Rißbildung tritt somit um so später ein, je schmäler der Balken ist. Je weniger die Entfernung der Kanten der Balkenunterfläche von dem Eisen beträgt, das die Zugspannungen aufnimmt, um so größer wird die Dehnung des Betons gemessen werden können, ehe der erste Riß eintritt (vergl. auch Fig. 30 im Forschungsheft 39). Ausnahmen hiervon sind auf Ungleichmäßigkeiten, wie sie sich bei Beton nicht vermeiden lassen, zurückzuführen.

β) Balken mit drei geraden Eiseneinlagen (Zusammenstellung 12):

Balken	Breite mm	Einlagen mm Dmr.	σ_e kg/qcm	Verlängerung in mm auf 1 m
Fig. 68	300	14	1051	0,164
» 67	200	10	1567	0,196
» 66	150	10	1456	0,235

Hiernach zeigen die Balken mit drei Einlagen, sonst gleiche Verhältnisse vorausgesetzt, eine größere Dehnung, ehe Risse beobachtet werden, als die Balken mit nur einer Einlage. Die Erklärung ergibt sich ohne weiteres aus dem unter α) Gesagten (vergl. auch XVIII, Ziffer 3).

Bei Balken mit drei Eiseneinlagen treten mehr und feinere Risse auf als bei Balken mit einer Eiseneinlage (vergl. die Fig. 101 und 102 mit Fig. 52 und 53 in Heft 39).

Die unterstützende Wirkung, welche die Eiseneinlagen, deren Zweck in der Aufnahme der Zugspannungen besteht, auf den Beton ausüben, der infolge der Belastung des Balkens auf der gezogenen Seite sein Gefüge zu lockern bestrebt ist, muß bei besserer Verteilung des Eisenquerschnittes im Beton, d. i. der Fall, wenn an Stelle eines Eisens drei Eisen treten, sich stärker geltend machen.

d) Durchbiegungen[2].

Balken mit drei geraden Einlagen ergaben ein wenig geringere Durchbiegungen als solche mit einer Einlage (vergl. Zusammenstellung 57).

---

hätte, so würde auszusprechen sein, daß die Streckgrenze des Materials nahezu erreicht oder schon überschritten worden ist. In Wirklichkeit liefert jedoch Gl. 3 die Zugspannungen des Eisens zu groß, wie durch die Versuche festgestellt ist (vergl. unter LX).

[1]) Vergl. auch LVIII.

[2]) Bei Beurteilung der Durchbiegungen muß im Auge behalten werden, daß sie sich aus zwei Teilen zusammensetzen: der eine Teil rührt von dem biegenden Moment und der andere von der Schubkraft her. (vergl. z. B. C. Bach, Elastizität und Festigkeit, § 52, 5. Aufl. 1905 S. 462 u. f.)

LIV) Einfluß der Haken an den Enden der geraden Eiseneinlagen.

a) Der Beginn des Gleitens wird durch das Vorhandensein der Haken etwas — jedoch nicht sehr bedeutend — hinausgeschoben, und zwar ungefähr in dem Maße, in welchem die Oberfläche des einbetonierten Stabes durch die Oberfläche des Hakens Vergrößerung erfährt.

Der Gleitwiderstand bei Eisen mit Haken, bezogen auf das Quadratzentimeter der gesamten Oberfläche der Einlage, also die Hakenoberfläche eingerechnet, ist nahezu der gleiche wie bei Eisen ohne Haken (vergl. unter XX, XXII und IL).

b) Nach Ueberwindung des Gleitwiderstandes verhindern jedoch die Haken die völlige Aufhebung der Widerstandsfähigkeit der Balken so lange, bis mit steigender Belastung die Haken sich aufbiegen und zutreffendenfalls den diese Formänderung hindernden Beton absprengen.

In dieser Hinsicht wurde ermittelt:

Balken nach Fig. 69 (1 Einlage bearbeitet, mit Haken, vergl. unter XIX und XX), $P_{max} = 8900$ kg,

Balken nach Fig. 1 (1 Einlage bearbeitet, ohne Haken, vergl. unter V und XX), $P_{max} = 5760$ kg,

$$\text{mehr} : 100 \cdot \frac{8900 - 5760}{5760} = 54 \text{ vH.}$$

Balken nach Fig. 70 (1 Einlage mit Walzhaut, mit Haken, vergl. unter XXI und XXII) $P_{max} = 14\,000$ kg,

Balken nach Fig. 2 (1 Einlage mit Walzhaut, ohne Haken, vergl. unter VI und XXII) $P_{max} = 8813$ kg,

$$\text{mehr} \; 100 \cdot \frac{14\,000 - 8813}{8813} = 59 \text{ vH.}$$

Balken nach Fig. 71 (1 Einlage mit Walzhaut, mit Haken, vergl. unter XXIII) $P_{max} = 8700$ kg,

Balken nach Fig. 3 (1 Einlage mit Walzhaut, ohne Haken, vergl. unter VII und XXIII) $P_{max} = 6083$ kg,

$$\text{mehr} \; 100 \cdot \frac{8700 - 6083}{6083} = 43 \text{ vH.}$$

Balken nach Fig. 74 (1 Einlage mit Walzhaut, mit Haken, vergl. unter XXVI) $P_{max} = 11\,667$ kg,

Balken nach Fig. 73 (1 Einlage mit Walzhaut, ohne Haken, vergl. unter XXV und XXVI) $P_{max} = 7750$ kg,

$$\text{mehr} \; 100 \cdot \frac{11\,667 - 7750}{7750} = 51 \text{ vH.}$$

Ueber den Einfluß von Haken in Balken, welche auch aufgebogene Einlagen besitzen, vergl. unter XXXV, Ziffer 2 und unter IL.

c) Durchbiegungen.

Die Haken an den Enden der Einlagen vermindern die Durchbiegungen um einen kleinen Betrag (vergl. Zusammenstellung 57).

LV) Einfluß der Bügel.

a) Rißbildung.

α) Bei Balken mit Bügeln bilden sich die ersten Risse fast immer da, wo Bügel einbetoniert sind; in den äußeren Balkenteilen (d. h. bei

Fig, 19 innerhalb der Strecken gm und gn), in denen sich die Bügel befinden, entstehen sie überhaupt nur an solchen Stellen; ferner kommen sie bei Balken mit Bügeln unter geringerer Belastung zum Vorschein als bei Balken ohne Bügel (vergl. Fig. 156, 158, 256, 258, 268, 270).

Der Betonquerschnitt erscheint an den Bügelstellen durch die Eisenmasse der Bügel verschwächt, wodurch sich die genannten Beobachtungen ohne weiteres erklären.

Die hierauf bezüglichen Ergebnisse sind unter XXV, XLVI, IIL und LVIII enthalten.

β) Die Entstehung von Längsrissen an der unteren Balkenfläche in den äußeren Balkenteilen wird durch das Einlegen von Bügeln hinausgeschoben. Unter XLVI ist dazu Folgendes enthalten:

Die Längsrisse kamen zum Vorschein

bei den Balken nach Fig. 223 (ohne Bügel) unter $P = 20\,667$ kg,
» » » » » 224 (mit 24 Rundeisenbügeln) » $P = 24\,000$ » .
» » » » » 225 (mit 48 Flacheisenbügeln) » $P = 30\,000$ » .

Zu demselben Ergebnis führt der Vergleich der Balken nach Fig. 226 (ohne Bügel) mit denen nach Fig. 227 (mit 24 Rundeisenbügeln), vergl. unter IIL.

b) Gleitwiderstand.

Für die Größe des Gleitwiderstandes wurde ermittelt (vergl. unter XXV):

bei den Balken nach Fig. 4 (ohne Bügel) $\tau_1 = 19{,}1$ kg/qcm,
» » » » » 73 (mit Bügeln) $\tau_1 = 23{,}3$ »

Der Gleitwiderstand ist somit beim Vorhandensein von Bügeln um $23{,}3 - 19{,}1 = 4{,}2$ kg/qcm, d. i. 22 vH größer ermittelt worden als beim Nichtvorhandensein solcher.

Das erste Gleiten der Einlagen wurde bemerkt (vergl. unter XLVI)

bei den Balken nach Fig. 223 (ohne Bügel) unter $P = 21\,667$ kg,
» » » » » 224 (mit 24 Rundeisenbügeln) » $P = 25\,000$ » ,
» » » » » 225 (mit 48 Flacheisenbügeln) » $P = 28\,667$ » .

Hiernach ist das erste Gleiten der Eisen beim Vorhandensein von Bügeln später eingetreten als beim Nichtvorhandensein solcher. Dasselbe zeigen die Ergebnisse der Balken nach Fig. 226 (ohne Bügel) und 227 (24 Rundeisenbügel), wie aus IIL hervorgeht.

c) Höchstbelastung.

Es wurde gefunden bei den Balken:

α) nach Fig. 4 (1 gerades Eisen, ohne Bügel) . . . . $P_{max} = 6\,300$ kg,
» » 73 (1 » » mit Bügeln) . . . . . . $P_{max} = 7\,750$ » ;
β) » » 223 (3 gerade » ohne Bügel) . . . . . . $P_{max} = 23\,000$ » ,
» » 224 (3 » » mit 24 Rundeisenbügeln) . $P_{max} = 30\,467$ » ,
» » 225 (3 » » mit 48 Flacheisenbügeln) . $P_{max} = 37\,667$ » ;
γ) » » 226 (1 gerad., 4 aufgebog. Eisen, ohne Bügel) . . $P_{max} = 33\,333$ » ,
» » 227 (1 » » » m. 24 Rundeisenbügeln) $P_{max} = 41\,000$ » .

Hieraus ergibt sich, daß unter sonst gleichen Verhältnissen die Höchstlast der Balken mit Bügeln wesentlich größer ist als bei den Balken ohne Bügel.

Die Zunahme der Höchstlast bezogen auf 1 kg Bügeleisen (vergl. Zusammenstellung 48, Spalten 27 und 28), beträgt z. B.

$$\text{bei den Balken nach Fig. 224:} \quad \frac{30\,467 - 23\,000}{8,3} = 900 \text{ kg,}$$

$$\text{» » » » » 225:} \quad \frac{37\,667 - 23\,000}{29,4} = 499 \text{ »,}$$

$$\text{» » » » » 227:} \quad \frac{41\,000 - 33\,333}{7,8} = 983 \text{ ».}$$

Alle diese Ergebnisse sind mit Bügeln gewonnen worden, welche durch Draht mit den Einlagen dicht anliegend verbunden waren, vergl. Fig. 154.

Zur Erklärung der Wirksamkeit der Bügel in Bezug auf Rißbildung, Gleitwiderstand und Höchstlast sei Folgendes bemerkt.

Mit fortschreitendem Wachsen der Risse, welche sich gegen die Belastungsrollen richten (z. B. Fig. 246, 256, 265 u. s. f.) ist eine Drehung und Verschiebung der äußeren Balkenteile verbunden. Dadurch wird ein Pressen der Eiseneinlagen gegen den Beton nach unten hervorgerufen, welches die dünne Betonschicht schließlich aufsprengt.

Der geschilderten Pressung des Eisens wirken die Bügel entgegen, welche das Eisen mit dem Druckgurt verankern, gewissermaßen aufhängen. Daß hierbei 48 Bügel nach Fig. 225 wirksamer sind als 24 nach Fig. 224 ist erklärlich.

Sodann kommt in Betracht, daß Beton, welcher unter Wasser oder doch auf nassem Sand erhärtet, sein Volumen vergrößert. Dieser Raumvergrößerung steht der Bügel entgegen, es werden dadurch Pressungen gegen den Stab hervorgerufen und dessen Widerstand gegen Gleiten erhöht.

LVI) Schräge Abbiegungen der Eiseneinlagen (aufgebogene Einlagen).

a) Gleitwiderstand.

Wird bei Balken mit aufgebogenen Einlagen (Fig. 76 bis 82 und 226 bis 229) der Gleitwiderstand τ_1 des mittleren, geraden Stabes nach Gl. 5 (Seite 18 in Heft 39) bezw. Gl. 14 und 15 (Seite 118) unter der Voraussetzung berechnet, daß in allen Eisen, also auch in den aufgebogenen, die gleiche Zugspannung herrscht (vergl. Fußbemerkung Seite 68), so ergeben sich für τ_1 Werte, welche in befriedigender Uebereinstimmung stehen mit denjenigen, welche für die Balken mit drei geraden Eiseneinlagen gefunden worden sind (vergl. die Werte in den Spalten 19 der Zusammenstellungen 28 und 33 mit denen in Spalte 17 der Zusammenstellung 12, sowie in der Zusammenstellung 48 die Werte der Spalten 20 für die Balken nach Fig. 223 und 224 mit denjenigen für die Balken nach Fig. 226 und 227).

Es erscheint hiernach unrichtig, nur das mittlere, nicht aufgebogene Eisen als an der Uebertragung allein beteiligt, aufzufassen, wie dies in den Beispielen der amtlichen Bestimmungen geschieht. (Vergl. in den Zusammenstellungen 28 und 33 die Werte der Spalten 18 mit denjenigen in Spalte 19.)

b) Höchstbelastung.

α) Die Höchstbelastung beträgt
bei den Balken nach Fig. 223 (3 gerade Eisen, Eisenquerschnitt zusammen 17,79 qcm) $P_{\text{max}} = 23\,000$ kg,

bei den Balken nach Fig. 226 (1 gerades Eisen in der Mitte, 4 aufgebogene seitlich, Eisenquerschnitt zusammen 18,64 qcm) $P_{max} = 33\,333$ kg.

Durch die Anordnung der aufgebogenen Eisen ist somit die Höchstlast bedeutend gesteigert worden (vergl. unter XLVII). Der Unterschied beläuft sich auf $\frac{33\,333 - 23\,000}{23\,000} \cdot 100 =$ rd. 45 vH bei einem Unterschied des Eisenquerschnittes von $100 \cdot \frac{18,64 - 17,79}{17,79} = 5$ vH.

β) Das Gewicht der Eiseneinlagen beträgt

bei den Balken nach Fig. 223: 43,7 kg,
»   »   »   »   » 226: 49,1 » ,
der Unterschied ist   5,4 » .

Diese 5,4 kg haben nach α) die Höchstlast um 10333 kg erhöht. Wird dieses Mehr bezogen auf das Mehrgewicht an Eiseneinlagen, so findet sich $\frac{10\,333}{5,4} = 1914$ kg Zunahme der Höchstlast durch 1 kg Eisen.

Wird dieses Ergebnis in Vergleich gebracht mit denen, welche unter LV, c die Erhöhung der Höchstlast durch 1 kg Bügel angeben, so zeigt sich, daß 1 kg Eisen in den aufgebogenen Einlagen eine weit größere Zunahme ergeben hat, als 1 kg Eisen in den Bügeln.

c) Durchbiegungen.

Ueber den Einfluß, welchen die Aufbiegungen der Einlagen auf die Größe der Durchbiegungen besitzen, vergl. Zusammenstellung 57 und 58.

LVII) Größe des Gleitwiderstandes.

Die Versuchsergebnisse sind in der Zusammenstellung 52 (Spalte 7 und 8) für die Balken mit rechteckigem Querschnitt und in der Zusammenstellung 48 (Spalte 20) für die Balken mit T-förmigem Querschnitt enthalten.

a) Oberflächenbeschaffenheit.
(Nach Forschungsheft 39 Seite 43.)

α) Gezogenes, abgeschlichtetes und geschmirgeltes Rundeisen in der Stärke von 25 mm ergab:

nach rund 50 Tagen im Durchschnitt $\tau_1 = 10,3$ kg/qcm,
»   » 6 Monaten »   » $\tau_1 = 14,5$ »   ;

β) gewöhnliches Rundeisen mit Walzhaut in der Stärke von 25 mm lieferte:

nach rund 50 Tagen im Durchschnitt $\tau_1 = 17,9$ kg/qcm,
»   » 6 Monaten »   » $\tau_1 = 22,0$ »   ,

d. i. um rund 74 vH bezw. 52 vH höher als im Falle α.

Nach dem unter XXII Gesagten ergab sich dieser Unterschied für Einlagen mit Haken (Balken nach Fig. 69 und 70) bei rund 6 Monate alten Körpern zu 51 vH, so daß eine sehr gute Uebereinstimmung besteht.

b) Alter der Balken.

Bei 6 Monate alten Versuchskörpern wird der Gleitwiderstand höher ermittelt als bei 50 Tage alten Balken.

Die hierauf bezüglichen Zahlen sind unter a, α und β enthalten. Der Unterschied beträgt bei Eiseneinlagen mit glatter Oberfläche rd. $\dfrac{14{,}5 - 10{,}3}{10{,}3} = 41$ vH,

und » » » Walzhaut . . . » $\dfrac{22{,}0 - 17{,}9}{17{,}9} = 23$ vH.

c) Drei Eiseneinlagen.

Bei Balken mit drei Eiseneinlagen (nach Fig. 66 bis 68, Zusammenstellung 12) wird der Gleitwiderstand kleiner ermittelt als bei Balken mit nur einer Einlage, vergl. unter LIII.

d) Haken.

Durch Haken an den Enden der Einlagen wird das Gleiten etwas hinausgeschoben, wie schon unter LIV angegeben worden ist.

e) Bügel.

Für Balken mit Bügeln wird der Gleitwiderstand größer ermittelt, als bei Balken ohne solche, vergl. unter LV.

f) Aufgebogene Eisen.

Hierzu vergl. unter LVI, a.

g) Lagerung der Balken unter Wasser und an der Luft.

Alter der Versuchskörper: 50 Tage.

Der Gleitwiderstand für die unter Wasser gelagerten Balken ergab sich zu $\tau_1 = 16{,}9$ kg/qcm, für die an der Luft gelagerten Körper zu $\tau_1 = 13{,}3$ kg/qcm, somit ein Unterschied von

$$100 \cdot \frac{16{,}9 - 13{,}3}{13{,}3} = 27 \text{ vH.}$$

(Vergl. unter XXVII.)

h) Thacher-Eisen.

Die Widerstandsfähigkeit der Balken ergab sich bei Verwendung von Thacher-Eisen nur wenig größer als bei einem geraden Eisen, eine Folge der aufsprengenden Wirkung, die das Knoteneisen äußert. (Vergl. das unter XXIV Ermittelte.)

i) Entfernung der Belastungsrolle vom Widerlager.

Vergl. das unter L Bemerkte.

LVIII) Dehnungsfähigkeit des Betons mit und ohne Eiseneinlagen.

Die Mitteilungen hierüber sind in einem bereits in der Zeitschrift des Vereines deutscher Ingenieure 1907 Seite 1027 erschienenen Aufsatz enthalten, der als Anlage 6 wieder mit aufgenommen ist (Seite 156 u. f.).

LIX) Druckspannungen des Betons.

Die Versuche ermöglichen einen Vergleich der Druckspannungen, welche sich ergeben

a) aus den gemessenen Zusammendrückungen der oberen Fläche des Balkens und dem aus Druckversuchen mit dem gleichen Beton ermittelten Zusammenhang zwischen Druckbelastung und Zusammendrückung,

b) aus der Rechnungsweise der amtlichen Bestimmungen (Gl. 2 in Heft 39, Seite 18).

So findet sich beispielsweise für Balken Nr. 31 nach Fig. 70, Zusammenstellung 14, besprochen unter XXI, unter der Belastung von $P = 3000$ kg (ohne Rücksicht auf das Eigengewicht):

die Zusammendrückung der oberen Balkenfläche zu $0,73\frac{1}{200}$ cm auf 70,0 cm.

Für den Druckkörper Nr. 4, Zusammenstellung 39, wurde auf die Länge von 75,1 cm gefunden,

auf der Belastungsstufe $0,2 - 12,1 = 11,9$ kg/qcm $4,15\frac{1}{1200}$ cm, d. i. für 70,0 cm ursprüngliche Länge $0,64\frac{1}{200}$ cm,

auf der Belastungsstufe $0,2 - 18,1 = 17,9$ kg/qcm $6,23\frac{1}{1200}$ cm, d. i. für 70,0 cm ursprüngliche Länge $0,97\frac{1}{200}$ cm.

Mit Annäherung würde sich hiernach die Spannung für die Zusammendrückung $0,73\frac{1}{200}$ cm berechnen zu

$$11,9 + (17,9 - 11,9)\frac{0,73 - 0,64}{0,97 - 0,64} = 13,5 \text{ kg/qcm.}$$

Die Rechnung nach Gl. 2 (Seite 18 in Heft 39) liefert mit $n = 15$

$$\sigma_b = \frac{2 \cdot \frac{3000}{2} \cdot 50}{30,02 \cdot 9,71 \cdot 25,83} = 19,9 \text{ kg/qcm.}$$

Hiernach ergibt sich die Druckspannung des Betons nach den amtlichen Bestimmungen (Gl. 2, Seite 18 in Heft 39, mit $n = 15$) größer als sie in Wirklichkeit ist.

In der Zusammenstellung 53 ist für den Balken Nr. 31 die gleiche Rechnung durchgeführt für $P = 1000$ kg bis $P = 14000$ kg. Wie ersichtlich, gilt das soeben Ausgesprochene für sämtliche Belastungen.

In der Zusammenstellung 54 sind für den rechteckigen Balken Nr. 52 (nach Fig. 77) die Ergebnisse derselben Rechnungen aufgeführt.

Die Zusammenstellung 55 gilt für den Balken Nr. 86 mit **T**-förmigem Querschnitt nach Fig. 228.

Wie ersichtlich, unterscheiden sich die Werte, welche nach a) und b) für die Balken Nr. 52 und 86 gefunden wurden, nicht erheblich voneinander.

Im ganzen kann somit für das Gebiet, welches durch die vorstehenden Versuche gedeckt erscheint, ausgesprochen werden, daß die Rechnung nach den amtlichen Bestimmungen, jedenfalls für die anfänglichen Belastungen, eher zu einer Ueberschätzung, als zu einer Unterschätzung der Beanspruchung führt.

Die Verfolgung dieser Verhältnisse für alle Balken, für welche die Zusammendrückungen gemessen worden sind, ist auf Grund der in den Zusammenstellungen niedergelegten Versuchsergebnisse möglich.

LX) Zugspannungen der Eiseneinlagen.

a) Balken nach Fig. 83.

Unter XXXVI wurde über Versuche mit 4 Balken nach Fig. 83 berichtet, bei welchen die Verlängerungen der Eiseneinlagen unmittelbar gemessen wurden. Unter Zugrundelegung des Dehnungskoeffizienten α für Flußeisen zu $\frac{1}{2100000}$ sind die den gemessenen Dehnungen entsprechenden Spannungen im Eisen bestimmt und in Gemeinschaft mit den nach den amtlichen Bestimmungen mit $n = 15$ berechneten Werten für σ_e in Zusammenstellung 56 aufgenommen worden.

Der Vergleich zeigt, daß die Spannungen, welche die unmittelbare Messung liefert, bedeutend kleiner sind als die Spannungen, welche Gl. 3 der amtlichen Bestimmungen (Heft 39 Seite 18) ergibt.

b) Balken nach Fig. 71, 76, 77, 78, 82 und 228.

Bei diesen Balken begann die Zerstörung mit dem Eintreten der Streckgrenze des Eisens, festgestellt durch Zunderabspringen. Für das gleiche Eisen wurde durch Zugversuche die obere Streckgrenze ermittelt (vergl. unter XII und XLI).

In der folgenden Zusammenstellung sind angegeben die Spannungen des Eisens, welche sich nach Gl. 3 (Seite 18 in Heft 39) bezw. Gl. 11 (Seite 118) unter Einführung derjenigen Belastung ergeben haben, bei welcher die Einlagen die Streckgrenze überschritten haben, und daneben stehen die durch unmittelbaren Zugversuch ermittelten Werte der Streckgrenze.

Balken	Abschnitt	durchschnittliches σ_e nach den Bestimmungen in kg/qcm	obere Streckgrenze des Eisens in kg/qcm
Fig. 71 (1 Eisen)	XXIII	3124	2755 bis 2788
» 76 (3 »)	XXVIII	3445	2922 » 3329
» 77 (3 »)	XXIX	3549	3143 » 3316
» 78 (5 »)	XXX	3669	3316 » 3612
» 82 (5 »)	XXXIV	2780	2506 » 2764
» 228 (5 »)	IL	2958	2396 » 2972

Hieraus ergibt sich, daß die nach den amtlichen Bestimmungen berechneten Zugspannungen σ_e in allen Fällen größer sind, als die aus dem Zugversuch erhaltenen Werte der Streckgrenze des Materials. Die Rechnung liefert somit zu hohe Werte, führt also eher zu einer Ueberschätzung der Anstrengung des Eisens, als zu einer Unterschätzung.

Zu dem gleichen Ergebnisse gelangt man, wenn die Messungen der Dehnung des Betons an der Unterfläche des Balkens weiter verfolgt werden.

LXI) Durchbiegungen.

Der Verlauf der Durchbiegungslinien (Fig. 99, 105, 111, 138, 144, 151, 169, 180, 193, 202, 249, 261 und 276) ist, wie zu erwarten, ähnlich denjenigen der Dehnungslinien (vergl. Fig. 96, 103, 109, 135, 142, 149, 167, 178, 190, 200, 205 bis 212, 247, 259 und 274, sowie das Seite 17 über die Dehnungslinien Gesagte). Die Linienzüge beginnen mit einer annähernd geraden Linie und wenden sich dann in einer mehr oder weniger starken Krümmung zu einer zweiten annähernd geraden Linie. Die Entstehung der Wasserflecke und der ersten Risse fällt in das Gebiet der stärksten Krümmung der Linienzüge. Die ersten Risse wurden entdeckt, kurz bevor sich die Durchbiegungslinien zum zweiten Mal einer Geraden nähern.

Im übrigen enthalten die Zusammenstellungen Nr. 57 für die Balken mit rechteckigem Querschnitt und Nr. 58 für die Balken mit T-förmigem Querschnitt einen beachtenswerten Auszug der ermittelten Durchbiegungen. (Vergl. unter LIII, LIV und LVI.)

Stuttgart, Ende Juli 1907.

Anlagen.

Anlage 4.[1]

Untersuchung des zur Herstellung der Balken Nr. 48 bis 69 und 95 bis 97 verwendeten Zements. (Zement »A«).

Erhärtungsbeginn, Bindezeit.

Der Zement begann nach durchschnittlich 5 Stunden zu erhärten. Die Bindezeit betrug durchschnittlich 12 Stunden.

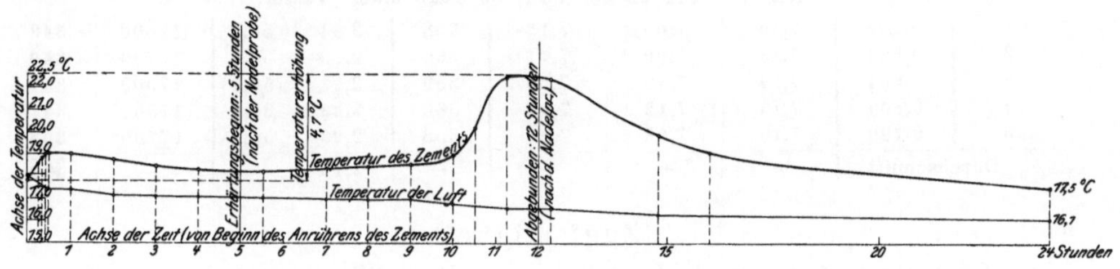

Fig. *a*. Zement »A«. Versuch »25« am 8. Juni 1906.

Ueber die Temperaturänderungen des Zements (in Normalkonsistenz) während des Abbindens gibt Fig. *a* Auskunft. Die durchschnittliche Temperaturerhöhung beträgt

$$(4,7 + 4,2 + 5,4 + 5,1) : 4 = 4,8\,^{\circ}\,\text{C}.$$

Volumenbeständigkeit.

Die normengemäßen Kuchen auf Glasplatten zeigten nach 6 Monaten weder Kantenrisse noch Verkrümmungen.

Feinheit der Mahlung.

Die angestellte Siebprobe ergab im Mittel aus 3 Versuchen

auf dem Siebe von 900 Maschen auf 1 qcm . . . . 1,9 vH Rückstand,

» » » » 4900 » » 1 » . . . . 17,9 » » .

Gewicht des Zements.

Es wiegt 1 ltr im eingesiebten losen Zustand . . . . . 1,063 kg,

im vollständig eingerüttelten Zustand . . . 1,777 » .

---

[1] Die Anlagen 1, 2 und 3 sind in Heft 39 (S. 44 u. f.) enthalten.

Druckfestigkeit.

Zusammensetzung der mittels des Hammerapparates hergestellten Probekörper:
1 kg Zement, 3 kg Normalsand, 0,33 kg Wasser.

Bezeich-nung	Gewicht G	Abmessungen			Vo-lumen $a\,b\,h$	Raum-gewicht 1000 G	Quer-schnitt $a\,b$	Bruchbelastung	
		Seite a	Seite b	Höhe h		$a\,b\,h$		beob-achtet	auf 1 qcm
	kg	cm	cm	cm	ccm		qcm	kg	kg
				Alter: 1 Tag an der Luft, 6 Tage unter Wasser.					
1	0,792	7,10	7,07	7,11	357	2,22	50,2	8950	178
2	0,792	7,12	7,08	7,11	358	2,21	50,4	9150	182
3	0,791	7,13	7,10	7,09	359	2,20	50,6	8900	176
4	0,793	7,10	7,12	7,09	359	2,21	50,6	8600	170
5	0,793	7,10	7,11	7,08	358	2,22	50,5	8950	177
Durschnitt	—	—	—	—	—	2,21	—	—	**177**
				Alter: 1 Tag an der Luft, 27 Tage unter Wasser.					
1	0,798	7,12	7,08	7,12	359	2,22	50,4	13900	276
2	0,800	7,13	7,11	7,09	359	2,23	50,7	14300	282
3	0,798	7,11	7,12	7,09	359	2,22	50,6	14050	278
4	0,798	7,12	7,11	7,08	358	2,23	50,6	14050	278
5	0,799	7,11	7,12	7,09	359	2,23	50,6	13900	275
Durchschnitt	—	—	—	—	—	2,23	—	—	**278**
				Alter: 1 Tag an der Luft, 89 Tage unter Wasser.					
1	0,802	7,10	7,09	7,12	358	2,24	50,3	17500	348
2	0,803	7,15	7,09	7,11	360	2,23	50,7	17700	349
3	0,801	7,12	7,12	7,09	359	2,23	50,7	17300	341
4	0,803	7,13	7,12	7,09	360	2,23	50,8	17300	341
5	0,799	7,10	7,08	7,12	358	2,23	50,3	17700	352
Durchschnitt	—	—	—	—	—	2,23	—	—	**346**

Zugfestigkeit.

Zusammensetzung und Herstellung der Probekörper wie oben.

Alter: 1 Tag an der Luft, 6 Tage unter Wasser.

$$(22,5 + 23,5 + 23,0 + 24,0 + 22,0 + 22,0 + 22,5 + 22,0 + 21,5 + 23,5) : 10$$

Durchschnitt **22,7** kg/qcm.

Alter: 1 Tag an der Luft, 27 Tage unter Wasser.

$$(32,0 + 31,5 + 34,5 + 34,0 + 32,5 + 31,0 + 28,0 + 30,5 + 29,5 + 30,5) : 10$$

Durchschnitt **31,4** kg/qcm.

Alter: 1 Tag an der Luft, 89 Tage unter Wasser.

$$(35,0 + 39,0 + 39,0 + 40,0 + 39,5 + 40,5 + 39,5 + 38,0 + 39,0 + 37,0) : 10$$

Durchschnitt **38,7** kg/qcm.

Anlage 5.

Untersuchung des zur Herstellung der Balken Nr. 70 bis 94 verwendeten Zements. (Zement »B«).

Erhärtungsbeginn, Bindezeit.

Der Zement begann nach durchschnittlich 3 Stunden zu erhärten. Die Bindezeit betrug durchschnittlich 9 Stunden.

Ueber die Temperaturänderungen des Zements (in Normalkonsistenz) während des Abbindens geben Fig. b und c Auskunft. Die durchschnittliche Temperaturerhöhung beträgt

$$(9,2 + 9,7 + 9,6 + 7,7 + 7,9 + 7,9) : 6 = 8,7^0\ C.$$

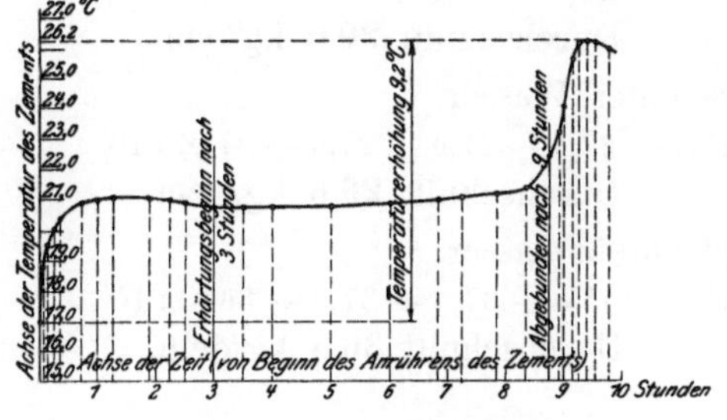

Fig. *b*. Zement »B«.

Versuch »8« am 16. August 1906.

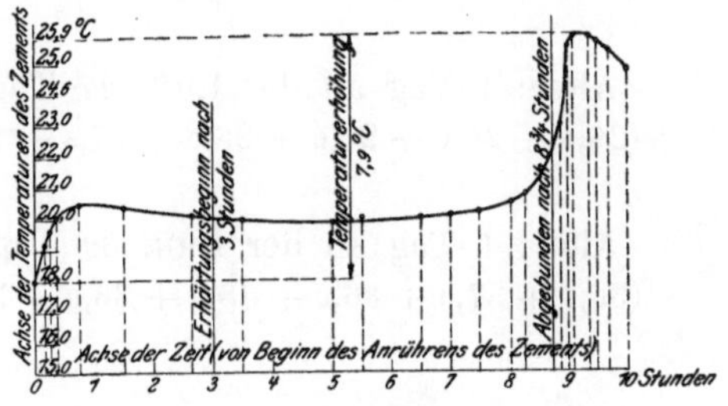

Fig. *c*. Zement »B«.

Versuch »17« am 1. September 1906.

Volumenbeständigkeit.

Die normengemäßen Kuchen auf Glasplatten zeigten nach 6 Monaten weder Kantenrisse noch Verkrümmungen.

Feinheit der Mahlung.

Die angestellte Siebprobe ergab im Mittel aus 3 Versuchen

auf dem Siebe von 900 Maschen auf 1 qcm . . . . . 2,1 vH Rückstand,

» » » » 4900 » » 1 » . . . . 22,5 » » .

Gewicht des Zements.

Es wiegt 1 ltr im eingesiebten losen Zustand . . . . . 1,005 kg,

im vollständig eingerüttelten Zustand . . . 1,799 kg.

Druckfestigkeit.

Zusammensetzung der mittels des Hammerapparates hergestellten Probekörper:

1 kg Zement, 3 kg Normalsand.

Bezeich-nung	Gewicht G	Abmessungen			Vo-lumen $a\,b\,h$	Raum-gewicht 1000 G $a\,b\,h$	Quer-schnitt $a\,b$	Bruchbelastung	
		Seite a	Seite b	Höhe h				beob-achtet	auf 1 qcm
	kg	cm	cm	cm	ccm		qcm	kg	kg
\multicolumn{10}{c}{Alter: 1 Tag an der Luft, 6 Tage unter Wasser.}									
1	0,796	7,11	7,10	7,08	358	2,22	50,5	8300	164
2	0,791	7,09	7,12	7,08	358	2,21	50,5	8050	159
3	0,796	7,10	7,08	7,11	358	2,22	50,3	8200	163
4	0,795	7,11	7,11	7,08	358	2,22	50,6	8150	161
5	0,796	7,11	7,10	7,08	358	2,22	50,5	8250	163
Durchschnitt	—	—	—	—	—	2,22	—	—	**162**
\multicolumn{10}{c}{Alter: 1 Tag an der Luft, 27 Tage unter Wasser.}									
1	0,794	7,10	7,10	7,09	357	2,22	50,4	11700	232
2	0,802	7,13	7,09	7,11	360	2,23	50,6	12300	243
3	0,799	7,12	7,09	7,11	359	2,23	50,5	12100	240
4	0,796	7,10	7,10	7,08	357	2,23	50,4	12050	239
5	0,798	7,10	7,12	7,08	358	2,23	50,6	12250	242
Durchschnitt	—	—	—	—	—	2,23	—	—	**239**
\multicolumn{10}{c}{Alter: 1 Tag an der Luft, 89 Tage unter Wasser.}									
1	0,801	7,08	7,13	7,09	358	2,24	50,5	16550	328
2	0,800	7,09	7,08	7,12	357	2,24	50,2	16800	335
3	0,801	7,09	7,09	7,13	359	2,23	50,3	16850	335
4	0,799	7,08	7,12	7,09	357	2,24	50,4	16400	325
5	0,801	7,11	7,12	7,09	359	2,23	50,6	16500	326
Durchschnitt	—	—	—	—	—	2,24	—	—	**330**

Zugfestigkeit.

Zusammensetzung und Herstellung der Probekörper wie oben.
Alter: 1 Tag an der Luft, 6 Tage unter Wasser.

$$(19,0 + 20,5 + 21,5 + 20,5 + 18,0 + 21,0 + 20,5 + 18,0 + 20,0 + 20,5) : 10$$
Durchschnitt **20,0** kg/qcm.

Alter: 1 Tag an der Luft, 27 Tage unter Wasser.
$$(26,5 + 26,0 + 26,0 + 26,0 + 27,5 + 25,5 + 27,0 + 27,0 + 27,0 + 27,0) : 10$$
Durchschnitt **26,6** kg/qcm.

Alter: 1 Tag an der Luft, 89 Tage unter Wasser.
$$(36,5 + 37,0 + 36,0 + 38,0 + 36,0 + 38,0 + 35,0 + 37,5 + 37,5 + 36,5) : 10$$
Durchschnitt **36,8** kg/qcm.

Anlage 6[1].

Hierzu Zusammenstellung 59 und Textblatt 1.

Zur Frage der Dehnungsfähigkeit des Betons mit und ohne Eiseneinlagen.

Bekanntlich haben die von Considère angestellten und 1898 veröffentlichten Versuche[2] in weiten Kreisen zu der Auffassung geführt, daß der armierte Beton eine viel größere Dehnung vertrage, ehe er reißt, als der gleiche Beton ohne Eiseneinlage. Auf Grund der in der Fußbemerkung wiedergegebenen Aeußerung Considères wurde geschlossen, daß der Beton mit Eiseneinlage eine bis 20 mal so große Dehnung vertrage wie der gleiche Beton ohne Eiseneinlage.

Die Commission du ciment armé in Paris, gebildet durch Ministerialerlaß vom 19. Dezember 1900, hat sich u. a. auch mit dieser Frage beschäftigt, und ihre zweite Unterkommission hat im Laboratoire de l'école nationale des ponts et chaussées unter der Leitung von Mesnager und unter der Mithülfe von Mercier dahingehende Versuche 1902 durchgeführt, deren Ergebnisse[3] die bezeichnete Auffassung bis zu einem weitgehenden Grad unterstützen.

Wenn nun auch die Unwahrscheinlichkeit eines so großen Unterschiedes auf der Hand lag, und wenn sodann weiter die Beobachtungen, welche in der mir unterstellten Materialprüfungsanstalt gemacht worden waren, nur einen weit

---

[1] Die Anlage 6 ist bereits in der Zeitschrift des Vereines deutscher Ingenieure 1907 S. 1027 u. f. erschienen.

[2] Comptes rendus des séances de l'Académie des sciences, Band 127, 1898 S. 992 u. f. Considère sagt daselbst: »Après cette double épreuve, le prisme semblait intact dans toute la partie comprise entre les encastrements, et cependant le mortier de sa face soumise à l'extension avait subi, dans la première flexion, un allongement de 1,98 mm, c'est-à-dire vingt fois plus grand que l'allongement de 0,10 mm, que les mortiers analogues ne peuvent supporter sans se rompre.«

[3] Expériences, rapports et propositions, instructions ministérielles relatives à l'emploi du béton armé, Paris 1907, S. 74 u. f. Seite 372 daselbst ist gesagt: »Le béton armé et préparé convenablement devient beaucoup plus ductile encore. Dans les expériences de la commission, on a constaté des allongements avant rupture allant jusqu'à 1,35 mm par mètre et on a observé la loi de déformation suivante.«

geringeren Unterschied ergeben hatten und ausgesprochen darauf hindeuteten, daß bei den französischen Versuchen das Auftreten der ersten Risse verspätet beobachtet sein wird, so schien doch Klarstellung geboten, weshalb ich Hrn. Ingenieur Kleinlogel, welcher sich in der Materialprüfungsanstalt mit einer wissenschaftlichen Arbeit zu beschäftigen wünschte, gegen Ende 1902 anregte, Versuche mit Eisenbetonbalken behufs Aufklärung in der bezeichneten Richtung durchzuführen. Diese Untersuchungen gelangten zur Ausführung: Herstellung der Versuchskörper im März 1903, Durchführung der Versuche in der zweiten Hälfte desselben Jahres. Die Ergebnisse sind in Heft 1 der »Forscherarbeiten auf dem Gebiete des Eisenbetons« 1904 veröffentlicht. Kleinlogel ermittelte [1]), daß in den mit Eiseneinlagen ausgestatteten Balken die ersten Risse eingetreten sind bei den

Balken C zwischen 0,16 mm und 0,17 mm Dehnung auf 1 m,
  » D » 0,16 » » 0,19 » » » » ,
  » E » 0,15 » » 0,24 » » » » ,
  » F » 0,16 » » 0,20 » » » » ,
  » G » 0,14 » » 0,18 » » » » ,
  » B » 0,118 » » — » » » » .

d. s. Werte, welche im Durchschnitt noch nicht das Doppelte der Dehnung des Betons ohne Eiseneinlagen erreichen.

Amerikanische Forscher [2]) fanden den in Frankreich ermittelten großen Unterschied gleichfalls nicht bestätigt.

Der erhobene Widerspruch veranlaßte Considère, nochmals Versuche anzustellen, und zwar mit 2 Balken, von denen der eine unter Wasser, der andre an der Luft bis zur Prüfung aufbewahrt wurde. Considère berichtet, daß der erstere Balken Dehnungen bis 1,3 mm und der zweite solche bis 0,625 mm auf 1 m Länge ertragen habe, ohne daß Risse innerhalb der Meßstrecke beobachtet wurden [3]).

Versuche, welche 1903 im Kgl. Materialprüfungsamt Groß-Lichterfelde-West angestellt wurden, und über die Rudeloff 1904 [4]) berichtet, lieferten das Ergebnis, daß der Beton mit Eiseneinlage eine etwas geringere Bruchdehnung ergab als der Beton ohne Eisen, also das Gegenteil von dem, was Considère ermittelt hatte.

Schüle [5]) dagegen fand Dehnungen bis 1,38 mm für armierten Beton und sagt, daß »die Sprödigkeit des Betons durch die Armierung vermindert und die Dehnungsfähigkeit bedeutend erhöht wird, wie dies auf Grund von andern Versuchen von H. Considère festgestellt wurde«.

Diese Widersprüche nach Möglichkeit aufzuklären, halte ich bei der großen Bedeutung des Eisenbetonbaues für geboten. Hierzu sollen die nachstehenden Mitteilungen dienen, die sich auf die Ergebnisse der Untersuchung von 107 Versuchskörpern, also auf ein umfassendes Versuchsmaterial, stützen.

---

[1]) Kleinlogel bediente sich hierbei des Verfahrens, das in der Materialprüfungsanstalt üblich war, um die ersten Risse möglichst früh zu entdecken. Die Balken wurden vor dem Versuch mit einem dünnen Anstrich von Schlemmkreide versehen.

[2]) Talbot, Engineering News 1904 B.d 52 S. 122; Turneaure, Engineering News 1904 Band 52 S. 213.

[3]) Beton und Eisen 1905 S. 58 und Expériences, rapports et propositions, instructions ministérielles relatives à l'emploi du béton armé, 1907 S. 203 u. f.

[4]) Mitteilungen aus dem Kgl. Materialprüfungsamt zu Groß-Lichterfelde-West, 1904 S. 3 u. f.

[5]) Mitteilungen der Eidgen. Materialprüfungsanstalt am Schweiz. Polytechnikum in Zürich, 1906, 10. Heft S. 8, 19 und 21.

1) Wie in Heft 39 der Mitteilungen über Forschungsarbeiten S. 13 u. f. dargelegt ist, treten bei dem auf Biegung in Anspruch genommenen und feucht aufbewahrten Eisenbetonbalken unter steigender Belastung an der Unterfläche kleine feuchte Flecke, sogen. Wasserflecke, auf (vergl. Fig. 27 und Fig. 166 auf Textblatt 1). Diese Wasserflecke[1]) bilden die Vorläufer von Rissen und zeigen an, daß an den betreffenden Stellen eine Lockerung des Gefüges des Betons eingetreten ist.

Würde es sich hierbei nicht um einen Balken mit Eiseneinlage, sondern um einen durch Zug in Anspruch genommenen Betonkörper ohne Eiseneinlage handeln, so stände mit Eintritt der Lockerung des Gefüges das sofortige Zerreißen, also der Bruch des Körpers zu erwarten. Auf Grund dieser Erwägung wird die Dehnung des Betons beim Eintritt von Wasserflecken im gebogenen Balken ungefähr dieselbe sein müssen wie diejenige, welche im Augenblick des Zerreißens eines Körpers aus Beton ohne Eiseneinlage vorhanden ist. In der Tat ist das auch der Fall, wie die in der Zusammenstellung 59 niedergelegten Versuchsergebnisse nachweisen.

5 Zugkörper aus Beton (Zement A) ohne Eiseneinlage, in der Zusammenstellung 59 unter a aufgeführt, Spalte 11:
Dehnung auf 1 m Länge beim Zerreißen

$$0{,}065 \text{ bis } 0{,}09 \text{ mm.}$$

68 Betonbalken (Zement A) mit 0 bis 5 Eiseneinlagen, in der Zusammenstellung 59 unter b bis l, Spalte 13:
Dehnung an der Unterfläche auf 1 m Länge beim Eintritt der ersten Wasserflecke

$$0{,}06 \text{ bis } 0{,}10 \text{ mm.}$$

4 Zugkörper von Beton (Zement B) ohne Eiseneinlage, in der Zusammenstellung 59 unter m, Spalte 11:
Dehnung auf 1 m Länge beim Zerreißen

$$0{,}08 \text{ bis } 0{,}10 \text{ mm.}$$

21 Betonbalken (Zement B) mit 3 bis 5 Eiseneinlagen in der Zusammenstellung 59 unter o, Spalte 13:
Dehnung auf 1 m Länge beim Eintritt des ersten Wasserfleckes

$$0{,}09 \text{ bis } 0{,}10 \text{ mm.}$$

Diese an 98 Versuchskörpern ermittelten Werte stimmen so gut überein, wie es für ein Material wie Beton überhaupt erwartet werden kann.

Sonach erscheint festgestellt, daß die Dehnung des Betons im gebogenen Balken beim Eintritt der ersten Wasserflecke, durch die eine Lockerung des Gefüges des Betons dem Auge sichtbar, also die Dehnungsfähigkeit des Betons erschöpft wird, rund die gleiche ist wie diejenige, unter welcher Zerreißen des auf Zug in Anspruch genommenen Betonkörpers eintritt.

2) Zwischen der Dehnung, welche in dem auf Zug beanspruchten Körper den Bruch herbeiführt, und zwischen der Dehnung, die im gebogenen Balken in der äußersten Faser beim Bruch vorhanden ist, kann, wie die folgende Dar-

---

[1]) Wie bereits S. 13 des Heftes 39 der Mitteilungen über Forschungsarbeiten bemerkt ist, hat Turneaure diese Wasserflecke schon früher beobachtet. Inzwischen hat sich weiter herausgestellt, daß sie auch von Feret beobachtet worden sind (Etude expérimentale du ciment armé, Paris 1906, S. 51).

legung zeigt[1]), im allgemeinen ein mehr oder minder großer Unterschied vorhanden sein.

Wir denken uns zwei rechteckige Stäbe aus Beton,

a) den einen auf Zug durch ruhende Belastung mit σ_z in Anspruch genommen, wobei σ_z ein wenig unterhalb der Zugfestigkeit liegen möge,

b) den andern durch ein biegendes Moment so belastet, daß in dem am meisten beanspruchten Querschnitt in der äußersten Faser gleichfalls die Spannung σ_z auftritt.

Im Falle a) ist in allen Punkten aller Querschnitte des prismatischen Stabteiles die Zugspannung σ_z vorhanden, und zwar immer unter der günstigsten Voraussetzung, daß die Zugkraft gleichmäßig über den Querschnitt verteilt ist. Bei der geringsten Abweichung hiervon — das Vorhandensein einer solchen wird die Regel sein — werden sich sofort höhere Spannungen einstellen; zu der Zugspannung σ_z gesellen sich Biegungsspannungen, die, sofern sich das Gefüge des Betons an irgend einer Stelle lockert, sofort zum Zerreißen führen.

Im Falle b) dagegen ist die Spannung σ_z meist nur in einem einzigen Querschnitt des Stabes vorhanden und daselbst nur in der äußersten Faserschicht wirksam. Tritt in dieser Faserschicht eine Lockerung des Gefüges ein, so greifen die im Querschnitt weiter innen gelegenen und weniger stark belasteten Fasern (wenn dieser Ausdruck für Beton gebraucht werden darf) unterstützend ein. Es braucht somit die Lockerung des Gefüges an einer Stelle noch nicht mit der Notwendigkeit wie bei a) zum Bruch zu führen, selbst wenn keine Eiseneinlagen vorhanden sind.

Solche Verhältnisse sind gegeben bei den drei Balken b der Zusammenstellung 59. Die Dehnung, unter welcher sich die Wasserflecke einstellten, betrug bei ihnen 0,08 mm auf 1 m Länge, während die Dehnung, die unmittelbar vor dem Bruch gemessen wurde, sich auf $\dfrac{0,128 + 0,120 + 0,127}{3} = 0,125$ mm belief.

3) Besitzen die auf Biegung in Anspruch genommenen Balken Eiseneinlagen, so führt die unter Ziffer 2 angestellte Erwägung sofort zu der Erkenntnis, daß die Dehnung des Betons, bei der der erste Riß zu beobachten ist, größer sein wird als die Dehnung, bei der die unter Ziffer 1 erörterte Lockerung des Gefüges eintrat; denn die Eiseneinlage wird, sobald diese Lockerung beginnt, in verstärktem Maße unterstützend, die gelockerte Stelle entlastend, eingreifen und so die Rißbildung hinausschieben.

Demgemäß zeigen auch die 26 Balken c, d und e der Zusammenstellung 59 Dehnungen von 0,123 mm bis 0,143 mm unmittelbar vor Beobachtung der ersten Risse.

4) Die unter Ziffer 3 hervorgehobene unterstützende Wirkung der Eiseneinlagen gilt nicht nur für gebogene, sondern auch für gezogene Körper und wird von den Abmessungen und der Verteilung des Eisens im Betonquerschnitt abhängen.

Sehr anschaulich zeigt sich der Einfluß der Verteilung der Eiseneinlagen im Querschnitt bei Beobachtung der unter Ziffer 1 erwähnten Wasserflecke. Das Bild, Textblatt 1 Fig. 27, stellt die Unterfläche eines auf Biegung in Anspruch genommenen 300 mm breiten Balkens mit einer Eiseneinlage von 25 mm Dmr. dar, nachdem sich Wasserflecke und Risse gebildet haben. Fig. 166 (Textblatt 1) gibt die Unterfläche eines in gleicher Weise beanspruchten Balkens von 150 mm Breite

---

[1]) Diese Darlegung ist im wesentlichen die gleiche, die ich vor einer Reihe von Jahren gegeben habe, um klarzustellen, daß die zulässige Biegungsinanspruchnahme in der Regel höher gewählt werden darf als die zulässige Zugbeanspruchung.

mit d r e i Eiseneinlagen von je 10 mm Dmr., die über den Querschnitt verteilt angeordnet sind, wieder. Die letztere Abbildung zeigt eine viel größere Anzahl von Wasserflecken bis zum Eintritt der Risse; sie läßt damit erkennen, daß in dem zweiten Balken an weit mehr Stellen Lockerung des Gefüges eingetreten ist als im ersten Balken. Die bessere Verteilung des Eisens im gezogenen Teil des zweiten Balkens hat somit zur Folge gehabt, daß an einer größeren Anzahl von Stellen das Gefüge sich gelockert hat, ehe Risse entstanden. Hiermit hängt es denn auch zusammen, daß beim Balken Fig. 166 eine erheblich größere Dehnung des Betons zu messen ist, ehe Risse beobachtet werden können, als beim Balken Fig. 27, nämlich 0,171 mm gegen 0,135 mm.

Entsprechend der größeren Anzahl von Wasserflecken bildeten sich unter weiterer Steigerung der Belastung bei Fig. 166 auch bedeutend mehr Risse als bei Fig. 27.

Die Risse, die im Balken Fig. 166 entstehen, sind außerdem viel feiner und deshalb schwerer sichtbar als diejenigen des Balkens Fig. 27, gleichfalls eine Folge der besseren Verteilung des Eisens über die Balkenbreite. Man erkennt, daß die ersten Risse um so schwieriger zu entdecken sind, je besser die Verteilung des Eisens und je größer der gesamte Eisenquerschnitt ist.

5) Beton, bald nach dem Abbinden unter Wasser oder doch feucht aufbewahrt, vergrößert sein Volumen, dehnt sich also aus. Beton, an der Luft aufbewahrt, vermindert sein Volumen, zieht sich also zusammen.

Inwieweit diese Beobachtung, festgestellt durch eigene Versuche und diejenigen anderer[1]), Ausnahmen erleidet, muß dahingestellt bleiben.

6) Wird ein Eisenbetonbalken unter Wasser oder doch feucht aufbewahrt, so müssen sich infolge der Vergrößerung des Betonvolumens Zugspannungen im Eisen einstellen, die ihrerseits im Beton Druckspannungen wachrufen. Diese Druckspannungen werden in dem Beton, der dem Eisen am nächsten liegt, am größten sein müssen und mit Zunahme des Abstandes von der Eiseneinlage abnehmen. (Vergl. Heft 39 der Mitteilungen über Forschungsarbeiten S. 16.)

Hat der Balken nur eine Eiseneinlage, so wird diese Rückwirkung der letzteren auf den Beton an den Seitenflächen unter sonst gleichen Verhältnissen kleiner sein, als wenn der Balken mehrere Eiseneinlagen besitzt, die sich gleichmäßig über die Balkenbreite verteilen. Sie wird auf der Unterfläche um so größer sein, je näher das Eisen an dieser gelegen ist.

7) Infolge dieser Verhältnisse besteht in dem Eisenbetonbalken auch ohne Belastung desselben durch äußere Kräfte bereits ein Spannungszustand derart, daß, wenn nun die Belastung eintritt, zunächst die Druckspannungen im Beton vermindert werden. Die Dehnungen, die hierbei im Beton bis zu dem Augenblick gemessen werden, in welchem die Druckspannung des Betons im gezogenen Teil des Balkens null wird, kommen für das Maß der Dehnungsfähigkeit des als spannungslos betrachteten Materials nicht in Betracht.

Hieraus folgt, daß ein unter Wasser oder doch feucht aufbewahrter Eisenbetonbalken eine größere Dehnung des Betons zeigen muß, ehe er reißt, als ein Betonbalken ohne Eiseneinlagen, und daß dieser Unterschied unter sonst gleichen Verhältnissen bis zu einer gewissen Grenze hin um so größer sein muß, je gleichmäßiger das Eisen über die Breite des Balkens verteilt ist, je näher es an der Balkenunterfläche liegt und je größer sein Querschnitt im Verhältnis zu demjenigen des Betons ist.

---

[1]) Considère: Comptes rendus 1899 Bd. 129 S. 467; Emerson, Eng. News 1904 Bd. 51 S. 222 (vergl. auch Burchartz in den Mitteilungen aus dem Kgl. Materialprüfungsamt zu Groß-Lichterfelde-West 1904 S. 76 u. f.) u. a.

8) Vergleicht man vom Standpunkte der unter Ziffer 4) und 7) gemachten Feststellungen zunächst die Ergebnisse der 9 Balken f unter Ausschließung der Werte derjenigen Balken, die durch die eingelegten Bügel geschädigt worden sind, also die Zahlen 0,176, 0,141 und 0,158, mit den für die Balken c, d und e erlangten Ergebnissen, so erkennt man deutlich, daß der Einfluß der Eiseneinlage auf die schmäleren Balken f größer ist als auf die breiteren Balken.

Werden die 9 Balken g ins Auge gefaßt, so zeigt sich zunächst der Einfluß der Verteilung der drei Eisen über den Querschnitt und sodann die Zunahme dieses Einflusses mit abnehmender Balkenbreite. Die Dehnung steigt bei 3 Eisen von 0,164 mm im breiten Balken auf 0,235 mm im schmalsten Balken.

Von den 6 Balken k (vergl. Spalte 6) zeigen 3 Balken 8 mm und 3 Balken 15 mm Abstand des Eisens von der unteren Fläche. Dieser Unterschied hat zur Folge, daß sich die Dehnung, beobachtet unmittelbar vor Eintritt des ersten Risses, von 0,242 auf 0,185 mm vermindert (Spalte 11).

Für die Balken i ergibt sich Aehnliches. Bei den Balken q ist die Eiseneinlage, bestehend aus ausgefrästem Eisenblech, noch wirksamer angeordnet, infolgedessen sich die Dehnung bis auf 0,367 mm steigert. Das ist der Höchstwert, der überhaupt beobachtet worden ist; er beträgt rund das Vierfache der Dehnung des Betons ohne Eiseneinlage.

Ueber die Form der ausgefrästen Eisenblecheinlage ist Seite 90 Näheres enthalten.

9) Wird der Eisenbetonbalken an der Luft aufbewahrt, so wird sich der Beton zusammenziehen, und statt der Zuspannungen werden im Eisen Druckspannungen, im Beton somit Zugspannungen eintreten. Die bis zum Eintritt der ersten Risse gemessene Dehnung muß deshalb geringer ausfallen als bei Balken, die unter Wasser oder doch feucht aufbewahrt worden sind.

In dieser Hinsicht sind die in der Zusammenstellung 59 aufgeführten 4 Balken n von Interesse. Von ihnen wurden 2 unter Wasser und 2 an der Luft aufbewahrt. Die unter Wasser gelagerten zeigten eine Dehnung von 0,205 mm, während die an der Luft aufbewahrten eine Dehnung von 0,097 mm auf 1 m Länge lieferten, je unmittelbar vor Beobachtung des ersten Risses.

Hierdurch findet auch das oben erwähnte Ergebnis der im Kgl. Materialprüfungsamt zu Groß-Lichterfelde-West durchgeführten Versuche seine Erklärung.

10) Inwieweit die Art der Versuchsdurchführung (Belastung stetig zunehmend, Belastung mit Entlastung wechselnd) und die Dauer der Belastung (Entlastung) Einfluß auf die Dehnungsfähigkeit des Betons nehmen, darf dahingestellt bleiben.

Schlußbemerkung.

Durch die vorstehenden Darlegungen und die zugehörigen Versuchsergebnisse dürfte die Frage der Dehnungsfähigkeit des Betons mit und ohne Eiseneinlagen in weitergehendem Maße als bisher klargestellt sein.

Der Beton an sich besitzt im armierten Zustande rund die gleiche Dehnungsfähigkeit wie bei Nichtarmierung.

Durch die unter Ziffer 2) bis 8) erörterten Einflüsse wird die Messung einer mehr oder minder großen Zunahme der Dehnungsfähigkeit des armierten Betons erklärt, durch das unter Ziffer 9) Bemerkte sogar die Messung einer Abnahme als möglich nachgewiesen.

Wenn in der einen oder andern Veröffentlichung ein bedeutend weiter gehender Unterschied in der Dehnung des armierten und des nicht armierten

Betons — als in der Zusammenstellung 59 enthalten ist — angegeben wird, so findet man, falls die Veröffentlichung ausführlich genug ist, bei näherer Prüfung der Versuchsergebnisse, daß der Eintritt der ersten Risse eben nicht frühzeitig genug beobachtet worden ist (vergl. in dieser Hinsicht Heft 39 der Mitteilungen über Forschungsarbeiten S. 22 und 23). Hiermit soll kein Vorwurf ausgesprochen sein, sondern nur eine Bemerkung zum Zweck der Klarstellung gemacht werden. Einen Vorwurf zu äußern, liegt denjenigen natürlich fern, die aus ihrer eingehenden Beschäftigung mit Beton wissen, wie schwierig es oft ist, die ersten Risse rechtzeitig zu entdecken, und die auch nicht den Anspruch erheben, diese Entdeckung selbst immer rechtzeitig gemacht zu haben.

Stuttgart, Ende Mai 1907.

Fig. 27 [1]).

Untere Fläche eines 300 mm breiten Balkens mit einer Eiseneinlage von
25 mm Dmr. (Balken Nr. 16 mit Bauart nach Fig. 2).

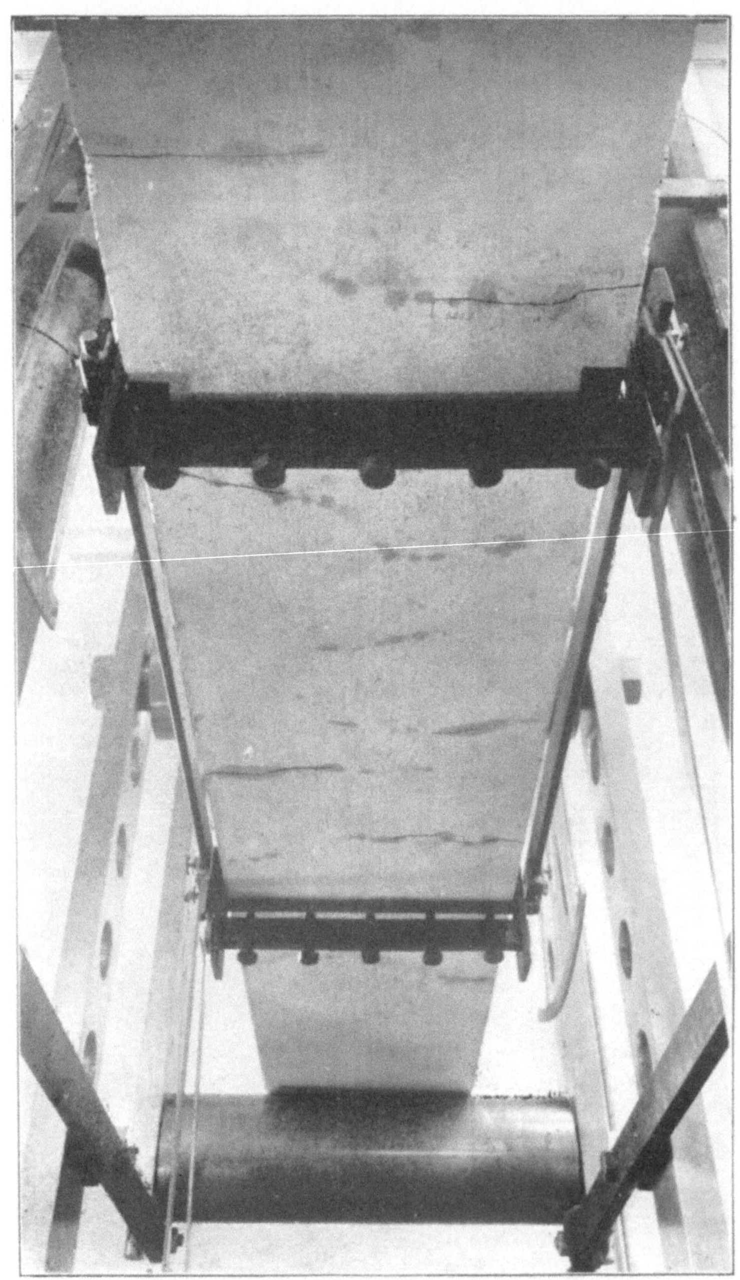

Fig. 166.

Untere Fläche eines 150 mm breiten Balkens mit drei Eiseneinlagen von je 10 mm Dmr. (Balken Nr. 52 mit Bauart
nach Fig. 77).

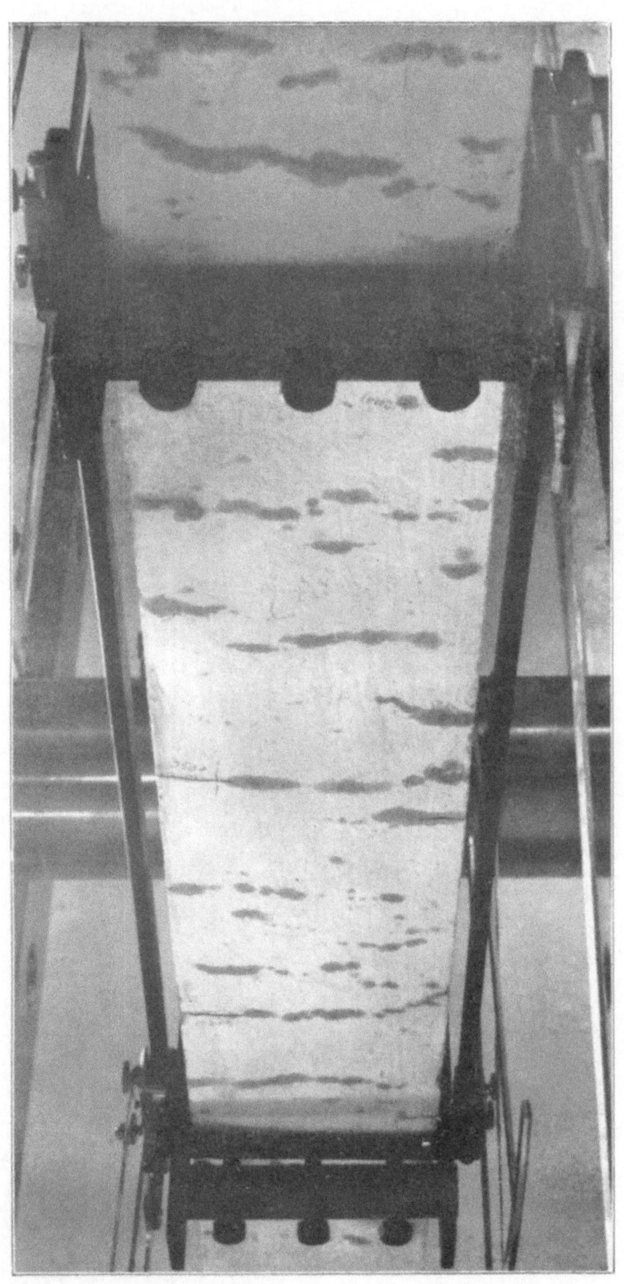

Additional material from *Versuche mit Eisenbetonbalken,*
ISBN 978-3-662-40730-1, is available at http://extras.springer.com

Berichtigungen.

Seite 6: Die Bezeichnungen der Figuren 78 und 80 sind zu vertauschen.

Zusammenstellung 11, Balken 96, Spalte 23, lies: »10,41« statt »11,41«.